JN303624

東アジアの
経済発展と環境

小林弘明・岡本喜裕【編著】

日本経済評論社

目　　次

図 表 一 覧 ……………………………………………………………… vii

序章　東アジアにおける環境・資源問題：概観 ……………………… 1

  1．問題の背景　　　　　　　　　　　　　　　　　　　　1
  2．本書の課題と構成　　　　　　　　　　　　　　　　　4

第1章　アジアの経済成長と自動車対策 ……………………………… 11
　　　　―環境保全との関連で―

  1．アジアの経済回復と経済成長　　　　　　　　　　　11
  2．都市化・モータリゼーションの進行　　　　　　　　14
  3．日本からの中古輸出車がアジアの環境に与える影響　18
    (1)　中古車輸出台数　18
    (2)　アジアの環境に与える影響　20
  4．タイの自動車と環境問題　　　　　　　　　　　　　22
    (1)　バンコクの交通事情と交通対策　22
    (2)　タイにおける自動車リサイクル　22
    (3)　ラーブリでの聞き取り調査　23
    (4)　タイの車検制度　24
  5．インドネシアの自動車と環境問題　　　　　　　　　26
    (1)　自動車の排出ガス問題　26
    (2)　国産化志向の時代と中古販売市場　27
    (3)　インドネシアの中古自動車・部品業者　28
    (4)　インドネシアの検査制度　29

　　　　(5) インドネシアの交通網対策　31
　　　　(6) シンガポールから学ぶべきこと　32
　　6. 果たすべき日本の役割　　　　　　　　　　　　　　　　32
　　7. む す び　　　　　　　　　　　　　　　　　　　　　　33

第2章　中国のエネルギー事情と地球環境問題　　　　　　　　37

　　1. 中国のエネルギー需給の現状と予測　　　　　　　　　　39
　　　　(1) 経済成長に伴うエネルギー事情と石油消費の急増　39
　　　　(2) 石炭中心のエネルギー需給構造　40
　　　　(3) 石油・天然ガスの今後の動向　44
　　　　(4) 電力不足の実情　51
　　2. 中国におけるエネルギー政策の方向　　　　　　　　　　57
　　　　(1) 国家エネルギー安全保障戦略　57
　　　　(2) 原子力政策：原子力発電の現況と展望　59
　　　　(3) 発電設備の特徴と問題点　63
　　3. 中国における発電市場の動向　　　　　　　　　　　　　64
　　　　(1) 企業における電力不足への対応状況　64
　　　　(2) 発電ビジネスの市場と今後の見通し　67
　　4. 地球環境に優しい天然ガスへ　68
　　　　(1) 今後の中国におけるエネルギー需給見通し　69
　　　　(2) 三峡ダム建設による今後の影響　73
　　　　(3) 地球環境問題への中国の国際的責務　74

第3章　中国における食料関連産業と環境　　　　　　　　　79

　　1. 中国の農村発展と環境　　　　　　　　　　　　　　　　79
　　　　(1) 中国の経済と農業　79
　　　　(2) 農業資源の制約　88

(3) 関連諸施策と今後の展望　93
　2. 現代における脅威としての水銀　94
　　　(1) 水銀の発生源，用途および中毒発生の歴史　95
　　　(2) 世界における水銀汚染の現状　112
　　　(3) 中国水田地帯における水銀汚染の現状と対策：貴州省の事例　113
　　　(4) 日本の経験：魚介類およびヒト頭髪水銀濃度のモニタリング　119
　　　(5) 今後の視点　121

第4章　タイにおける食料関連産業と環境　129
　1. 食料関連産業の概況と環境問題　130
　　　(1) タイの農業と食品関連産業　130
　　　(2) タイの環境問題：食料関連産業との接点　137
　　　(3) 東北タイにおける森林破壊と土壌塩類化問題：事例　143
　2. 食料関連産業による環境保全への取り組み　149
　　　(1) キャッサバ生産とタピオカでん粉工場における取り組み　149
　　　(2) タイの牛乳・乳製品市場，酪農業と環境問題　155
　3. タイにおける森林再生に向けた取り組み　163
　　　(1) タイの森林植生　164
　　　(2) 森林消失の歴史およびその原因　164
　　　(3) 森林保護および森林再生計画　169
　　　(4) NPOによる持続的農業と森林再生への取り組み：事例　171

第5章　バイオガスの現状と展開　181
　　　―食料関連産業とエネルギーの接点―

　1. 先進国におけるバイオガスの現状　182
　　　(1) ヨーロッパ　182
　　　(2) 日　　本　186
　2. タイにおけるバイオガスの展開　186

(1) タイの食料関連産業とエネルギー：バイオガス展開の背景　187

　　　(2) タイにおけるバイオガス　195

　3. おわりに　202

第6章　環境を守るための法制度　207
　　　―欧米の事例から―

　1. 動物保護と憲法：ドイツ基本法20a条の改正をめぐって　207

　　　(1) 制定過程　209

　　　(2) 動物保護の国家目標規定の規範的内容　212

　　　(3) 動物保護と基本権　216

　　　(4) 結　語　221

　2. アメリカ環境保護団体の原告適格　224

　　　(1) スタンディングの法理と市民訴訟条項　225

　　　(2) 環境保護団体の原告適格に関する司法判断　227

　　　(3) まとめ　239

あとがき　247
初出一覧　249

図 表 一 覧

[図]

図序-1　東アジアにおける経済成長の雁行形態
　　　　－2002年の国民1人当たりGNP－
図序-2　発展途上国の栄養不足人口割合
図序-3　東アジア主要国の平均寿命（2002年）と所得水準
図序-4　中国，タイ，インドネシアにおける自動車保有台数の推移
図1-1-1　東アジアの経済成長率
図1-1-2　タイ，インドネシアの経済成長率の推移
図1-2-1　中国の自動車販売台数
図1-3-1　中古乗用車輸出台数
図1-3-2　中古貨物車輸出台数
図2-1-1　中国の1次エネルギー供給の推移
図2-1-2　中国のエネルギー需給予測―米国エネルギー省―
図2-1-3　燃料源別エネルギー生産予測：1980-2015
図2-1-4　主要国の二酸化炭素排出割合（1996年）
図2-1-5　中国の1次エネルギー需給長期見通し
図2-1-6　中国における電源構成比（2002年）
図2-4-1　各種エネルギー機関による中国の石油需要見通し
図2-4-2　中国における化石燃料別二酸化炭素排出量予測
図3-1-1　人口の推移
図3-1-2　経済成長と都市化
図3-1-3　農村労働力の産業構成
図3-1-4　農業構造の変化
図3-1-5　穀物と大豆の自給率推移
図3-1-6　穀物と大豆の消費推移
図3-1-7　食肉の消費推移
図3-1-8　南北における農業資源と主要食料の作付の分布
図3-2-1　中国貴州省百花湖周辺の水銀汚染地域略図

図 3-2-2 A　中国貴州省百花湖周辺住民の毛髪水銀濃度の分布
図 3-2-2 B　日本の国立水俣病総合研究センター訪問外国人及び日本人の
　　　　　　毛髪水銀濃度の分布
図 4-1-1　主要河川の BOD 値
図 4-1-2　化学肥料使用量の推移
図 4-1-3　農薬輸入量の推移
図 4-1-4　家畜飼養頭羽数の推移
図 4-2-1　タイのキャッサバ製品輸出と収穫面積の動向
図 4-2-2　タイの牛乳・乳製品需給
図 4-2-3　タイの飲用乳消費：近年の動向
図 4-2-4　タイの飲用乳類の消費（1999 年）
図 4-2-5　経営耕地面積と飼養頭数の関係
　　　　　―タイ東北部の酪農経営調査より―
図 4-3-1　地域別森林率の推移
図 4-3-2　森林の地域別賦存状況
図 4-3-3　タイの所得格差（1 世帯 1 カ月あたり）
図 4-3-4　木材の生産と輸出入
図 5-2-1　調査地域の位置
図 5-2-2　タイの最終エネルギー消費（2002 年）
図 5-2-3　二酸化炭素排出量の推移
図 5-2-4　小規模農家向けバイオガスシステム

［表］
表序-1　本書で扱うテーマと対象国からみた章別構成
表 1-2-1　各国の自動車保有台数
表 1-2-2　タイにおける経済回復と自動車販売台数の推移
表 2-0-1　北東アジア主要 3 カ国の比較（2000 年）
表 2-1-1　中国の 1 次エネルギー消費構造（2003 年）
表 2-1-2　中国における 1 次エネルギー消費推移
表 2-1-3　中国の自動車保有台数推移
表 2-1-4　中国のエネルギー生産構成
表 2-1-5　中国の主要油田の生産高推移
表 2-1-6　中国の石油需給の推移
表 2-1-7　中国政府による原油需給予測
表 2-1-8　外国石油企業による中国における製油所

図 表 一 覧

表 2-1-9　中国における電力需要弾性値
表 2-1-10　中国における電力需要予測
表 2-1-11　各国家機関による電力需給の見通し
表 2-2-1　中国における運転中，建設中の原子力発電所
表 2-2-2　主要4カ国の発電能力と電力需要（2000年）
表 2-3-1　電力不足への対策
表 2-3-2　日本企業へもたらす影響
表 2-4-1　中国の1次エネルギー需要見通し
表 2-4-2　筆者による中国の1次エネルギー需要予測
　　　　　A. 標準ケース
　　　　　B. 筆者推定：石油消費7%の伸び
　　　　　C. 筆者推定：石油消費12%の伸び
表 2-4-3　世界の二酸化炭素排出量見通し
表 3-1-1　経済成長と産業構造の変化
表 3-1-2　2003年の耕地変動
表 3-1-3　水利用の動向
表 3-2-1　日本の水銀の生産量と消費量の変化
表 3-2-2　世界の水銀汚染（代表例）
表 3-2-3　灌漑耕地における総水銀およびメチル水銀濃度
表 3-2-4　汚染土壌および非汚染対照土壌の総水銀および溶出水銀濃度
表 3-2-5　清鎮市周辺における汚染土壌の総水銀およびメチル水銀濃度
表 3-2-6　魚介類中の水銀濃度調査結果
表 3-2-7　国民栄養調査による魚介類からのメチル水銀摂取量
表 3-2-8　地域別一般住民の頭髪水銀含量
表 4-1-1　タイのGDP成長率：産業部門別
表 4-1-2　産業別GDP構成比
表 4-1-3　GDPの農業部門内構成比
表 4-1-4　人口と労働力の構成
表 4-1-5　産業別に見た1人当たりGDP
表 4-1-6　インフラ関連資料：1995-1998
表 4-1-7　種類別食品工場数（1997年）
表 4-1-8　トゥンクラロンハイ地域の生産額（1997年）
表 4-1-9　トゥンクラロンハイ地域および東北タイにおける農家所得
表 4-1-10　トゥンクラロンハイ地域における塩類化の概況
表 4-1-11　トゥンクラロンハイ地域における土地と水の利用

表 4-1-12　トゥンクラロンハイ地域における稲作の概況
表 4-2-1　タイ東北部酪農における糞尿処理
表 4-3-1　地域別森林面積減少率の推移
表 5-1-1　バイオガスプラント：ヨーロッパ各国の状況
表 5-1-2　日本におけるバイオガスの状況
表 5-2-1　主要作物の作付・収穫面積および生産量
表 5-2-2　キャッサバ生産量およびタピオカでん粉工場の状況
表 5-2-3　家畜・畜産物の国内総生産
表 5-2-4　家畜の飼養頭羽数
表 5-2-5　養豚農家の排水基準
表 5-2-6　L農家・S農家のバイオガス発生量の推計

序章　東アジアにおける環境・資源問題：概観

1. 問題の背景

　東南アジアを含む「東アジア地域」は，経済成長のセンターともいえるダイナミックな動きを，近年の世界に示してきた[1]．図序-1に示すような雁行形態と呼ばれる東アジア地域における経済成長の先頭を進んできたのは，いうまでもなく1964年にOECDへの加盟を果たした日本であった．1970年代には台湾，韓国などがNIEsと呼ばれ脚光を浴び，ついでタイなどがこれらに続いた後，現在は中国が絶大な存在感を示している．多くの東アジア諸国が1997年の通貨危機とそれに続く経済のマイナス成長という試練に晒される中，中国は2003年に9.1%のGDP成長率を記録するなど，1998年以降，年率6%を優に超える経済成長をつづけている．

　発展途上国にとっての最大の環境問題が「貧困」であるとするならば[2]，東アジア諸国のいくつかは，長期的にはすでにこの問題を解決しつつあり，さらにいくつかの国々がそれに続いているということができる．ただし所得分配においてかなりの不平等を残している国があることには注意を要するが．

　貧困の最たるものは，「食えない」状況であろう．FAOにより世界各国の1人1日当たり食事エネルギー供給量をみると，1960年代において，東アジアはアフリカをも下回る最も低い値（2,000kcal以下）を示し，1969/71年には総人口比で41%の栄養不足人口を抱えていた[3]．

　世界レベルでの食料不足ならば，生産の拡大によって解決されるべきもの

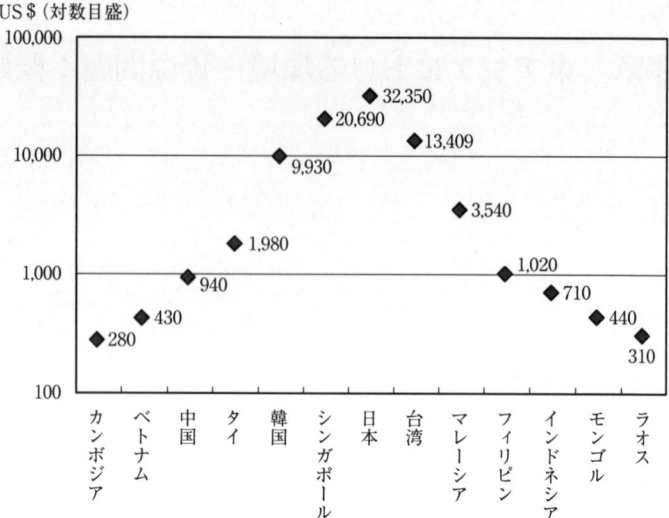

図序-1 東アジアにおける経済成長の雁行形態
― 2002年の国民1人当たりGNP ―

　となるが，一国レベルの食料不足は，生産不足のみによって生じているのではなく，所得水準の低いことこそが原因である．図序-2で示されるように，サハラ以南アフリカの途上国などが，今日でも広範な栄養不足状況に苦しむ中，多くが食料の純輸入地域である東アジアは，少なくともこの「食えない」状況を急速に脱しつつある．

　栄養面での改善は乳幼児死亡率を低下させる．衛生や医療，さらには教育水準もまた，所得水準と深く関わっていることから，図序-1で示した雁行形態は，われわれの幸福を示す最も有力な単一の指標と考えられる平均寿命（零歳児の平均余命）にも顕著に表れている．

　これら賞賛すべき数字にもかかわらず，東アジアの経済成長ないし経済活動に対しては，絶えず批判的な目が向けられていることもまた事実である．理由は，欧米諸国や日本などがかつて経験した公害・環境破壊までも，これ

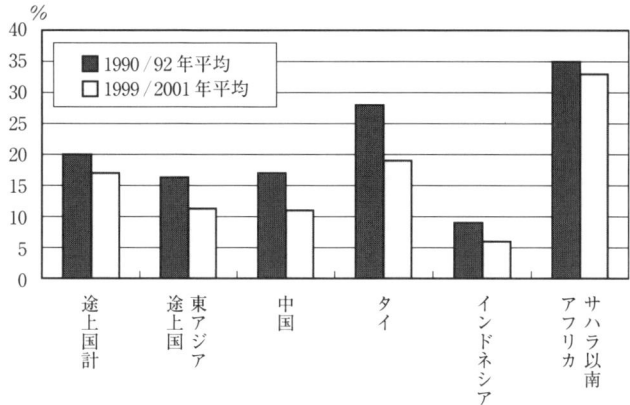

資料：FAO, *The State of Food Insecurity in the World 2003*, http://www.fao.org. 途上国には移行地域を含む.

図序-2 発展途上国の栄養不足人口割合

ら東アジア諸国が後追いしていると見られるからであり，さらに同地域の豊富な天然資源が配慮に欠けた経済活動によって収奪され，それは地球規模で見た損失につながると考えられているからである．経済活動に起因する環境負荷の高まりは，図序-4 に示す主要国の自動車台数の顕著な増加が明快に物語っているといえよう．

確かに現在では，温暖化問題を代表とする地球規模での環境問題がクローズアップされており，中国は温暖化ガスの一大排出国でもある．しかし，局地的な大気汚染や土壌・水質の汚染など地域に根ざした公害・環境汚染が解決されたわけでは決してなく，急速な経済成長・産業化を進め，都市部への人口集中も顕著なこれら東アジア諸国において，問題はより深刻であると考えられる．また熱帯地域に共通する問題であり，もともとは地域の問題でもある森林・マングローブ林の破壊，砂漠化などの土壌劣化，水産資源の乱獲など，貧困にも根ざした環境・資源問題が顕在化しているといえよう[4]．

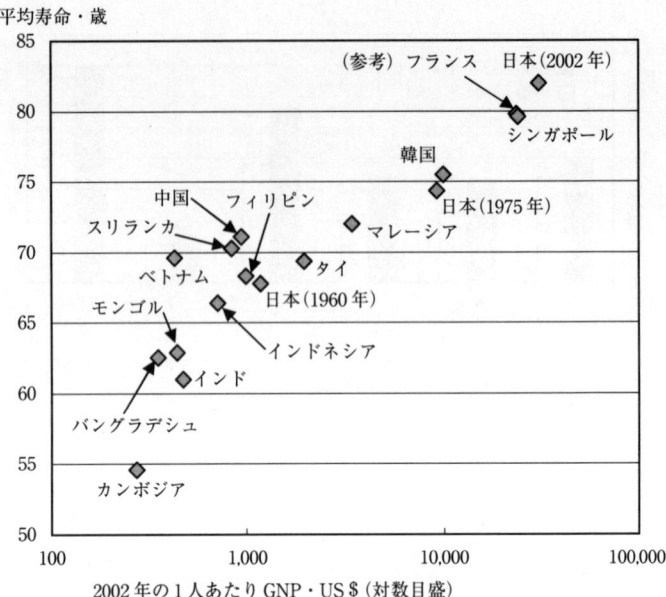

資料：平均寿命は WHO, GNP は ADB. 日本 (2002年) とフランスの GNP は 1998 年のもので, 世界銀行による. 日本 (1960年, 1975年) は, 総務省統計局『日本の統計』による平均寿命と経済企画庁編『戦後日本経済の奇跡』(大蔵省印刷局, 1997年) による 1990 年 US $ レート換算の実質 GDP.

図序-3 東アジア主要国の平均寿命 (2002年) と所得水準

2. 本書の課題と構成

　以上のような背景のもと，和光大学に籍を置くわれわれは，この 6, 7 年間において「地域環境研究グループ」を組織し，メンバーそれぞれの専門領域を生かしながら，比較的限定された地域での環境・エネルギー問題，企業活動，食料・農業，自然などに焦点をあて，さまざまな地域における持続可能性を追求する取り組みの実態を捉え，今後の方向性を示唆すべく調査・研究を行ってきた．主な対象国は中国，タイ，インドネシアである．

序章　東アジアにおける環境・資源問題：概観　　5

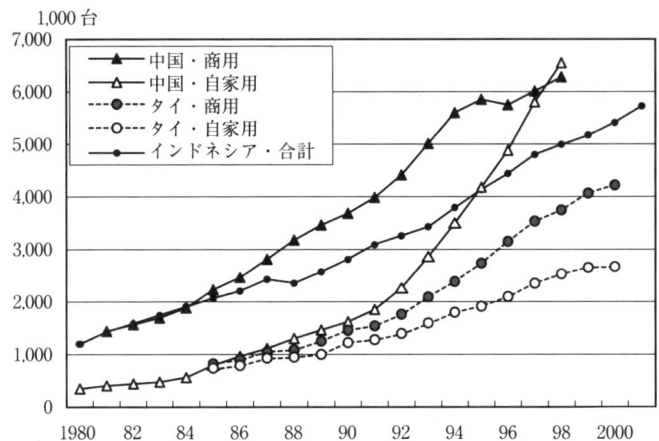

資料：UNEP, *GEO Data Potal*, http://www.unep.org.
注：1)　商用とは，バン，バス，トラック，トラクター，トレーラー．自家用とは，定員9人以下で，タクシー，ジープ，ステーションワゴンを含む．
　　2)　世界全体については，商用車が1980年から2001年にかけて，5,600万台から1億1,000万台に，自家用車は1980年から1999年にかけて，3億6,000万台から6億2,000万台に増加した．
　　3)　インドネシアの内訳は，1996年以降自家用車台数が商用車台数を上回っている．

図序-4　中国，タイ，インドネシアにおける自動車保有台数の推移

　本書は，これらの研究成果をとりまとめたものである．なお，2002年に本学において開催したシンポジウムに，学外からお招きした2名の報告者にも，当日の報告資料をもとに成果のご提供をいただいている．

　対象とする問題領域にそくした第1のテーマとしては，所得水準との関係が明瞭に表れる自動車をめぐる問題を取り扱っている．自動車の普及は，エネルギー消費と直接結びつき，大気汚染や都市での混雑などさまざまな環境問題を引き起こすだけではなく，利用後は，有害物質を含む膨大な廃棄物を生み出す．われわれは，中国，タイ，インドネシア，シンガポールの各国で，現地聞き取り調査を実施し，各国の実態を把握した．その内容は，中古車を含む多くの自動車をこれらの地域に輸出するわが国の果たすべき役割に関する考察とあわせて**第1章「アジアの経済成長と自動車対策」**において紹介され

る.

　第2のテーマは,エネルギーをめぐる状況を明らかにし,さらに今後における方向性を模索することである.本書では,EUを別にすると世界第2位の温暖化ガス排出国であり,かつエネルギー消費に起因する都市部および工業地帯における大気汚染が深刻な中国を対象として考察し,さらに再生可能なエネルギー源であるバイオガス利用に関して,タイなどでの現地調査からその現状と方向性を紹介する.

　2003年,ついに日本を抜きアメリカに次ぐ世界第2位の石油消費国となった中国は,なお高度な経済成長を続けており,エネルギー需要の増加はとどまるところを知らない.しかし中国では,大気汚染など環境問題への対応から,これまでエネルギー源の主役であった石炭から,石油,天然ガス,さらには水力等の再生可能エネルギーなど,よりクリーンなエネルギー源への移行が求められている.石油・天然ガスの海外への依存,一部がわが国との間で紛争にもなりかねない海底油田・ガス田の開発,自然環境保護と競合する可能性が高い大規模なダム開発など,世界が注目する中国の動向は,**第2章「中国のエネルギー事情と地球環境問題」**において詳述される.

　伝統的な再生可能エネルギーである薪炭材の利用には,森林保全という観点からの強い制約が課せられている.畜産業に由来する家畜排泄物による,新たな技術としてのバイオガス利用の試みが,ヨーロッパ諸国やわが国などで盛んに行われている[5].これらの技術は,経済成長の過程で畜産業が発展を遂げている東アジア諸国にも移転が可能であり,薪炭材への依存度が高い特に農村地域においては貴重なエネルギー源となり得る.食料関連産業との接点でもあるこの課題については,第4章でタイの食料関連産業を取り扱った後の**第5章「バイオガスの現状と展開」**において検討される.

　第3のテーマは,食料関連産業ないし自然資源利用と環境との関係である.**第3章「中国における食料関連産業と環境」**および**第4章「タイにおける食料関連産業と環境」**がこれにあてられる.中国,タイ両国の農業・畜産業はともに砂漠化,塩類化など土壌劣化問題を抱え,水資源の制約にも直面している.

また加工部門を含めた食料関連産業として，環境汚染の主体であるとともに，有害物質による土壌汚染の被害者でもある．ここでは，これら広範な問題の諸側面を，実態調査を交えながら明らかにするとともに，農地開発によって破壊された森林植生の回復をめざすタイにおける取り組みについても紹介する．

中国における今日の経済発展にとっての礎は，1978年12月の共産党第11期3中全会を端緒とする改革開放政策によって，古い共産主義体制を捨て，より自由主義的な経済へと転換したことで築かれたといえよう．また，改革開放政策のもとでの農村改革による農業生産力の発展は，限られた外貨と膨大な人口のため，食料の多くを輸入に依存することはできないという制約条件を克服するための必要条件であった．また，郷鎮企業と呼ばれるより自由化された事業体が農村経済を支えつづけた．発展をつづけてきた中国農業ではあるが，1人当たりの耕地面積は世界的に見ても狭小であり，国土の多くは降雨に恵まれない乾燥地域にあたる．つねに資源制約に直面しているだけではなく，農業部門から排出される過剰な有機物は，技術水準の低い郷鎮企業とともに，環境汚染をもたらす元凶となっている．第3章第1節「中国の農村発展と環境」が，これら中国における現状と問題点に関する報告である．

農村地域・食料関連産業は環境汚染の被害者でもある．わが国が経験した水俣病やイタイイタイ病の例に見るように，最も深刻な被害をもたらし得るのは水銀やカドミウムなどの重金属汚染であろう．途上国においても同様の問題が発生することが危惧される中，特に水銀汚染は，海洋を含めて世界的な問題として注目されている．そこでわれわれは，重篤な問題を引き起こしかねない事例として，中国・貴州省を現地調査した．本書ではその実態に関して，世界的な問題としての「水銀汚染」問題に関するより一般的な解説とともに，第3章第2節「現代における脅威としての水銀」において紹介する．

アジア屈指の食料輸出国であるタイの実態に関しては，第4章「タイにおける食料関連産業と環境」においてさまざまな側面からの検討を加える．ここではまず，タイの食料関連産業および環境問題との関連について概観した

後，東北部における土壌塩類化問題，1960年代に急成長したキャッサバ生産部門，近年の成長が著しい酪農部門，さらには森林の保全に取り組む政府の取り組みについて詳述する．

1997年の通貨危機による頓挫があったとはいえ，ASEANの盟主としての地位を得つつあるタイではあるが，貧富の差は比較的大きく，農村部には多くの貧困層を今なお抱えている．環境問題の多くも，この「貧困」の2文字と関連づけられる面が強いといえる．いうまでもなく，途上国の環境問題は，先進国であるわが国から見ても決して他人事ではない．経済のグローバル化がますます進展する今日において，エビ，砂糖，コメ，でん粉，熱帯果実，野菜など，わが国も多くの食料を依存しているタイの実態を知ることの重要性は高いといえよう．

第4のテーマは，環境問題の解決に向けた制度的側面，ないしは法理について検討することである．**第6章「環境を守るための法制度―欧米の事例から―」**は，EUによる共通農業政策（CAP）の中で強調され，WTOなどでの貿易交渉の場でも1つのテーマとなりつつある「動物福祉 Animal Welfare」，およびNGOが環境問題にどれほどの法的影響力をもちえるかに関する基本的な知見を提供する．東アジアの今日的状況を念頭におけば，これらの問題が重要性を増すまでにはかなりの年月を要すると思われ，また本章の記述は専門的であり，本書において補論的な位置づけとなる．

以上のように，①自動車，②エネルギー，③食料関連産業，④法制度という4つのテーマを第1の軸，主に中国，タイ，インドネシアを分析対象国とする地域的な視点を第2の軸としつつ，本書は6つの章で構成される．わが国など先進諸国における事例も必要に応じて参照されることになり，読者には多少の混乱を与えるかもしれないので，テーマ・対象国と各章との対応関係を，表序-1のように整理した．

もとより各章ないし節は，それぞれが独立した研究論文としてかかれたものである．一編の書としての流れとしては不自然な箇所，欠落している内容など不十分な点が残されていることは否定できない．議論と検討を深めてい

序章　東アジアにおける環境・資源問題：概観

表序-1 本書で扱うテーマと対象国からみた章別構成

テーマ	中国	タイ	インドネシア	日本・域外の事例
1. 自動車をめぐる問題		第1章	第1章	
2. エネルギー問題	第2章	第5章		第5章
3. 食料関連産業と環境	第3章	第4, 5章		
4. 環境関連の制度と法理				第6章

くべき点が多々あることはいうまでもないが，賢明なる読者諸氏からのご意見・ご批判・ご教示を熱望する次第である．

注
1) 両者の経済・社会的なつながりの強さもあってか，オコンナー（1996）に代表されるように，特に近年になるほど，東アジアないし極東アジアと東南アジアをむしろ区分せずに「東アジア」と呼ぶことが一般的となりつつある．本書はこの地域区分にしたがう．なお，国連などの国際機関による統計での取り扱いは，今日でも伝統的な地域区分がなされている．
2) 1992年にリオデジャネイロで開催された地球サミット，2002年にヨハネスブルグで開催された環境・開発サミットでの第1の課題は，いずれも貧困の撲滅である．
3) ここでは，FAOSTAT（FAO, http://www.fao.org）およびFAO（2003）による「栄養不足人口（Number of people undernourished）」を参照した．平均値で見ると，東アジア諸国の多くは十分に高い1人当たり食事エネルギー供給量をクリアしていることから，なお残る栄養不足状況は，所得分配の不平等によるところが大きい．食料輸出大国であるタイについて，総人口比で20％近い栄養不足人口が推計されていることが代表的な事例である．
4) 東アジア地域ないしアジア地域の環境問題に関しては，先のオコンナー（1996）のほか，日本環境会議（1997；2000；2003）など，近年多くの調査・研究報告が公表されている．また，第4章で紹介する文献の多くも，アジア全般に関する状況を対象としてる．
5) このほか，農林業起源の再生可能エネルギーとしては，砂糖や早生の植林木などからエタノールを生産したり，直接燃焼させたりするものがある．最も代表的なのは，ブラジルによるサトウキビ-エタノール生産であろう．

参考文献
デビッド・オコンナー（1996）『東アジアの環境問題：「奇跡」の裏側』（寺西俊一，

吉田文和, 大島堅一訳, 東洋経済新報社, 原著は, O'Connor, David, *Managing the Environment with Rapid Industrialisation: Lessons from the East Asian Experiences*, OECD, 1994).

日本環境会議 (2003)『アジア環境白書 2003/2004』東洋経済新報社.
日本環境会議 (2000)『アジア環境白書 2000/2001』東洋経済新報社.
日本環境会議 (1997)『アジア環境白書 1997/1998』東洋経済新報社.

第1章　アジアの経済成長と自動車対策
―環境保全との関連で―

　アジア経済は，1997年7月に起こったタイの通貨危機を契機に97-98年は未曾有のマイナス成長を記録し，再起が危ぶまれる状態にまで陥っていた．しかし，99年からは驚異的な回復を取り戻し，ミラクル（Miracle）アジアの再現が可能になりつつある[1]．その主因としては，①半導体やコンピュータなど輸出の増大，②域内貿易の立ち直り，③雇用情勢の改善，そして④中国経済の牽引などが挙げられている．しかし，経済の回復・成長に伴って一方では，アジアの都市化とモータリゼーションが進展し，それによって交通渋滞，大気汚染，地球温暖化等が引き起こされ，環境悪化が深刻な状態になってきている．環境悪化をくい止め，持続可能な成長を維持していくためには，経済成長と環境保全とのバランスを計っていかなければならないが，その対策の1つに自動車問題がある．

　そこで，本章では，最近のアジア経済の成長によってもたらされるモータリゼーションの進行と環境保全の関係について論じていきたい．

1. アジアの経済回復と経済成長

　最近のジェトロセンサーの報告によると，東アジアの経済成長は6％台を維持し，安定してきているという．すなわち，アジア通貨・経済危機以降の東アジア経済は，混乱（1997年），崩壊（98年），急回復（99年），安定（2000年），後退（01年），回復から安定（02年以降）というプロセスをたどり，この間の経済成長率は，崩壊した98年に内需が大幅に減少してマイナス0.17

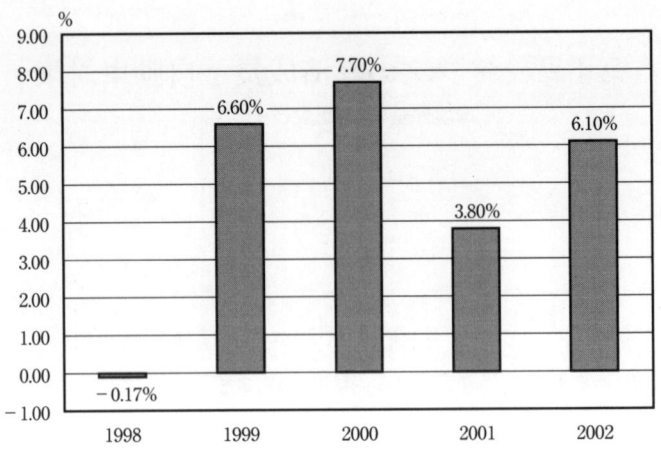

出所:国際ビジネス情報誌『ジェトロセンサー』2004年2月号,7頁より作成.

図1-1-1　東アジアの経済成長率

%に転落したものの99年には6.6%に急回復し,その後も順調な推移を示し,2004年には6.3%の成長が見込まれているとしている[2]．

この間の足取りを辿ると,1998年 −0.17%,1999年 6.6%,2000年 7.7%,2001年 3.8%,2002年 6.1%,2003年 6%（予測）,2004年 6.3%（予測）という回復ぶりである．

これをグラフで表したものが図1-1-1である．

このような回復・成長の要因としては先ほどもふれたように,ASEAN諸国の①半導体やコンピュータなど輸出の増大,②FTAの実現などによる域内貿易の立ち直り,③雇用情勢の改善などが挙げられるが,2000年以降の成長の特徴は,中国の経済成長と東アジア全体での個人消費の活況に負うところが大である[3]．

図1-1-2は,これまでのタイとインドネシアの経済成長率の推移を示したものであるが,通貨危機の時期を除くと概ね順調な成長の推移を示していることが窺える．

以上のような経済回復・成長に伴って消費の面でも民間消費の伸びが増大

第1章　アジアの経済成長と自動車対策　　13

[タイ経済のこれまで]

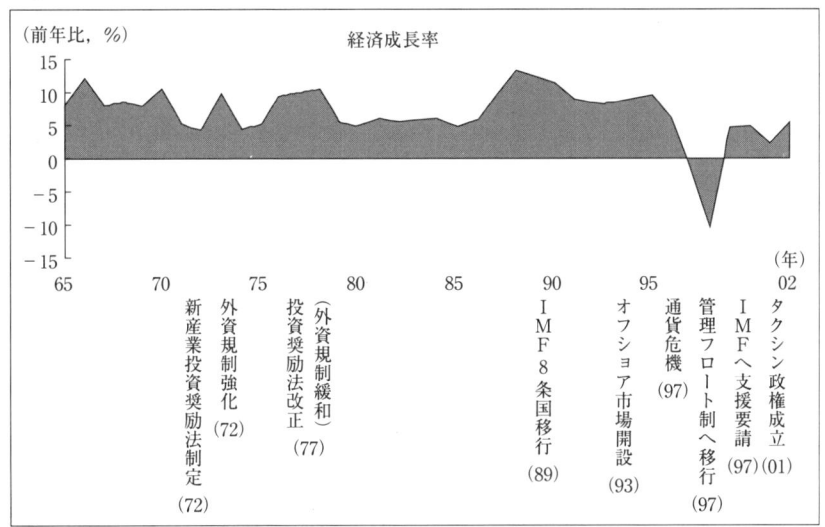

出所：内閣府『2003年秋　世界経済の潮流』124頁より．

[インドネシア経済のこれまで]

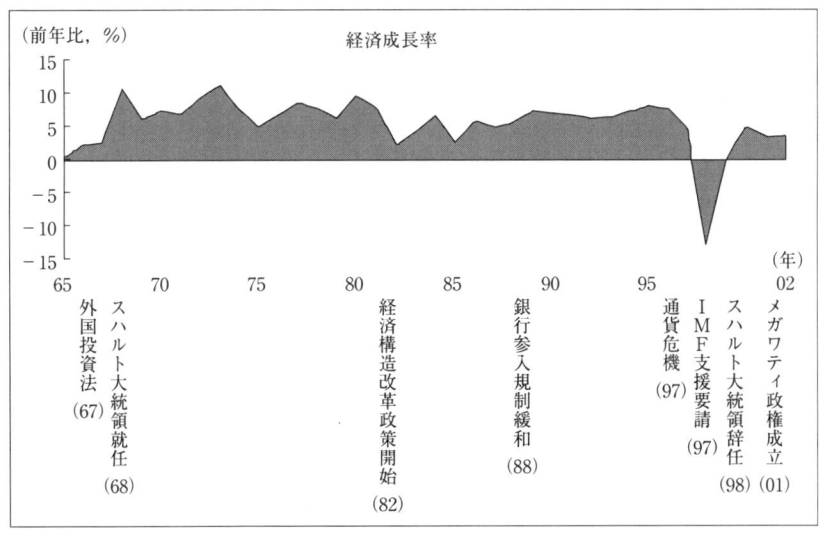

出所：内閣府『2003年秋　世界経済の潮流』122頁より．

図 1-1-2　タイ，インドネシアの経済成長率の推移

してきているが，特に ASEAN のバンコク，マニラ，ジャカルタ，マレーシア全体では，1人当たりの GDP が 2,500 ドルを超え，所得も他のアジアの地域と比較して平均よりも遙かに高くなっている．中国では深圳，上海，北京の所得が高く1人当たりの GDP が深圳で 5,238 ドル，上海で 4,516 ドル，北京で 3,084 ドルを示し，自動車の普及が加速するといわれる 3,000 ドル水準を超えている[4]．

2. 都市化・モータリゼーションの進行

　自動車はわれわれ人類の日常生活にとって極めて便利でかつまた快適なものであり，その限りにおいて，それぞれの国の経済成長と所得の増大に比例してモータリゼーションが進行していく．表 1-2-1 は，2000 年末の各国の自動車保有台数を示したものである．

　今後，アジア諸国の都市が牽引車となって広がっていくが，現時点での中国や ASEAN 諸国の自動車所有は，大都市を除いては日本の 1966 年頃の状態にあるという．

　ちなみに，東アジアの 1,000 人当たり自動車保有台数は，2002 年タイで 122.3 台，マレーシアで 240.9 台，中国で 14.0 台で，現在の東アジアはモータリゼーションの入り口に来ているといわれている[5]．

　しかし，大都市での保有台数は，今やロケット的な上昇をもたらしてきており，たとえばタイを例にとると 97 年 98 年と通貨危機の影響を受け，極めて大幅な落ち込みをみせたが，99 年からは急速な回復をはかってきている．その経済回復と自動車販売台数の推移は表 1-2-2 のようである．

　この表から読みとれるように，タイだけをとってみても通貨危機後は堅調な伸びを示し，国民の間に自動車の保有が増大していることが窺える．

　そして，目を見張るような勢いで増大しているのが中国である．上海市では毎日 1,000 台のペースで自動車が増大し，同時に交通渋滞が激しくなって道路・駐車場の整備が追いつかないため，急激なマイカー増加に歯止めをか

第1章 アジアの経済成長と自動車対策

表 1-2-1 各国の自動車保有台数

(2000年末, 台)

国 名	乗用車	トラック・バス	合 計	乗用車1台当人口（人）	合計台数当人口（人）
アフガニスタン	33,500	26,500	60,000	653.7	365.0
バングラデシュ	55,800	126,800	182,600	2,274.2	695.0
ブルネイ	163,100	18,300	181,400	1.9	1.7
ミャンマー	177,600	75,900	253,500	253.9	177.9
スリランカ	268,500	198,900	467,400	69.3	39.8
中国	5,805,600	6,012,300	11,817,900	218.2	107.2
ホンコン	350,362	139,719	490,081	19.4	13.9
インド	4,820,000	2,610,000	7,430,000	213.1	1,385.2
インドネシア	2,900,000	2,305,000	5,205,000	72.2	40.2
日本	52,437,375	20,211,724	72,649,099	2.4	1.7
韓国	7,837,251	3,327,068	11,164,319	5.9	4.2
マレーシア	4,212,567	1,029,633	5,242,200	5.2	4.2
パキスタン	964,000	378,000	1,342,000	158.0	113.5
フィリピン	773,835	1,587,501	2,361,336	98.9	32.4
シンガポール	413,545	147,325	560,870	8.5	6.2
台湾	4,716,217	883,300	5,599,517	5.0	4.2
タイ	2,044,565	4,075,537	6,120,102	29.8	10.0
ベトナム	142,000	83,600	225,600	554.2	348.8
カンボジャ	42,266	22,425	64,691	257.9	168.5
モンゴル	44,051	33,219	77,270	59.0	33.6
マカオ	48,857	7,082	55,939	8.1	7.1
アジア計	88,261,536	43,107,551	131,369,087	246.3	183.2
アラブ首長国連邦	348,000	194,200	542,200	6.9	4.4
バーレーン	159,266	39,700	198,966	3.4	2.8
イラン	1,566,000	590,400	2,156,400	42.7	31.0
イラク	685,000	375,000	1,060,000	32.8	21.2
イスラエル	1,298,000	298,000	1,596,000	4.7	3.8
ヨルダン	200,000	106,900	306,900	32.5	21.2
クウェート	787,000	167,200	954,200	2.4	2.0
レバノン	1,256,000	96,000	1,352,000	2.5	2.4
オマーン	279,100	110,717	389,817	9.0	6.4
カタール	138,900	67,200	206,100	3.9	2.6
サウジアラビア	2,689,000	4,375,000	7,064,000	7.8	3.0
シリア	175,900	269,100	445,000	89.3	35.3
イエメン	380,600	422,100	802,700	46.0	41.5
中東計	9,962,766	7,111,517	17,074,283	21.8	13.7
オーストラリア	10,000,000	2,528,000	12,528,000	1.9	1.5
フィジー島	58,077	42,369	100,376	13.5	7.8
グァム島	66,424	26,847	93,271	2.0	1.4
ニュージーランド	2,221,658	440,739	2,662,397	1.7	1.4
オセアニア計	12,491,689	3,164,862	15,656,551	2.3	1.9
合 計	545,696,943	203,015,524	748,712,467	11.0	8.0

出所：日刊自動車新聞社、（社）日本自動車会議所共編『自動車年鑑ハンドブック2002～03年版』より。

表1-2-2　タイにおける経済回復と自動車販売台数の推移

(前年比，%)

年	1996	1997	1998	1999	2000	2001	2002
GDP	5.90%	−1.37%	−10.51%	4.45%	4.65%	1.90%	3.62%
自動車売り上げ	1.55%	−44.33%	−57.67%	54.85%	18.23%	7.51%	46.99%

出所：Bank of Thailand and Bangkok Expressway PCL.

けねばならない状態になっている．そのための施策がナンバープレートの制限である[6]．市民は，新車を購入しても市当局がナンバープレートを競売にかけているため，それが手に入るまでは道路を走ることができない状況にある．なんと，その落札価格は日本円にして500,000円にも達しているというから驚きである．

　ちなみに，2003年の中国の車の販売台数は439万台といわれ，今後10年以内に日本の保有台数を上回るといわれている．図1-2-1は1995年から2003年までの大方の販売台数を示したものである．

　タイのバンコクや中国の上海を問わずアジアの主要都市での自動車の増大は著しく，それによって交通渋滞，大気汚染，二酸化炭素の増大など自動車に対する対応が今後大変大きな社会問題になっていくことは間違いない．

　動脈産業としての自動車産業が経済発展に貢献していることは否定できない事実であり，それによって受ける恩恵も計り知れないものがあるが，増大し続ける自動車はその対応を誤れば地球環境レベルでの負の遺産をもたらすことにもなる[7]．すなわち，地球温暖化とオゾン層の破壊に結びついている自動車は，その製造と使用済み後の処理を間違うと地球環境と人類の健康に極めて大きな影響を与える．それゆえ自動車の保有と処理に細心の注意をはらっていかなければならない．

　筆者は，こうした思いから，2003年3月にタイのバンコクとその周辺，そして同年8月にインドネシアのジャカルタとその周辺を訪れ，環境省・陸運局での聞き取り調査をはじめ，自動車の修理工場，解体現場，中古部品市場を調査し，これらの国々の自動車事情に接してきた．以下においては主と

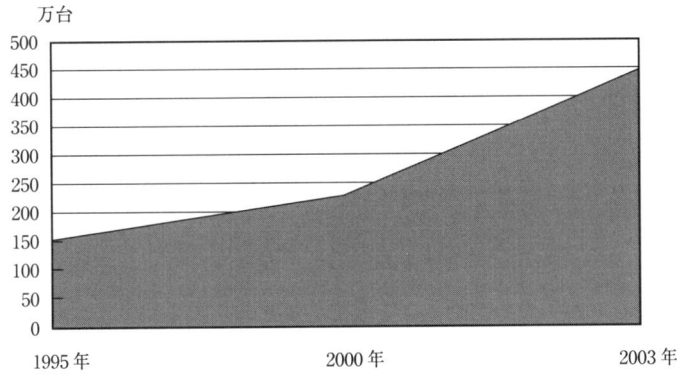

出所：2004年2月10日，NHKニュースより作成．

図1-2-1　中国の自動車販売台数

してその調査事項を中心に論を進めることとする．

　経済成長の結果，特に主要都市のモータリゼーションが劇的に拡大し，人口と経済的機能の過密な集中の原因となった．例えば，バンコク，ジャカルタといったような大都市では過密な集中がさまざまな深刻な問題を引き起こしているが，これは，都市の成長に見合うだけの十分な交通システムを整えることができなかったことが原因である．増大した輸送需要は道路の交通渋滞を引き起こし，その結果大気汚染と都市交通混雑を含む厳しい公共コストを結果せしめている．

　特に首都を取り巻いた地域で働いている人々の通勤に必要な鉄道輸送対策は，膨大な人口と都市活動にもかかわらず，十分な手が打たれてこなかった．そのため，自動車輸送に頼るしかないにもかかわらず，道路は改善されず，貧弱な補修程度に止まり，それがまた，慢性的な交通混雑と大気汚染をもたらしている．

　これらのことは，社会的構造の歪みであり，そこにはバランスのとれた社会的基盤構造と都市構造がなければ取り返しのつかない環境悪化をも導くことは疑いのない事実である．巨大都市は，人間活動と環境との間の最も集中

的な相互作用のある場所に位置しており，大都市における人間活動の諸変化が，地域環境のみならず地球規模の温暖化に重要な影響を与えることになる．都市の環境問題をうまく処理する方法としては，それぞれの都市・地域ならびに全世界の持続的な発展を実現させることであるが，それは極めて困難であると考えられる．このような状況を考慮に入れて，それぞれの国ではモニタリング・システムを通じて多少の努力を計っているが，自動車に関していえば十分な基礎データが提供されているわけではない[8]．そして，発展途上国では，多くの人々が中古車ないしは修理車を使用しており，動かなくなるまで乗り潰すというのが実体であるので問題解決がむずかしい．

またモータリゼーションの加速は，ASEAN諸国や中国にとって排出ガス対策が重要な挑戦課題となってきている．特に，自動車輸送の使用時における排出ガスの排出量は，輸送時の走行速度によって大きな影響を受ける．

自動車は，平均時速が60〜80km/hの速度で走るのが最も燃費が良く排出ガスの抑制にも適したように設計されているが，混雑のピーク時では16km/h以下の走行が日常的となり，混雑をひどくする．全体の混雑を軽減し，頻繁な発進と停止の繰り返しを軽減することによって交通の流れをスムーズにしていくことが，自動車排出ガスを抑制する効率的な方法であるといえる．さらに，道路，交通のコントロール，交差点での信号機の操作といった問題も交通混雑と排出ガスを抑制する上で重要な課題であろう[9]．

3. 日本からの中古輸出車がアジアの環境に与える影響

(1) 中古車輸出台数

わが国では，年間約500万台の使用済み自動車が発生するが，そのうちの約100万台がアジアやオーストラリア，ニュージーランドその他に輸出されている．約100万台の中には，統計上に現れない旅行者用携帯品持ち出し，1申告1品目20万円以下の輸出や密輸等も含まれている．特に，ロシア向けや北朝鮮向けのものは数の上では多くはないが，不明な点が多いようであ

第1章　アジアの経済成長と自動車対策

る[10].

　これらの約100万台のうち平成13年度の日本からの世界向け中古自動車の総輸出台数は，乗用車415,195台，バス7,933台，トラック72,496台，二輪車434,396台，総計930,020台であった．

　また，平成14年度の日本からアジアへ向けての乗用車の輸出台数をみると，図1-3-1からわかるように，フィリピンへの11,099台が最も多く，ついでマレーシアへの9,862台，バングラデシュへの7,399台，スリランカへの5,166台，香港への5,021台，タイへの3,907台と続き，インドネシアは中古自動車を原則輸入禁止にしていることから924台に止まっている．

　つぎに，中古貨物車輸出についてみると，これも図1-3-2からわかるように，フィリピンへの8,248台が最も多く，ついでシンガポールへの8,032台，スリランカへの3,400台，バングラデシュへの2,649台，インドネシアへの1,267台ほかとなっている．このほか中古バスもあるが，各国合わせて1,000台にも満たないので図は省略する．中古二輪車については50cc以下のバイクが主であるが，アジア向け全体で約63,400台程度である．

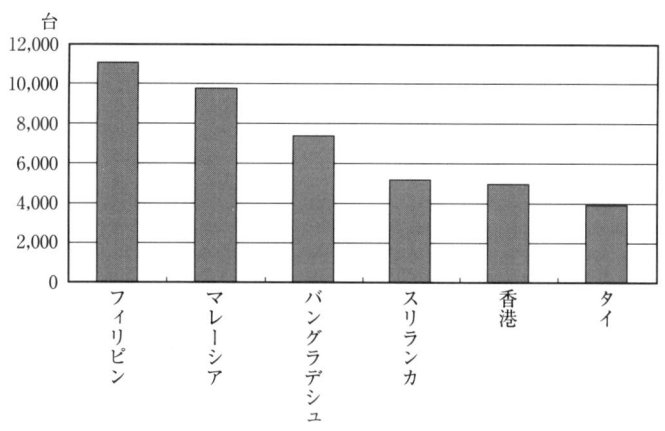

出所：財務省貿易統計より．

図1-3-1　中古乗用車輸出台数

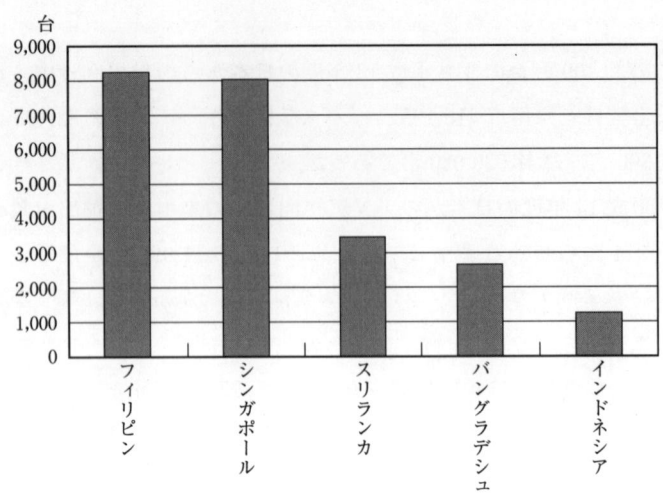

出所：財務省貿易統計より．

図1-3-2　中古貨物車輸出台数

(2) アジアの環境に与える影響

　日本では2002年7月に使用済み自動車の再資源化等に関する法律（自動車リサイクル法）が制定され，2005年1月から施行に移されることが決定している．それによって新車には購入時点で，また現在使用中の車にもそれぞれ軽自動車や小型車で約1万円前後，中・大型車やミニバンで1万4,000円前後の預かり金が徴収され，その預かり金の中から最終の解体や処理に必要な経費が支出され，2015年までにはリサイクル率を95％まで引き上げていく予定である．日本における現在のリサイクル率は，約80％まで達しているので95％という数字は達成されるものと思われる．

　また，この制度は，家電リサイクル法と違って廃棄する時点でリサイクル料金を徴収するわけではないので，不法投棄は起こらず上手く作動すると期待されている．

　もともと日本でも自動車の解体や処理は，解体業者を中心に十分ビジネスとして成り立っていたが，鉄くずの値崩れなどから解体業者の儲けが少なく

なり，解体に出すには逆に解体業者に対して料金を支払わねばならない状態になった．

そして，オゾン層の破壊につながるフロンガス，爆発性のあるアジカナトリューム個体粉末状の有害物質を含むエアバッグ，細い銅線・亜鉛・鉛・マンガン・ビニール線などを含むシュレッダーダスト（破砕くず）については，メーカーが責任をもって回収し処理することが義務づけられた．しかし，日本においても二酸化炭素（Carbon dioxide＝CO_2），窒素酸化物（Nitrogen oxides＝NO_x），硫黄酸化物（Sulfur oxides＝SO_x）の排出問題がすぐさま解決されるわけではない．

ところで，日本から輸出される中古自動車の多くがアジア諸国で新たな使命を担うということは，その国でCO_2，NO_x，SO_xの排出と大気汚染，健康被害を引き起こす源泉となることでもある．実際バンコクやジャカルタの街では日本製の旧式自動車が走り回り，ダウンタウンを離れると，日本で昭和30年代に活躍していた「ミゼット」が改造され，助手席に1人，改造された後ろの荷台に5人，運転手を入れて合計7名が乗車し坂道をもくもくと煙をまき散らしながら走行している．この他小型トラックを改造した乗り合い自動車やライトバンについてもほぼ同様なことがいえる．

気温30度以上の暑さの中で，冷房も施されていないこうした車がなぜ利用されるのかといえば，経済的な問題と車検規制の制度がしっかりしていないことにある．経済的な問題は，乗車運賃が安いからであり，車検規制もこれらの車を動かし，生活の糧に活用している人が多いだけに厳しい規制ができないというところに原因があるものと思われる．

そこで，つぎに，これらの問題に政府や自治体はどのような取り組みをしているかを確かめるため現地の環境省や陸運局で聞き取り調査をしたので，それを紹介したい．

4. タイの自動車と環境問題

(1) バンコクの交通事情と交通対策

バンコクの交通渋滞は，世界一だといわれてきたが，バンコクに限らずジャカルタや東京でも大した変わりはない．それほど，どこの都市も交通渋滞は激しいということである．しかし，バンコクでは少し裕福な家庭の子供の学校の送り迎えにまでマイカーを利用するので，ラッシュ時の渋滞がなおさら激しくなってしまう．交通手段を自動車に頼りすぎることは二酸化炭素，窒素酸化物，硫黄酸化物の排出から大気汚染や健康被害を引き起こす原因となるので，自動車以外の交通網を整えることが重要である．

この解決のためには，中心市街地の交通網の整備を図ることが第1の優先課題である．

バンコクでは，交通網が未整備なため，自動車のみに依存しなければならない時代が長くつづいてきたが，それでもようやく自動車からの脱却に一筋の光がみえてきた．すなわち，1999年12月5日にはスカイ・トレイン（Bangkok mass Transit System）のモノレールが開通し，交通緩和に一役かうことで，慢性的な渋滞を素早く快適に移動できるようになった．また，2004年中頃にバンコク初の地下鉄が開通することが確実で，これによって交通渋滞も少なからず緩和され，排出ガス抑制にも貢献するものと思われる．できれば，こうしたモノレールや地下鉄が縦横に延びていくことを期待したい．

(2) タイにおける自動車リサイクル

現時点で，ヨーロッパ，日本，アメリカといった先進国並みのリサイクルを期待することはできない．理由は，リサイクルがシステム化されておらず，使用済み自動車は高価な有価物であり，廃棄物ではないところに，途上国の自動車問題の本質があるように思われる．

例えば，日本では，現在平均して，新車が購入され次の新車に買い換える期間が約11年となっている．そして，下取りされた車は，中古車またはスクラップにされている．

ところが，タイをはじめ途上国では，エンジンをはじめすべての車体やパーツが解体され，中古のパーツとして再利用されている．しかし，再利用されているパーツは，ほとんどがきちんとリビルト（rebuild）されておらず，新品同様の性能で再利用されているとは思えない．大方は，はずしたままのパーツ利用である．

(3) ラーブリでの聞き取り調査

筆者らは環境研究グループの仲間で，2003年3月バンコク市内から90kmほど離れたラーブリ（Ratchaburi）という郊外で30年以上の営業実績を持つ解体業・部品販売業者を訪ねた．約5,000坪の敷地面積の広さの中に使用済みになった自動車が山のように散らばっているが，店では1,000台以上もの車を解体した部品が販売されている．1カ月の売り上げは100万バーツ（約300万円）である．1カ月30人で30〜50台を解体するが，日雇い人の賃金は1日150バーツ（約450円）だという．

そして解体した車からのオイル・ガソリンは油の会社に売る，パーツの値段は，車の種類・状態によって値段が違ってくる．1台で約1,000個のパーツが取れ，捨てる部分はほとんどなく，すべてが有価物である．

顧客は一般的には業者が中心であるが，少しは一般客も来る．一般客は遠くから壊れたパーツを探しにくるのである．種類が多いから，何とか探し当てることができるというわけである．顧客はタイ人のみで，外国人は来ないという．中古エンジンの値段を聞くと普通のモノで約10,000バーツ，トヨタの1,600ccが25,000バーツという答えが返ってきた．

この聞き取り調査から読みとれることは，システム化されたリサイクル・システムがなされておらず，タイの今日の国内総生産が2000年の時点で1,222億ドル，1人当たり国民総所得が2,000ドルの状態では，それを要求

すること自体無理であることを痛感した．

　問題は，フロンガス，エアバッグ，シュレッダーダスト（破砕屑）の処理問題である．これらのものは部品として商品にならないので，廃棄されてしまう．その結果，フロンガスからはオゾン層の破壊や二酸化炭素の増大に，エアバッグのアジカナトリュームからは有害毒性が，シュレッダーダストからはダイオキシンが発生することになる．しかし，これらの業者は，このような危険性を微塵も感じていないし，こうした問題があること自体知らないようである．

　途上国では，現在の時点で当該官庁は別として，一般国民や業者の間には環境保全への意識というものは，ほとんど無に等しいものを感じる．逆にいえば，あらゆるモノを再利用，再々利用するという点で，資源の有効利用の面で優等生という見方はできるかもしれない．しかし，問題は環境保全にとって，適切な時期に適切なリビルトを行い，再利用し，不要部分をスクラップにしていくのがいいのか，それとも環境への負荷が大きくとも，動かなくなるまで乗り潰すことがいいのか，近い将来，シミュレーション比較による選択をせまられる時期がくるように思われる．

(4) タイの車検制度

①法律：Land Transport Act と Motor Vehicle Act に基づいて実施されている．共に1979年に制定されている．

②実施機関：運輸通信省陸運局

　実施内容＝車検，商用車の排出ガス路上検査

③対象車：商用車と乗用車

　商用車については政府管理，乗用車については民間整備工場委託

　＊ Land Transport Act 下に置かれている重量3,500kgを超えないトラック，20席未満のバス，その他のバス，トラックについては陸運局または民間車検場で毎年実施．

　＊ Motor Vehicle Act 下の自動車については民間車検場で実施．

タクシー，ツクツク等については陸運局で実施．
④有効期限
　i　重量3,500kgを超えないトラックについては3年毎
　ii　20席未満のバスについては3年毎
　iii　その他のバス，トラックについては3年毎
　iv　首都圏タクシーについては6カ月毎
　v　タクシー，ツクツク等については1年毎
　vi　乗用車については1年毎
　vii　バン，ピックアップについては1年毎
　viii　二輪車ついては1年毎
⑤点検項目：サイドブレーキ，サイドスリップ，スピードメーター，音量，黒煙．
⑥排出ガス規制
　基本的にはすべての車に3元触媒を搭載する義務が課せられている．
　具体策としては，
　i.　排出ガス規制
　　　工業省が決めた新車排気ガス対策（ユーロ基準（Standard）と台湾基準（Standard））に基づいて，環境省が実施している．
　　　ユーロ基準の対象車は，ガソリン車，ディーゼル大型車，ディーゼル小型・中型車で現在のユーロ2の段階からユーロ3，ユーロ4へと進んでいく．
　　　現在の時点では有鉛ガソリンから無鉛ガソリンに切り替えている段階といえるだろう．モーターバイクについての規制は，主に有毒物質規制であり，世界の中で台湾が最も厳しい規準を設けているため台湾の基準に従っている．ユーロ基準にはモーターバイクの規制は含まれていない．
　＊路上チェック：排出ガス低減にむけての検査であり，バスなどの黒い煙などが対象になる．年1度検査する．公社バスは比較的状態がよい

が，民間バスはよくないといわれている．
  ii. 自動車の使用年数規制からの対応
    ・タクシー：12 年ごとにエンジン取り替え
    ・バス：10 年でエンジン取り替え
      但し，中古部品エンジンは何年使ったものかは問わない．つまり，エンジンを取り替えることで排出ガスを抑制しようというものであるが，真にザル法である．
  iii. 輸入制限からの対応
    ・30 人乗り以上の中古大型車輸入禁止
    ・50cc 以下の自動二輪車（モーターバイク）の中古車輸入禁止
      これは古くて排気ガスの多い車を水際で排除していこうとするもので評価できる．

5. インドネシアの自動車と環境問題

(1) 自動車の排出ガス問題

"Indonesia ENVIRONMENT MONITOR 2003" によると，インドネシアのジャカルタにおいては都市化・モータリゼーション・工業化の発展が大気汚染を高めていると報告している．自動車は 1995 年から 2000 年の間に 600 万台増加した．都会の大気汚染，とりわけ鉛と浮遊粒子状物質（particulate）からの汚染やガソリンからの鉛排出が健康への重要な脅威となっている．ワールド・バンク（The World Bank）は，特にインドネシアの子供にとって大きな健康危機状態の原因は鉛であると確認した．

鉛の発覚は，基本的に有鉛ガソリン，鉛精錬所，鉛印刷業から排出され，腎臓・生殖・肝臓・心臓の血管・胃腸体系に衝撃を与えたことが証明されているという．子供は極めて敏感で，かれらの IQ や知的発達や行動は鉛から身を晒されることによって極めて大きな影響を受けている．ガソリンから鉛を段階的に取り除くことは，大気汚染に関わる健康問題を軽減するための効

率のよい手段である．

　多くの世界諸国の中で，アジアにおいてはバングラデシュ，インド，フィリピン，日本，タイ，ベトナムが有鉛ガソリンを段階的に取り除きつつある．インドネシアもまたこの努力をはじめている．ジャカルタでは2001年7月有鉛ガソリンを段階的に取り除くことを決定した．政府の狙いは2003年までに国家的広がりで段階的に取り除くことを目論んでいる．

　ジャカルタにおける大気の鉛汚染は1998年における $0.42\mu g/m^3$ から2000年には $1.3\mu g/m^3$ に増加した．この数字は，基本的にはインドネシアの経済回復につれて道路を走る自動車の数が増えたことによるものである．

　ジャカルタだけについていえば，有鉛ガソリン汚染は，段階的に取り除かれるまでに毎年健康管理に国が，おおよそ266億ドルの費用をかけなければならないという．

　2001年6月にアメリカの予防センターがジャカルタに住んでいる第2グレードスクールと第3グレードスクールの子供の血液中の鉛の水準に関する調査を行ったところ，これらの子供の血液の鉛水準が非常に高いことがわかった．

　これらのことからわかることは，自動車を走らせるガソリンに含まれる鉛が，いかに健康に有害な物質を含んでいるかを示すものであり，今後ますます自動車の保有台数が増えていくことを考えると，有鉛ガソリンのみならず，他の汚染物質である硫黄酸化物，窒素酸化物，一酸化炭素とオゾンについても対処しなければならないし，さらには解体・廃棄を含め，われわれは自動車問題に真剣に取り組まなければならないのである．

(2)　国産化志向の時代と中古販売市場

　インドネシアでは，スハルト政権成立と並行して国民車作りに向け，部品の国産化や完成車の輸入解禁などの政策が展開されていたが，1996年に突如国民車構想を発表した．

　スハルト大統領の三男の経営するフンプスが，韓国の起亜自動車から無関

税で輸入した乗用車「ティモール」を国内販売し，将来現地生産化しようとするものであった．そして，国民車計画の狙いは，スハルト政権の悲願ともいうべき政策であり，インドネシアの自動車工業化のシンボル作りでもあった．しかし，それがスハルトファミリー・ビジネスの道具として使われたため，ただの強引な金儲けの温床に変身してしまっていた[11]．

そうした状況のもと，本体の起亜自動車が97年に倒産すると同時に，日米欧は起亜から輸入していた「ティモール」に対する関税0％は違反であると世界貿易機関（WTO）に提訴した．その提訴に対し，紛争処理委員会は，98年7月インドネシアの敗訴を正式に決定したため，国民車計画は断念された．

逆に，通貨危機に直面したインドネシア政府は，支援を仰ぐ見返りにIMFの指導で大幅な自由化を約束させられ，自動車産業育成策を「保護主義」から「自由主義」へ180度転換せざるを得なかったのである．

(3) インドネシアの中古自動車・部品業者

上でみたように，インドネシアでは自動車の国産化に失敗したので，自動車を購入しようとすると，外国企業がインドネシア国内で生産したものか，それとも他国から新車を購入するかのどちらかの道しかない．

また，意外なことに，インドネシアでは中古自動車は原則として輸入禁止なので，国民は中古自動車を外国から手軽に手に入れることはできない．国内で中古になった車を購入するしか手だてがないのである．

とはいえ，輸入禁止といっても，例えば東京都が2003年に都バスを輸出したように例外は存在する．その理由を陸運局を訪れた際に尋ねたところ，地方政府と地方政府同士の交渉だからできたのでしょうという答えが返ってきたが，その時メーカーからの反発があったという．また，24トン以上の中古トラックについても輸入を許可している．しかし，24トン以下のものについては，組み立て工場を保護するため許されていない．要するに原則として輸入禁止ということであるが，環境対応の面からみても古い車は出来る

限り，国内に入れないという政策であり，それは正しい選択である．
　つぎに中古部品についてみると，この国では中古部品業者と純正部品（新品）業者とは区別され，別々の地区で営業しているのが特徴である．特に中古エンジンの販売は禁止されているが，抜け道がないわけではない．確かにタイのバンコクのような光景は見あたらないが，闇ルートが存在しているのは事実である．公的には販売できないので，その業者も少なく，取引される数も多くはない．このように中古エンジンの販売を禁止していることは，大気汚染の面からみれば大変好ましことである．
　エンジンとは別の中古部品についてみると，種類も数もかなりなものである．廃棄物にみえるようなものでも手入れして再利用している．ジャカルタ郊外では，廃棄物と化したような乗用車やトラックが野晒し状態になっているが，そのような場所にちゃんと顧客は訪ねてくるから商売が成り立つ．野晒し状態になった車でも解体すれば，顧客の求める部品はちゃんと供給できるのである．こうした光景を見た筆者としては，中古エンジンの販売が禁止されているとはいえ，抜け道があることを実感した．
　インドネシアでもタイでも使用済み自動車を抹消登録し，ボディーごとリサイクルするといったシステムは現在のところ皆無であり，ボディーから細かい部品に至るまですべてが有価物として取り扱われる様は異様に感じられた．同時に，このような部品が利用され続けるかぎり大気汚染の改善はむずかしい．

(4) インドネシアの検査制度
①法　　　律

車検基準は 1993 年 13th regulation によって定められているが，現在は自動車エミッションに関する 35th で行われている．

②実 施 機 関

Vehicle Inspection Department である．

車検の目的は，道路安全にある．

営利目的で使用される車両は6カ月毎の検査が義務付けられている．

大気汚染削減対応——ジャカルタ市環境局（Bapedalda）が管轄機関となっている．

今後，ユーロ2に向けて数値を定めて法律化していく．2005年を予定しているが，対象は新車についてのみ．

CO_2，NO_x，SO_x 対策については，燃料で規制していく．実際には無鉛ガソリンに切り替えていくことと，天然ガスとのハイブリット化（LNG，LPGとガソリンの併用）を図っていく．ハイブリット化は，コンバーター・キットを取り付けることで可能であるといっている．

交通局は路上チェックを実施している．しかし，大気汚染の観測に当たりJICAの環境ラボラトリーがきて，10カ所の観測地点を設け，データを報告しているという．

インドネシアでは，いくつもの省庁が車検に関係していることから，複雑で各機関の調整にあたる機関が必要とされている．

③対　象　車

バス，タクシー，トラック，黄色ナンバー等商用車

④有　効　期　限

商用車年1回，2000年1月から一般車両令により，7年を超えたものは車検を受けることが必要となる．

⑤定　期　点　検

ジャカルタでは「クリーンバス・プログラム」を展開中で，希望者にのみ検査を行っている．

⑥点　検　項　目

1. CO_2 排出量の検査
2. ヘッドライト検査
3. タイヤの傾き検査
4. 車軸中計測
5. ブレーキ

6. スピードメーター検査

インドネシアでもタイでも車検といっても，日本でいう車検とは同一視できない．陸運局の役人に，ちゃんとした法律に沿って検査がなされているのにどうして黒煙をまき散らしながら車が走っているのかと質問したところ，6カ月点検については規定がゆるすぎるのが原因であるという正直な答えが返ってきた．

(5) インドネシアの交通網対策

交通渋滞，将来への交通網対策については，基本的には運輸省の管轄である．

モノレール構想について——これについて質問したところ，以前はバンコクでもモノレール構想があったが，今はなくなった．モノレール構想はバンドン市にある．バンドン市はジャカルタよりも交通渋滞が激しいから，バンドン市の政府が計画している．マスタープランとしてコミュニティ・システムを考え，南北を結ぶ線と東西を結ぶ線を計画している．しかし，これらの計画には2つの障害がある．1つは資金でありもう1つは技術であるという．

幹線網構想について——ジャカルタ市およびその郊外についてはバスwayを設けて対処するという．現在の道路の真ん中を区切ってバス専用の道路とし，バス以外の車を走らさないようにすることによってバス走行の渋滞をなくせば郊外からでも容易にジャカルタ市内に到達できるというものである．

しかし，21世紀において幹線網をバスwayで結ぼうというのは，いかにも時代錯誤を感じざるをえない．つまり，多くのバスを走らせることによって生ずる排出ガス，大気汚染，地球環境への影響など全く考慮されていないことに驚いてしまう．本来ならば，中国のように都市間を鉄道新幹線で結ぶような構想がでてきても不思議ではないはずである．

地下鉄構想について——これについて質問したところ，地下鉄構想は経済危機以前にはあったが，現在白紙撤回であるという答えが返ってきた．将来

のことを考えると，ジャカルタにおいても少なくともタイのバンコク市が採っている程度の政策を実行していかなければならないのではないだろうか．

(6) シンガポールから学ぶべきこと

アジアの中で，自動車対策と交通体制の面でモデルとなる国がある．それは，シンガポールである．シンガポールでは，自動車輸入に破格の関税を施すと同時に，購入する際の費用や年々の自動車税など維持費にも足かせをかけることによって個人が自家用車を所有することを極力制限する政策を採っている．このような政策を打ち出すことによって，交通渋滞，大気汚染，温暖化を最小限に止める努力をしている．

また，マイカーを制限する代わりに地下鉄やバスなどの公共交通に力を入れ，国民の足の不便を解消している．日本もシンガポールから学ばねばならない部分が多いし，他のアジア諸国もシンガポールをお手本にしていけば，自動車のもたらす環境問題というトンネルの向こうに一筋の光が見えてくるように思われる．

とはいえ，シンガポールは国土が淡路島程度の小さな国で，人口は約350万人，横浜市の人口とほぼ同じである．だからこそ理想に近いことができるのであり，他の国にシンガポールの政策をそのまま適用させるのは無理があるかもしれない．

6. 果たすべき日本の役割

すでに述べたように，日本では2002年7月に自動車リサイクル法が制定され，2005年1月から施行に移されることが決定している．これによって日本国内では年間約400万台の使用済み自動車がフロンガス，エアバッグ，シュレッダーダストを含め適正処理されていく．

しかし，日本国内で使用済みとなった輸出車について現地での適正処理はどのように考えればよいのか．輸出業者は利益を得るためにさまざまな方法

で輸出するが，輸出後の後始末については，しばしば配慮を欠くのが実情である．そうかといって，後始末の責任を輸出業者に押しつけることもむずかしい．

とするならば，日本政府や自動車メーカーが一定の役割を果たさなければならないように思われる．具体的には，日本国内においてフロンガス，エアバッグ，シュレッダーダストについてはメーカーが責任をもって回収し，適正処理を義務づけられたように，外国に輸出した車についても同じように義務をはたすべきではないのか．

そのためには，日本政府や日本の自動車メーカーが回収・処理技術を提供したり，指導したりする体制をつくることが先決である．少なくとも，日本の自動車メーカーは，アジアの主たる国々に進出し，現地生産のために拠点を置いているのであるから，自社製品については解体・処理されるまで責任をもつという体制を作ることである．それには，輸入先の国家や地方自治体の協力がなければ，成功しない．

それにはまず，輸入先の国家や地方自治体が率先して，燃費が悪く，大気を汚染し，健康を害し，温暖化を促進することにつながる古くなりすぎた車の危険性を周知させると同時に，古くなりすぎた車の使用を段階的に廃止していくことに取り組むべきであろう．

このような取り組みが形となって現れてくれば，日本の政府や自動車メーカーも好意をもって責任を果たしていけるのではないだろうか．これからますます増大していく自動車問題に対処していくためには，こうした施策を講じていかなければならないだろう．

7. むすび

今日のアジア経済の回復状況からみてミラクルアジアの再現は可能なようである．

中国が牽引車となっていくだろうが，ASEAN 諸国の力もついてきた．

そうなると，経済成長と並行してモータリゼーションが進行する．その結果は，交通渋滞や大気汚染，さらにはオゾン層の破壊などを引き起こし，将来の世代に負の遺産を引き継がせることになる．

　日本は，ヨーロッパやアメリカをはじめ，アジア諸国で自動車生産に精を出すかたわら，使用済みとなった中古自動車の輸出でも世界第1位である．ちなみに2位はドイツである．しかし，今後日本は，中古車を輸出して金儲けをするだけでは，国際的な責任を果たすことにならない．輸出した国でそれらの車が，どのように生涯を終えるかに責任を持たなければならない．ドイツでは中古車を受け入れ，適切な対応が約束できない所には輸出しないと聞いている．日本は輸出先の国々に，リサイクルや解体・処理のノウハウを提供すべきであるが，それには輸入国でのリサイクルに向けての法制化が進められなければならないだろう．ホンダが最近，タイにおいて廃棄された二輪車を回収し，リビルト（修理再生）して再利用できる道を開いたことは，今後乗用車にも波及していくことが期待されるので，喜ばしいことといえよう．

　もちろん，次世代自動車のエースと目される燃料電池車が普及した暁には，環境と自動車の問題の大半は解決されるものと思われるが，それにはまだ時間がかかるので，特に途上国においては，自動車交通に頼るのではなく，今のうちから地下鉄，モノレール，さらには鉄道長距離交通網を整える施策も重要であろう．

　　　注
1) The World Bank, "The East Asian Miracle" A World Bank Policy Research Report, Oxford University Press, 1993. Asian Development Bank, *Asian Development Outlook 2000*, Oxford University Press, 2000, pp. 90-94, 113-117.
2) 今日のアジア経済の回復・経済成長をみると，かつての通貨危機の主因は，国内の経済システムや金融体制そのものよりも，短期国際資本の流出にあったとする見方が主流のようである．しかし，通貨危機の原因となった金融問題・通貨システムの改革が進まないままの状態での回復では，再びヘッジファンドに狙われ

3) 国際ビジネス情報誌『ジェトロセンサー』2004年2月号, 7頁.
4) 同上, 10頁.
5) 森美奈子「購買層から展望するアジア自動車市場」, 環太平洋ビジネス情報 2003, Vol.3, No.11, 日本総研調査部を参照.
6) 日本経済新聞, 03年3月14日夕刊.
7) 拙稿「環境保全に向けての自動車業界の取り組み」アジア市場経済学会年報, 2003年, 第6号, 14頁.
8) 湊清之稿「The Asian Environment, Transportation Problems and Measures」日本自動車研究所, 報告書より.
9) 湊清之, 前掲論文.
10) 使用済み自動車の輸出が, 財務省の貿易統計で正式に扱うようになったのは2002年からである. それ以前の数値は推測部分が大きかった. 現在でも推測する以外にない部分がある. 外川健一『自動車とリサイクル』日刊自動車新聞社, 2001年, 139-140頁. 湊清之, 船崎敦, 鹿島茂稿「中古輸出と環境負荷発生量の推計」日本自動車研究所, 報告書より.
11) 向壽一『自動車の海外生産と多国籍銀行』ミネルヴァ書房, 2001年, 94頁. 榎恵市稿「インドネシアの自動車産業」大和銀総合研究所, アジア・オセアニア研究部論文より.
12) 向壽一, 前掲書, 94頁.
13) 榎恵市, 前掲論文.

参考文献

The World Bank, Thailand ENVIRONMENT MONITOR 2002.
The World Bank, Indonesia ENVIRONMENT MONITOR 2003.
内閣府政策統括官(経済財政分析担当)『2003年秋 世界経済の潮流』平成15年11月30日.
内閣府政策統括官付参事官(海外経済担当)編『月刊 海外経済データ, 平成16年1月号』.
Paul Ekins, Economic Growth and Environmental Sustainability, Routledge, 2000.
Philp Kotler, Swee Hoon Ang, Siew Meng Leong Chin Tiong Tan, "Marketing Management" an asian perspective. Prentice Hall, 1999.
山影進編『転換期のASEAN ―新たな課題への挑戦―』(財)日本国際問題研究所, 2001年.
渡辺利夫編『東アジア市場統合への道』勁草書房, 2004年.

第2章　中国のエネルギー事情と地球環境問題

　2004年の夏を過ぎて，石油を初めとする国際エネルギー情勢が一段と緊迫化している．ニューヨークのWTI（米国標準油種）原油価格は2004年9月27日に心理的な抵抗線とされた1バレル50ドルを突破し，2004年10月22日時点では1バレル55ドルの史上最高値にまで達している．こうした原油価格の暴騰ともいえる状況の背景にある構造的要因の大きなファクターとして，中国の高度経済成長に伴うエネルギー消費の急増が挙げられる．エネルギー消費の急増は石油にとどまらず電力需要も拡大しており，特に，上海，北京を中心とした沿海部発展地域における電力不足が深刻化して，日本から中国に進出した企業の事業展開にも重大な影響がでている．そうした状況のもとで，筆者が最近中国を訪問した際に収集した情報をもとに，中国の電力不足の最新事情についても報告することとする．

　中国経済は80年代以降，中国政府が積極的な改革開放政策を実施し，年率7％を超える経済成長を達成して，90年代には実質経済成長率年率10％にも達し，それに伴ってエネルギー消費も急増している．2003年の実質GDP成長率は9.3％，2004年の実質経済成長率も9.5％に達している．こうした高度成長を反映して，2002年には名目GDP世界第6位，輸出額世界第4位にランクされるほどの経済大国となり，2008年に北京オリンピック，2010年に上海万博の開催が決定し，戦後1960年代から1970年代にかけての日本と同じく，もはや途上国から経済大国への地位を固めている．また対外面においてもWTOに加盟し，日本に先んじてASEANとの自由貿易協定（FTA: Free Trade Agreement）へ向けての話し合いが始められた．現在

表 2-0-1　北東アジア主要 3 カ国の比較（2000 年）

		日本	韓国	中国
国土面積	万 km²	37.8	9.9	959.7
人口	100 万人	127	47	1,266
GDP*	十億ドル	5,163	618	1,046
（1 人当たり）	ドル/人	40,657	13,143	826
エネルギー消費	石油換算百万トン	509	191	805
（1 人当たり）	toe/人	4.0	4.0	0.6
エネルギー集約度	toe/千ドル	0.10	0.30	0.69

出所：IMF 統計，米国エネルギー省統計．
注：中国の現時点における人口および今後の GDP 成長率の可能性から，将来的なエネルギー消費増大の可能性は極めて高いことがわかる．

の北京，上海等の大都市では，かつての自転車の洪水ではなく，自動車の大群が新設された高速道路等で交通渋滞をなしている．中国の年間乗用車生産台数は 100 万台を超え，自動車保有台数も 90 年の 500 万台から 2003 年には 2,400 万台と 5 倍にも増加している．

このような経済成長によるエネルギー消費の増大に伴って，2002 年以降の石油消費の伸びはさらに大きく，2003 年の石油消費量は BP 統計によれば 598 万 b/d と日本の石油消費量 545 万 b/d を抜いて，エネルギー専門家の予測よりも 1 年早く，米国についで世界第 2 位の巨大な石油消費国となった．中国は，戦後の新たな中華人民共和国建設の過程で，大規模なエネルギー産業の育成を行い大慶油田，勝利油田等の巨大油田の開発を進め，日本に対して貴重な火力発電向けの生炊き用原油を供給してきた．しかし，大慶油田，勝利油田を初めとした東部国内油田の生産量の減退，経済の発展に伴う国内石油消費の増大によって，1993 年以降中国は石油純輸入国となり，1996 年には総エネルギーで見ても純輸入国となって，2003 年秋以降大慶原油の日本への輸出は途絶えている．

こうした，中国を巡るエネルギー情勢の変化は，中国経済における規模の大きさ及び人口の多さから，エネルギー需給面，地球環境面からも日本を含めたアジアの周辺諸国へ与える影響は極めて大きい．また近年専門家から指

第2章 中国のエネルギー事情と地球環境問題

摘されるエネルギー統計面における不透明性からも，今後の中国のエネルギー事情及びエネルギー政策を注視していく必要は大いにあると考えられる．それと同時に，中国においては急速な経済成長，国民のライフスタイルの向上に伴って，電力需要の伸びが著しく，沿海部を中心に電力供給が電力需要の伸びに追いつかず，深刻な電力不足の状況を呈している．このような中国における深刻なエネルギー事情の現状と地球環境に与える影響に関して，以下分析することとする．

1. 中国のエネルギー需給の現状と予測

(1) 経済成長に伴うエネルギー事情と石油消費の急増

中国におけるエネルギー構造をエネルギー統計では権威のあるBP統計によって分析すると，1次エネルギーに占める各種エネルギーの割合は，2003年時点において石油25％，天然ガス3％，石炭66％と石炭が突出している．中国政府は近年地球環境問題への配慮から，石炭への依存度を低下させ，天然ガス，原子力の比重を高めようとしている．中国経済における産業構造の変化，省エネの推進等により，エネルギー構造の高度化を進め，1次エネルギーにおいて石炭の占めるシェアは1995年当時の75％と比較して減少しているものの，近年では電力不足を理由として，石炭のシェアは再び増加傾向にある．

表2-1-1 中国の1次エネルギー消費構造（2003年）

	消費量（石油換算百万トン）	全体に占める割合（％）
石　　炭	663.4	66
石　　油	245.7	25
天然ガス	27	3
原 子 力	5.9	1
水　　力	55.8	6
合　　計	997.8	100

出所：BP統計．

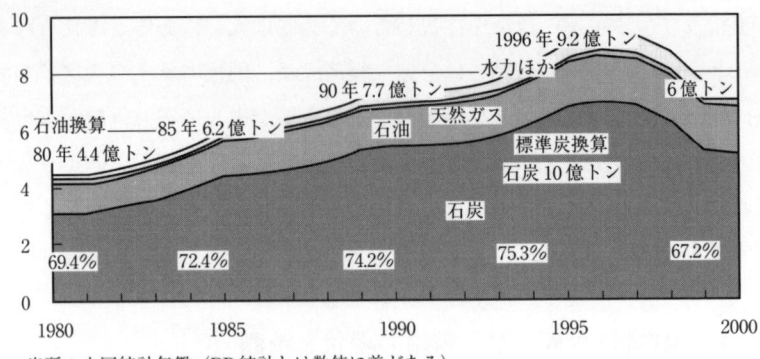

図 2-1-1　中国の１次エネルギー供給の推移

出所：中国統計年鑑（BP統計とは数値に差がある）．

　中国の2002年における年間乗用車生産台数は100万台を突破し，2003年の自動車保有台数は2,400万台にも達している．IEA（国際エネルギー機関）の統計によれば，中国は2003年には日本を抜いて世界第２位の石油消費国になったと報告されている．その一方で，日本の石油需要は長引く不況のために低迷している．すでに，2002年においても月ベースでは瞬間的に中国の石油消費量が日本を抜いたとの統計も発表されている．石油天然ガス・金属鉱物資源機構（JOGMEC）による低めの予測においても，中国は2020年に石油消費量は日本の２倍の1,000万 b/d になり，その時点における石油の自給率は40％台まで低下するとされている．

(2)　石炭中心のエネルギー需給構造

　中国は国内に豊富な埋蔵量を持つ炭田を多数有し，内陸部を中心に産業用，家庭用のエネルギーは石炭によって賄われている．しかし，近年石炭の大量消費による酸性雨の発生，地球温暖化防止への動きから北京，上海を初めとした主要都市及び沿海部の経済発展地域においては脱石炭利用の政策がとられ，原子力発電による電力の利用，石油及び天然ガスの利用による環境を汚染しないエネルギーへの多角化が進められている．

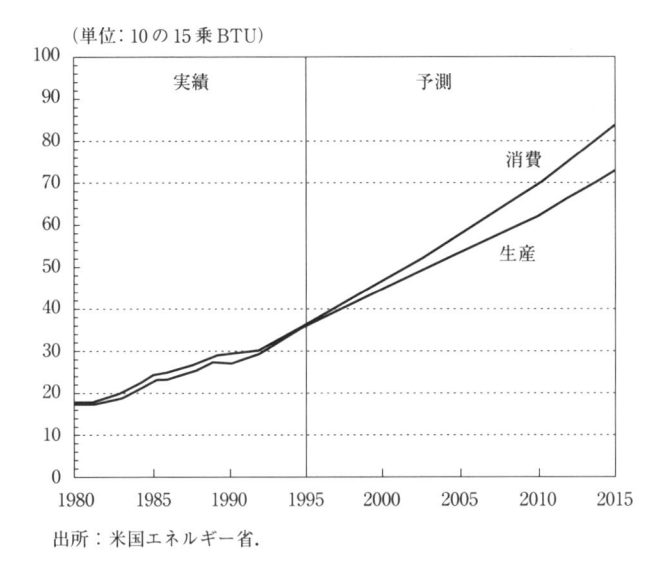

第2章　中国のエネルギー事情と地球環境問題　　　　41

(単位：10の15乗BTU)

実績　　　予測

消費

生産

出所：米国エネルギー省．

図 2-1-2　中国のエネルギー需給予測

(単位：10の15乗BTU)

■石炭　■石油　□水力　■天然ガス　□原子力

出所：米国エネルギー省，2002年．

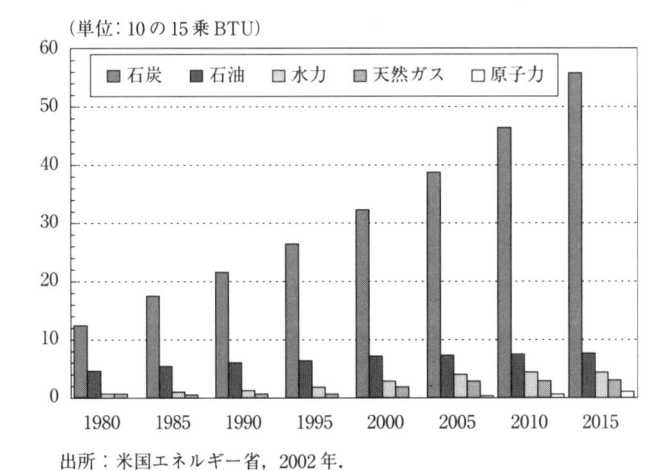

図 2-1-3　燃料源別エネルギー生産予測（1980-2015）

表2-1-2 中国における1次エネルギー消費推移

(単位:百万トン原油換算)

	1980	構成比	1990	構成比	1995	1996	1997	1998	1999	2000	2001	構成比%
石 油	88.0	20.5	110.3	16.5	160.7	174.4	185.6	190.3	207.2	230.1	231.9	27.6
天然ガス	11.7	2.7	13.2	2.0	15.9	15.9	17.4	17.4	19.3	22.1	24.9	3.3
石 炭	314.4	73.3	533.6	79.9	635.7	676.9	649.3	616.8	512.7	493.7	520.6	62.0
水 力	14.6	3.2	10.9	1.6	42.3	42.3	42.5	44.9	44.1	55.0	58.3	6.9
原子力	—	—	—	—	2.9	3.2	3.3	3.4	3.4	3.8	4.0	0.5
合 計	428.7	100.0	668.0	100.0	857.5	912.7	898.1	872.8	786.7	804.7	839.7	100.0

出所:BP統計.
注:中国政府による公式統計は,中国の高度経済成長と比較してエネルギー需要の伸びを抑えたように見せるという政治的意図から石炭,石油を初めとしたエネルギー消費量の過小評価の傾向がエネルギー専門家からかねてより指摘されている.エネルギー業界においてもっとも権威あるとされるBP統計も基本的には各国政府の資料をもとに作成されているために,中国政府公式発表の過小評価の影響を受けていないとは言い切れず,例えば99年,2000年の石炭消費が高度成長にもかかわらず,前年よりも減少した数値となっている.

しかし,中国の人口の大部分を占める内陸部においては,依然として調理用に石炭への依存傾向が強く,酸性雨を初めとした環境汚染,及び世界第2位の二酸化炭素排出国として地球温暖化への責任も増し,京都議定書発効後において中国のエネルギー需給構造の弱点ともなっている.

また,中国のエネルギー関連の統計は不正確であるという批判が強く,石炭の需給の過小評価が懸念されている.故に,実際の石炭の生産及び消費はもっと大きく,石炭に対する依存度は統計数値よりも高い可能性がある.1999年時点における中国のエネルギー生産量は8.44億石油換算トン(TOE)であり,生産の面ではロシアに匹敵する世界第2位,消費の面でも米国に次ぐ世界第2位のエネルギー消費大国といえる.また,エネルギー全体の消費のうち71.2%にあたる6.241億TOEが石炭消費である.しかし,上記の統計を見ても分かるように近年中国における石炭の消費は減少傾向にある.その点に疑問を呈するエネルギー専門家が多い.実質成長率が7%を超え,鉄鋼,紙パルプ,セメント等のエネルギー多消費型の産業が成長するなかで,革新的な省石炭技術が導入されていないうえに,石炭以外のエネルギー消費もGDP成長率ほどには増加していない.このことから考えて,石

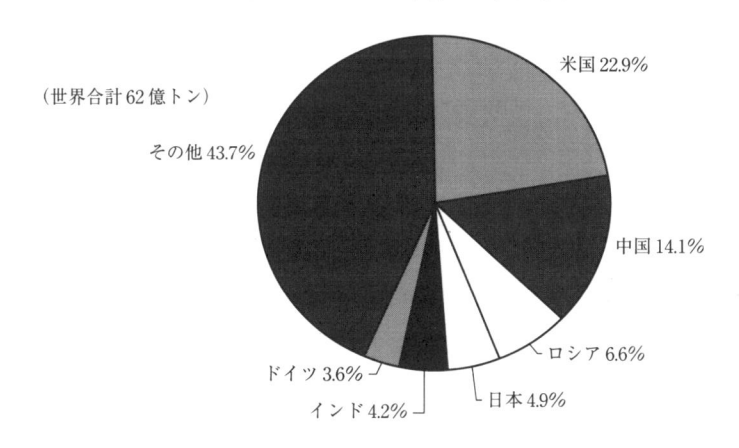

第2章　中国のエネルギー事情と地球環境問題　　　　　　　43

(世界合計62億トン)
その他 43.7%
米国 22.9%
中国 14.1%
ロシア 6.6%
日本 4.9%
インド 4.2%
ドイツ 3.6%

出所：米国オークリッジ研究所．

図 2-1-4　主要国の二酸化炭素排出割合（1996年）

炭の消費については過小統計がなされていると考えることが自然である．中国の石炭市場は国有大規模炭鉱が全国の大口ユーザーへ石炭を供給し，郷鎮企業炭鉱を含む非国有の地方中小規模炭鉱が地方の零細ユーザーに石炭を供給する二重構造となっている．その中で，中小炭鉱の石炭生産量と零細ユーザーの石炭消費量が石炭需給全体の半分以上を占めているといわれ，統計上の把握を難しくしている．また，中小炭鉱は経営面における非効率を抱えているうえに，技術的にも劣悪で，炭鉱事故が多く，毎年相当数の炭鉱労働者の死亡が伝えられている．中央政府による1998年からの国有企業改革において，非効率な中小炭鉱の強制閉鎖を含む整理整頓政策が実行に移されたが，それが却って統計上の過小申告を生む温床になっているといわれている．このように考えると，1997年以降の石炭需給の減少は，ミスリードを引き起こす可能性があり，筆者の見方としては，むしろ石炭消費量は増加している可能性が高い．中国においては，特に都市部では環境汚染の問題から，天然ガスへの移行が進んでいるものの，人口の過半は依然として内陸部に居住して石炭を唯一のエネルギー源としており，都市部においても電力は石炭火力であり，天然ガスが割高なことから一般家庭においても石炭が一部利用され

表 2-1-3　中国の自動車保有台数推移

(単位：万台)

	自動車	農用車	二輪車	自動車換算
1990 年	551	342	464	712
1995 年	1,040	812	2,170	1,528
2000 年	1,609	1,914	5,254	2,773
1990/2000 増加倍数	2.9	5.6	11.3	3.9
年平均伸び率(%)	11.3	18.8	27.5	14.6
世界保有計	72,153	18,880	74,040	—
中国シェア (%)	2.2	27.8	3.7	—

出所：日本エネルギー経済研究所資料．

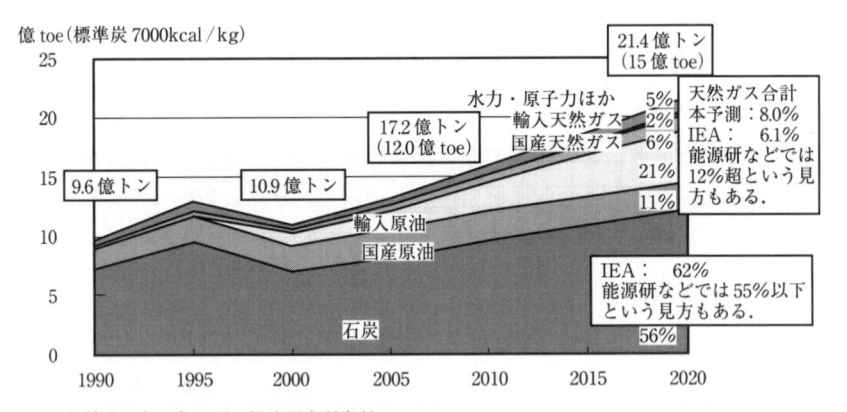

図2-1-5　中国の1次エネルギー需給長期見通し

（グラフ中の数値）
- 縦軸：億toe（標準炭 7000kcal/kg）
- 9.6億トン、10.9億トン、17.2億トン（12.0億toe）、21.4億トン（15億toe）
- 水力・原子力ほか 5%
- 輸入天然ガス 2%
- 国産天然ガス 6%
- 輸入原油 21%
- 国産原油 11%
- 石炭 56%
- 天然ガス合計　本予測：8.0%　IEA：6.1%　能源研などでは12%超という見方もある．
- IEA：62%　能源研などでは55%以下という見方もある．

出所：日本エネルギー経済研究所資料．
注：先進国の天然ガスシェアは平均25%程度，中国の天然ガスシェアは今後とも低いと予想される．

ているのが実情である．このように過剰な石炭への依存をどのように克服するかが今後の中国におけるエネルギー問題の課題といえる．

(3) 石油・天然ガスの今後の動向

天然ガス政策，天然ガスパイプライン計画として，西気東輸，すなわち西部地域の天然ガスを東部もしくは沿海部へ輸送する中国の計画がある．当初

第2章　中国のエネルギー事情と地球環境問題

表 2-1-4　中国のエネルギー生産構成

(単位：百万トン原油換算)

	1990	1990 構成比(%)	1995	1996	1997	1998	1999	2000	2001	2000 構成比(%)
石　油	138.3	19.9	149.0	158.5	160.1	160.2	160.2	162.6	164.9	22.2
天然ガス	12.8	1.8	17.6	19.9	22.2	22.3	24.3	27.2	30.3	4.1
石　炭	542.3	78.2	650.9	691.5	665.5	619.7	523.9	501.8	548.5	73.8
生産合計	693.4	100.0	817.5	869.8	847.8	800.0	708.4	691.6	743.7	100.0

出所：BP 統計.

　は，タリム盆地等の天然ガス田を開発し，さらにカスピ海沿岸，トルクメニスタン等から砂漠を横切る 6,000km の天然ガス・パイプラインを建設し，上海まで輸送する計画を立てていた．さらに中国政府は上海まで輸送されてきた天然ガスを液化し，LNG（液化天然ガス）として日本，韓国に輸出する計画まで構想していた．しかし，タリム盆地のガス等が当初予想されていたほど巨大な埋蔵量を有していないことが明らかになるにつれて，大規模天然ガス・パイプライン計画は立ち消えとなっている．こうした中国国内西部大開発に代わるものとして，国有石油会社による海外の天然ガス田権益の取得と LNG プロジェクトの推進が挙げられる．

　中国は，東北部における大慶油田，勝利油田の発見等により，1960 年代から石油生産国となったが，石油需要の増大により，1993 年以降石油純輸入国に転落した．原油についても，1996 年には純輸入国となっている．その後も，石油生産の停滞に対して，石油消費は着実に増加しており，需給ギャップは拡大する一方である．2003 年時点においては，石油消費の 3 割強を輸入に依存している．2003 年の原油生産量は 340 万 b/d，天然ガス生産量は 33.14 百万 cf/d である．需要が増大する一方において，大慶油田を初めとした国内大型油田の老朽化により，原油生産の伸びは頭打ちとなっている．西部地域及び海上油田において若干の増産が見込まれるものの，東部油田の減産によって相殺されている．BP 統計によれば，2002 年時点における中国の原油埋蔵量は 183 億バレル，天然ガス埋蔵量は 53.3 兆 cf である．

中国における石油需給に関しては，中国の石油生産が近年徐々に増加し，年産1.6億トンと世界第5位の水準に達しているものの，石油需要の伸びがそれを上回るために，需給ギャップが増大している．過去10年間の経済成長率が年率約9.7％，原油消費量の伸びが年率5.77％であったのに対して，国内の原油供給の伸びは1.67％にすぎない．1993年に中国は石油の純輸入国に転落して以来，中国の石油輸入は年平均34％の割合で増加しており，2004年の原油及び石油製品輸入量は1億2,000万トンに達している．さらに統計に表れない上海等の沿海部経済発展地域におけるガソリン，灯油等の石油製品の密輸を含めれば，中国の石油輸入依存度はさらに高まるものと思われる．国際エネルギー機関（IEA）の予測によれば，中国の石油輸入依存度は2010年に61％，2020年に76.9％に増加する．

　こうした中国を巡る石油情勢の変化を受けて，1998年の国有企業改革においては，国営石油産業の再編が行われ，石油・天然ガス，石油精製，石油化学における強力な企業集団として中国石油天然気有限公司（CNPC），中国石油化工有限公司（Sinopec），中国海洋石油有限公司（CNOOC）の3大石油グループが形成された．これらは相次いでニューヨーク証券取引所に上場し，海外における資金調達のチャネルを開拓して，国際石油企業の経営手法を取り入れて，国際競争力を強化した．2001年には西気東輸（西部の天然ガスを東部に輸送する）事業が全面的に始動し，2001年から開始された石油工業第10次5ヵ年計画では国家戦略石油備蓄計画が正式に始められた．

　しかし，上記のような成果にもかかわらず，中国の石油産業には以下のような問題点が挙げられる．3大石油企業集団は，経営面で欧米の石油会社と大きな格差があり，特に精製，化学事業の規模が小さい．石油製品の品質は悪く，大部分の事業は営業利益ベースで赤字であり，欧米諸国の石油企業との競争において不利な状況におかれている．石炭生産については，組織構造の不合理，技術及び設備水準の低さ，国有企業としての非効率等の多くの問題を抱えている．天然ガス，新エネルギーの今後の展開についても，高コスト，技術面における制約等の問題点を持っている．

中国が今後もエネルギー面における対外依存を高める要因として，国内の構造的問題が指摘できる．中国は世界的に見て，数少ない石炭を主たるエネルギー源とする国である．世界の1次エネルギーにおける石炭のシェアは26.7%にすぎないが，中国における石炭シェアは1998年時点において71.6%にも達している．環境問題の深刻化から，エネルギー政策の重点は数量問題の解決から質と地球環境保全の重視へと転換し，石炭への依存度を低下せざるを得ない状況にある．過去10年において，石炭のシェアは9%低下し，原油のシェアが9%増加した．しかし，天然ガス，原子力，水力といった温暖化ガス排出の少ないクリーンエネルギーの利用率は欧米先進国よりもはるかに低いという問題点が依然として残されている．

　今後の課題として，外国の資金，技術，経験を活用して，国内における石油・天然ガスの開発をはかるとともに，外国における石油・天然ガスの開発を促進することが挙げられる．国内における石油・天然ガス探鉱の増加の例としては，1982年から2000年にかけて，CNOOCは18カ国，70社と140件の契約を締結し，中国海域における探鉱と開発に65億ドルの外国の資金を利用し，19の油田，ガス田を発見し，石油埋蔵量8.7億トン，天然ガス1,302億 m^3 の追加を行ったという実績がある．海外における石油・天然ガス開発の実績としては，CNPCが北アフリカ，中央アジア，南米に3大発展戦略区を形成し，開発投資が回収期に入っている．CNPCが2001年に海外で生産した原油は1,300万トン，天然ガスは8億 m^3 に達している．またSinopecも海外から3,000万トンの原油生産を計画している．石油工業第10次5ヵ年計画においては，積極的な海外における開発が目標とされており，2005年には海外からの石油・天然ガス資源の輸入量を2,500万トン増加することを計画している．またロシアとの間においても東シベリアからの石油パイプライン建設の合意が成立していた．しかし2004年末には石油パイプラインを日本向けに建設することをロシア政府が発表し，中国は強く反発している．今後とも，中国の石油企業グループは国際石油資本（スーパーメジャー）との間で熾烈な石油・天然ガス資源争奪戦を展開していくものと思わ

れる.すでに,日本との間では2004年に日中中間線付近における中国による東シナ海ガス田(春暁ガス田)の開発を巡って,日中政府間で資源主権確保への紛争が発生している.

　中国は年率7%を超える経済成長,特にモータリゼーションの急速な進展に伴って石油消費は急速に伸びており,大慶,勝利油田を初めとした国内生産だけでは賄いきれず,イラン原油を初めとした中東原油への依存を高めている.そうした流れの中での安定供給と地球環境問題を睨んで,天然ガス利用の促進,ロシア,中東アジアとのエネルギー外交の推進をはかっている.中国においては急速な経済発展に伴う富裕階層の増加が著しく,燃費の悪い大型高級車の販売も増加しており,工業化,ライフスタイルの高度化,モータリゼーションの発展に伴って,自動車の保有台数が急増し,自動車の生産台数も年産100万台を超す水準となり,トヨタを初めとする主要な自動車メーカーが中国の自動車会社との合弁で国内における自動車生産を相次いで開始している.そのため,石油需要が一段と増加しており,中国は1993年には石油の純輸入国となり,2002年には瞬間的に日本を抜いて世界第2位の石油消費国となり,2003年には通年で日本を抜いて米国に次ぐ世界第2位の石油消費国となっている.今後,中東への石油輸入依存度が増加することによって,アジアのエネルギー事情に大きな影響を与える可能性が高い.そのため,中国も中央アジア,ロシア等石油輸入源の多角化をはかっている.

表 2-1-5　中国の主要油田の生産高推移

(万トン/年)

年	1990	1991	1992	1993	1994	1995	1996	1997	1998	1999	2000	2001
大慶	5,562	5,562	5,566	5,590	5,601	5,601	5,601	5,601	5,570	5,450	5,300	5,150
勝利	3,350	3,355	3,346	3,720	3,090	3,000	2,912	2,801	2,731	2,666	2,675	2,668
遼河	1,360	1,370	1,385	1,420	1,502	1,552	1,504	1,504	1,452	1,430	1,401	1,385
他の陸上油田	2,800	3,451	3,528	3,190	3,924	3,879	4,333	4,414	4,601	4,769	4,953	5,237
陸上油田計	13.70	13,738	13,825	13,920	14,117	14,032	14,350	14,320	14,354	14,315	14.32	14.44
海上油田計	143	241	387	463	648	842	1,501	1,620	1,632	1,617	1,757	2,034
合計	13.84	13,979	14,212	14,383	14,765	14,874	15,851	15,940	15,986	15,932	16.08	16.48

出所:中国石油年鑑,東西貿通信社,2002年.

表 2-1-6　中国の石油需給の推移

(単位：百万トン原油換算)

	1990	1991	1995	1996	1997	1998	1999	2000	2001
石油（消費）	110.3	117.9	117.9	174.4	185.6	190.3	207.2	226.9	231.9
石油（供給）	138.3	141.0	149.0	158.5	160.1	160.2	160.2	162.3	164.9
需給バランス	28.0	23.1	31.1	−15.9	−25.5	−30.1	−47.0	−64.6	−67.0

出所：中国統計摘要，2002 年版．

表 2-1-7　中国政府による原油需給予測

(単位：万 b/d)

	2005 年	2010 年	2015 年	2020 年
需要量	490	592	670	760
国内生産量	349	370.4	393.2	413.4
需給ギャップ	−141	−222	−277	−347
自給率%	71	63	59	54

出所：中国政府資料．

一方，石炭への依存，石油消費の今後の増大に対する対応としてエネルギー源の多角化として天然ガスの利用促進が期待されている．国内の開発においては，西部地区を中心に進められており，海外の天然ガス開発においては，ロシアからのパイプラインを利用した輸入及び福建省，広東省向けのオーストラリア，インドネシアからの LNG（液化天然ガス）による輸入が今後増加することが見込まれる．しかし，国内における天然ガスの埋蔵量の問題及び西部地域から輸送する割高な天然ガス価格から利用は限定的なものと予想され，天然ガス消費シェアが 10% を超えることはないと思われる．

中国における石油・天然ガス産業に対する政策は 2001 年 3 月の全国人民代表大会（全人代）[1]で承認された第 10 次 5 ヵ年計画（2001-2005 年）で全体的な内容が決定され，2001 年 7 月に国家経済貿易委員会が産業別第 10 次 5 ヵ年計画を発表して具体的な政策が明らかとなった．2001 年からの第 10 次 5 ヵ年計画では，計画中の経済成長率を 7% 前後と見込み，2005 年の GDP を 12 兆 5,000 億元（約 200 兆円）としている．また，東部の沿海地域と比較して経済発展の遅れている西部大開発を前面に打ち出し，中国国内の

表 2-1-8 外国石油企業による中国における製油所

企　　業	合併相手	事業内容	出資率	地区	時期
Total	Sniopec など	製油所 800 万トン t/y	20%	大連	1996 年
Exxon Mobil	Sniopec 福建子会社	製油所（800万トン t/y）等	25%	福建泉州市	2003 年
Exxon Mobil	Sniopec 広州子会社	製油所 770 万トン t/y から 1,000 万トン t/y まで増強	50%	広州	2003 年
Sell	CNOOC	製油所 800 万トン t/y	…	華南	計画中
ジャパンエナジー	山西石油公司	潤滑油（1 万 t/y プレンディング設備稼動）	49%	山西	1994 年
出光興産	常州国宏を通じて	潤滑油（1 万 t/y プレンディング設備稼動）	25%	常州工業団地	1997 年
日石三菱(新日本石油)	天津漢沽石油化工公司	潤滑油（3.5 万 t/y プレンディング設備稼動）	40%	天津	1998 年

出所：中国石油産業経済年度報告，2002 年．

経済格差拡大による社会的不安の発生を食い止めようとしている．

今回の石油政策の主要な目標は，①石油を節約し，国内の石油・天然ガスの探鉱・開発を加速すること，②海外の石油・天然ガス資源を活用して探鉱・開発を積極的に展開すること，③石油・天然ガスパイプラインの建設を強化し，パイプラインネットワークを構築すること，④戦略的資源である石油の備蓄制度を創設すること，である．

上記の石油政策が提案された背景としては，石油消費量が急増し，国内の原油生産だけでは，国内の経済発展に対応しきれず，石油需給のギャップが拡大していくことや，都市部及び地方における環境汚染が深刻化し，今後の

中国の健全な経済発展が阻害されることが大きな要因であると中国政府は説明している．今後の見通しとしては，年率7%程度の経済成長に対して，石油消費は年率4%の伸びを示し，それに対して国内の原油生産量は年率2%程度の伸びしか見込まれないことから，需給ギャップが拡大するものと予想される．しかし，こうした政府予測は実際の経済成長と比較して石油消費の伸びを抑制しようという政治的バイアスのかかった予測と見ることができ，この予測は現実の可能性よりもかなりマイルドなものといえる．実際には，中国の石油消費の伸びは経済成長率並に高い水準が予想され，21世紀における国際石油市場のかく乱要因となっている．

(4) 電力不足の実情
1) 経済成長に伴う電力不足の実情
中国の電力事情に関しては国家発展改革委員会を中心とした政府当局による需要予測に大きな誤りがあったということができる．急速な経済成長，電化率促進政策によってこの2年間の電力需要は年率14%から15%の伸びを示し，それに対応した発電設備の投資が近年行われてこなかった．また，中国の炭鉱開発についても新規探鉱がほとんど進んでおらず，開発中の炭田から石炭を採掘し，同時に生産している状況にある．加えて，生産された石炭は鉄道輸送されているが，内陸からの鉄道輸送能力に限界が見え始めており，発電燃料となる一般炭輸送面におけるボトルネックが発生している．

2) 中国の電力体制
送電線系統については，国家電網公司と南方電網公司の2社体制となっている．国家電網公司は，華北（山東を含む），東北（内モンゴルを含む），西北，華東，華中における電力会社を所管している．一方の南方電網公司は，広東，海南の送電線系統と国家電力公司が雲南，貴州，広西で有している電力会社を基礎に構成されている．

また，発電については，中国華能集団公司，中国華電集団公司，中国龍源

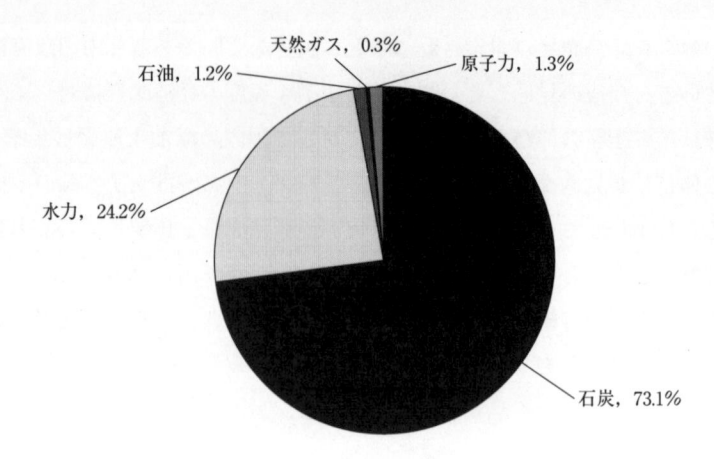

図 2-1-6　中国における電源構成比（2002 年）

集団公司，中国電力投資集団公司，中国大唐集団公司の 5 つの発電会社が中心となっており，中国華能集団公司をのぞく四社はこれまでの中国国家電力公司の分割によって，大規模の発電資産を有している．

3) 電力不足の状況：工場に対する電力供給制限

2003 年夏の猛暑の時期においては，現地の JETRO 事務所の調査によれば，上海を初めとした沿海部において，計画停電，輪番停電という事態が発生した．2003 年時点では，上海市で 8 月に週 1 回程度の停電が実施され，9 月にも計画停電が実施された．2004 年に入ってからも，そうした状況に変化はなく，猛暑による電力需要の急増に対して，計画停電，輪番停電が引き続き実施されている．

こうした停電の実施に対しては，日本側と中国側には大きな評価ギャップが存在する．告知停電に係わる工場等の生産活動への影響については，停電を通告する当局は，その意味を過小評価している．多くの開発特区の電力当局は，一時的な停電であれば経済活動に対する大きな影響はないと考えており，停電というもの自体が重大な問題であるという認識が極めて低い．依然として発展途上国としての意識が残っているといえる．しかし，パソコン等

の高度IT技術を駆使した生産活動が中国においても主流となりつつある現状において，停電はパソコンデータの消失等を引き起こし，一瞬たりとも許されない．高品質な電力供給の重要性について中国電力当局者は十分な注意を向け，日本の電力の品質を参考とすべきである．

今後，中国に日本の製造業，サービス業が進出を進めるにあたり，こうした日本と中国との電力の品質に係わる考え方の相違に十分に注意を払うことが必要である．中国進出に際しては，進出する企業自身が現地における電力事情の調査を行い，事業の収益性を検討すべきである．

また，恒常的な電力不足に加えて，中国国内においては大きな地域間の電力料金格差が存在する．上海とそれ以外の沿海部諸都市において電力料金に格差があるだけではなく，上海地域内においても，各開発区ごとに電力料金の格差が存在する．それは，開発区，工業区がそれぞれの電力会社から電力の供給を受け，開発区内の企業に開発区ごとの料金設定をしていることによる．中国の電力料金には，契約電力，変電設備容量，使用電力の区分によって3つの料金体系があり，使用電力はピーク時，平時，夜間の時間帯によって電力料金が異なる．2004年以降は，ピーク時電力料金を通常時の契約電力料金の2倍とする方向にある．このように，中国の電力料金の体系は複雑であり，夜間電力料金は平時電力料金の40％程度であることから，中国の電力は安価であるという見方をする日系企業も多いが，24時間を通して見ると決して安いとはいえず，中国における電力多消費型の事業展開には十分な注意が必要であると考えられる．

2004年についても中国の上海地域を中心に猛暑が到来した．現地におけるヒアリングによると，エアコン販売が好調であり，猛暑による民生用電力需要は一段と増加しているものの，発電設備の能力拡大により，電力の需給事情は2003年よりもいく分改善している．特に，2004年においては日系の中国進出企業に対しては，中国への部品供給という重要な位置づけがなされていることから，中国系企業，事務系のオフィスビルよりも電力供給面において優遇されている．オフィスビルについては，計画停電，輪番停電という

事態が 2004 年も見られたが，特に 24 時間操業を行い，一時的な停電も工場の稼働率と生産コストに大きな影響を与える製造分野については優先的に電力を供給し，停電等による事業効率の低下と生産コストアップという事態を避ける措置を中国の電力当局はとっている．その面では，日系進出企業の電力利用に関する環境はいくらか改善しているといえる．

4) 電力不足の原因：電力需要の伸び率と実質 GDP 成長率

中国における経済成長率は 1990 年代から年率 8% 程度で成長していたが，2003 年に入り経済成長が加速し，2003 年の GDP 成長率は 9.3%，2004 年の GDP 成長率は 9.5% に達している．それに伴う，電力需要の伸びも急激で，2003 年で 14% から 15% の伸び，2004 年の電力需要も 14% 程度の伸びが推定されており，電力需要の伸び率は GDP 成長率を大幅に上回っている．その意味で 1980 年代，1990 年代における電力需要の GDP 成長率に対する弾性値が 1 以下であったことと比較すると，エネルギー多消費型産業である鉄鋼業，アルミ精錬，紙パルプ産業の発展，家庭におけるエアコンの普及等が中国における電力需要を大きく押上げているといえる．こうした中国経済の過熱ともいえる成長に対して，中国政府は設備投資の抑制，企業への融資制限等の経済過熱防止への引き締め的経済政策を採り始めている．しかし，政府の規制をかいくぐった規制外融資が行われており，2008 年の北京オリンピック，2010 年の上海万博までの間，成長路線への指向と安定成長へのせめぎあいが続くものと考えられる．

すでに述べたように，中国の電力不足の大きな理由としては，国家発展改革委員会における政策判断ミスと古い統計手法における甘い需要予測があったといえる．2003 年時点においては，中国の 34 の省及び市のうち 21 の省及び市において一時的な停電と継続的な電力制限が行われた．

JETRO 現地事務所の調査によれば，国家発展改革委員会は，

①過去数年間にわたり新規電源開発をほとんど認可しなかった．

②政府及び民間部門における送電線投資が減少し，送電部門，配電部門で

第2章　中国のエネルギー事情と地球環境問題

表2-1-9　中国における電力需要弾性値

から \ まで	1979	1980	1985	1990	1991	1992	1993	1994	1995	1996	1997	1998	1999	2000	2001	2002
1980	0.37															
1985	0.45	0.46														
1990	0.53	0.54	0.66													
1991	0.53	0.55	0.64	0.56												
1992	0.51	0.52	0.58	0.44	0.36											
1993	0.51	0.52	0.56	0.45	0.41	0.46										
1994	0.51	0.51	0.54	0.45	0.43	0.46	0.46									
1995	0.52	0.52	0.56	0.49	0.47	0.52	0.52	0.65								
1996	0.52	0.53	0.56	0.51	0.50	0.54	0.57	0.64	0.62							
1997	0.49	0.50	0.51	0.44	0.42	0.44	0.43	0.41	0.28	-0.09						
1998	0.45	0.45	0.44	0.35	0.32	0.31	0.27	0.20	0.03	-0.30	-0.53					
1999	0.42	0.42	0.41	0.30	0.27	0.25	0.21	0.13	-0.02	-0.27	-0.38	-0.22				
2000	0.40	0.41	0.38	0.28	0.25	0.23	0.18	0.12	-0.02	-0.20	-0.25	-0.10	0.02			
2001	0.41	0.41	0.39	0.29	0.27	0.25	0.21	0.16	0.06	-0.07	-0.07	0.09	0.24	0.47		
2002	0.44	0.44	0.43	0.35	0.34	0.33	0.31	0.28	0.21	0.13	0.19	0.37	0.56	0.85	1.21	
2003	0.48	0.48	0.49	0.43	0.42	0.43	0.42	0.42	0.38	0.34	0.42	0.62	0.81	1.07	1.35	1.47

出所：中国統計年鑑出版社「中国統計年鑑」（各年版），日本エネルギー経済研究所．

のボトルネックが発生した．
③電力多消費型産業及び民生部門における電力消費の奨励政策を実施した．
④省エネルギー政策の停滞が続いている．

等のような政策決定のミスに加えて，中国政府の指導力の不足による電力産業とエネルギー製造産業との事業開発計画の失敗，予想をはるかに上回る中国全体の経済成長，夏の猛暑及び渇水，さらには冬場のエアコン利用増といった需要面，供給面の両方における電力需給のタイト化が進んだ．また，中国特有の問題として，石炭の鉄道輸送面におけるボトルネック，石炭の品質の悪さに起因する石炭火力の発電効率の低さが指摘できるのである．

5) 電力需要の今後の見通し

電力需要については，エネルギー多消費型産業の急激な発展，家庭におけるライフスタイルの向上に伴う電力需要の急速な伸びによって，今後数年は電力不足の状況が続くものと考えられる．しかし，2008年の北京オリンピ

表 2-1-10　中国における電力需要予測

	発電設備容量（億kW）	電力使用量（兆kW/h）
2003 年	3.8	1.9
2010 年	6.7	3.1
2020 年	9.5	4.5

出所：国家発展改革委員会．

表 2-1-11　各国家機関による電力需給の見通し

国家発展改革委員会	・2003 年に全国の発電能力は 1,000 万 kW 不足 ・2004 年，一部の地域で電力需給はタイトに ・2005 年は基本的に電力需給は緩和される．→やや楽観的．
国家電力網公司	・2004 年の電力需給は一層深刻になる． ・2005 年は電力需給が逼迫から緩和に向かう． ・2006 年，基本的に電力需給はバランスする．→やや楽観的．
中央銀行	中国における電力需要は引き続き増加し，電力供給不足は今後数年継続する．→筆者の見方に近い考え方．

ックを境に，経済が減速し，電力需要の伸びが低下する一方で，発電能力の拡大が進み，電力不足は解消されると見る中国専門家もいる．しかし，中国の統計の不完全性，不透明性，開発計画の不備もあって，2008 年以降の電力需給に関しても，必ずしも楽観はできないと筆者は考えており，2010 年の上海万博までは電力不足の状況が続くであろう．

6）電力不足のピークの時期

　中国の電力需給の現状を見ると，近年では 1 年を通して沿海部を中心に電力不足の状況にあるといえる．その中でも，産業の高度化，ライフスタイルの向上によって，工場の電力需要が大きく，家庭のエアコン使用が増大する夏場のお昼の時間帯が電力不足のピークとなっている．その意味では，日本の電力需給の状況と似てきており，最大電力需要と最小電力需要の比率である電力の負荷率が高まっている．中国の電力当局は電力需要の平準化のために，工場の電力使用における土曜日，日曜日及び深夜における電力料金の割引を実施している．

電力の需給状況を中国全体で見ると経済発展の著しい沿海部における電力需給が逼迫している．その点，炭田等の燃料生産地域である内陸部において比較的電力需給に余裕があり，電力余裕地から電力逼迫地へ送電する「西電東送」，「北電南送」政策がとられている．

今後短期的に電力不足を解決できるかであるが，第1に中国の電力供給に関しては，発電から送電に至るまでのエネルギーサプライチェーンに大きな問題を抱えていることが挙げられる．第2に今後毎年2,500万kWから3,000万kWの新規の電源開発が必要となる．そのためには2兆円から3兆円程度の巨額の投資資金と数年に及ぶ建設へのリードタイムが必要となる．第3に石炭供給の問題があり，今後毎年5,000万トン以上の石炭増産を行わなければならない．既に，石炭生産は2002年に14億トン，2003年に16億トンの生産を行っており，石炭増産は限界的な状況にある．今後石炭増産を目的とした新規炭田の開発と鉄道輸送能力の増強が必要不可欠となる．

以上の諸点を考えると，短期間における電力供給不足の問題解決は困難である．また，石炭火力発電に過度に依存することには大きな問題がある．第1に石炭火力発電は発電開始までの立ち上がりに時間を要し，ピーク電源として調整能力が低い．第2に石炭火力発電は熱量当たりの二酸化炭素排出量が多いうえに，窒素酸化物（NO_x），硫黄酸化物（SO_x）の排出量が多く，地球環境問題に大きな影響を与える．そのため酸性雨対策としても，脱硝装置，脱硫装置等の巨額な設備投資が必要である．

2. 中国におけるエネルギー政策の方向

(1) 国家エネルギー安全保障戦略

中国政府は第10次5ヵ年計画，第11次5ヵ年計画においてエネルギー需要の上方修正を行い，エネルギー需要の増大に見合ったエネルギー供給体制の構築をはかっている．しかし，中国における電力需給の実情を見ると，現時点における発電能力の増強を行っても，電力不足の状況は続くものと思わ

れる.

　そのため，中国においては，電力不足対策として多くの対策を講じており，第 1 に石炭火力を中心に発電所建設を促進し，第 2 に省エネルギー政策を推進し，第 3 に家庭におけるエアコン利用の抑制政策をとり，第 4 に石炭を初めとした燃料供給の環境整備を行なう，等に注力している.

　2003 年 3 月上旬に開催された中国全国人民代表大会においても，GDP 成長率は年率 7% 以上，20 年で GDP を 4 倍にする計画が採択された．これにより中国のエネルギー消費の増大は政治的にも後押しされた．特に，中国のような途上国の場合に経済成長率とエネルギー消費量の増加率，すなわちエネルギー弾性値は 1 にちかく，単純には省エネルギー政策が強化されない限り，エネルギーの総消費量は 20 年で 4 倍になると推定される.

　2003 年に中国の現代国際問題研究所が公表した国際戦略・安全保障情勢評価におけるエネルギー安全保障情勢においては，今後の中国におけるエネルギー安全保障について以下のような見解が述べられている.

　第 1 に，持続的発展というエネルギー安全保障観を堅持し，発展のなかに安全保障を追求する．エネルギー安全保障の目標は，経済発展の確保と推進であり，石油・天然ガスの供給の安全だけではなく，経済コストと環境への影響を考慮しなければならない．すなわちエネルギー安全保障戦略策定にあたっては，石油備蓄制度の整備，輸入源の多様化，石油外交等の安全保障体系を構築するのみならず，先進国とは異なるエネルギーミックス（エネルギー構成の多様化）を採用しながら，少ない資源で節約型の国民経済体系を構築しなければならない．そのために，中国国家主席は中東産油国を次々と訪問し，積極的な資源外交を展開している.

　第 2 に，地域及び集団安全保障政策を重視して，国際エネルギー安全保障協力を強化することが挙げられる．エネルギー安全保障は単一国家や地域の問題にとどまらず，グローバルな問題であるという認識に立ち，中国は関係国，関係機関との交流と協力を強化し，多国間石油・天然ガス協力保障体系を構築する．また，予防的外交と経済手段を採用して，戦略的意義を有する

マラッカ海峡を初めとした海上および陸上の生命線の安全通行を保障するとともに，境界を接する地域の国々との関係を密接にする．具体的には，米国，ロシア，中東，中央アジア諸国とのエネルギー面における戦略的パートナーシップの構築が挙げられる．

第3に，エネルギー消費の安全性を重視して，クリーンで高効率なエネルギーを開発することが挙げられる．中国は石炭の埋蔵量が多く，天然ガスなどの優れたエネルギー源が少ないことから，石油の輸入に依存しているが，これがエネルギーの質の向上につながるとは言えない．今後10年以上にわたって，中国は基礎エネルギーとして石炭に依存することから，石炭のクリーンかつ高効率な利用と天然ガスの開発と利用を促進し，新エネルギーと省エネルギーの研究開発を行っていかなければならない．

第4に，エネルギー供給政策は，市場メカニズムを利用し，経済効率を最大化することを実現することにある．すなわち，エネルギー開発および安全保障政策の決定を国家計画による指導から，市場のメカニズムによる決定に転換し，市場の作用を十分に発揮することである．ただし，政府は国家の長期的戦略に係わる重要な諸外国に関係する項目及び政治的不安定地域に係わる重要項目には関与する必要がある．

(2) 原子力政策：原子力発電の現況と展望

中国の原子力発電設備における国産化率は45％程度であり，主として海外からはフランスの原子力発電技術を導入している．日本が中国の原子力発電に協力するうえでは，大きなビジネスチャンスを秘めている．

エネルギー需給構造高度化のため中国は第9次5ヵ年計画（1996-2000年）において，4ヵ所のサイトに8基，683万kWの原子力発電所を着工し，さらに中国の原子力発電設備容量を2010年に2,000万kW，2020年に4,000万kWとするという目標を掲げ，フランス，日本を除いた先進諸国において原子力発電所新設が縮小するなかで，相当にアグレシブな計画を打ち出し，欧米の原子力発電関連業界では600億ドルにも達するプロジェクトへ

の期待から,大きな注目を集めた.

しかし,後に述べるように中国の原子力政策は98年以降に見直され,中国の電源開発計画は,第10次5ヵ年計画(2001-05年)では,送電網の整備・効率化(いわゆる西電東送)により,西部の余剰電力を主要な需要地である東部に効率的に送ること,西部大開発の一環として三峡ダムを初めとして西部地域における大規模水力発電の開発に重点が置かれている.その理由としては,中国大陸内部における送電網の不足のために大量の電力が浪費されているからである.また,西部地域の天然ガスをパイプラインにより東部へ送る(いわゆる西気東輸)プロジェクト,雇用安定化のための石炭開発と石炭火力発電所の合理的計画推進も重要施策として挙げられている.

中国の電力事情を考えると13億人の人口,年率7～10%の経済成長とそれに伴う年率10～15%で増加する電力需要にいかに対応するかという大きな課題がある.それに加えて,発電構成上,石炭に過度に依存しすぎており,それをどのように解決するかという問題もあって,原子力発電への大きな期待がかけられたのである.中国が,原子力発電建設への方向を取ったのは,文化大革命後の1972年であり,当時の周恩来首相が原子力発電への準備を行うように政策決定し,1985年には浙江省秦山において30万kWの加圧水型(PWR)1号機を着工し,1991年に臨界実験に成功し,1994年から営業運転を開始した.しかし,秦山1号機は中国にとって初めての原子力発電所

表2-2-1 中国における運転中,建設中の原子力発電所

運転中	場所	出力	着工	営業運転
大亜湾1,2号機	広東省	98.4万kW	1987年,88年	1994年
秦山I-1号機	浙江省	30万kW	1985年	1994年
建設中				
嶺澳1,2号機	広東省	98.5万kW	1997年	2002年,03年
秦山II-1,2号機	浙江省	64.2万kW	1996年,97年	2002年,03年
秦山III-1,2号機	浙江省	72.8万kW	1998年,99年	2003年
田湾1,2号機	江蘇省	106万kW	1999年,00年	2004年,05年

出所:日本原子力産業会議.

であり，故障も多く，米国のウェスティングハウス社等の支援で修理を行い，稼働率は低かったこともあって，原子力発電の所管当局である核工業集団公司（CNNC）の業績は赤字であった．その後の原子力発電所の発注実績を見ると，急速に発注が行われており，1993年，1994年に1基ずつ，1995年に2基，1997年に4基と，近年他国では見られないスピードで原子力発電所建設の発注が行われていた．この結果，中国においては，2005年までに11基，910万kWの原子力発電所が稼動する予定である．その詳細は表2-2-1の通りである．

このようにこれまでのところ順調に発展してきた中国の原子力発電であるが，今後の一層の拡大を展望するうえでは問題もいくつか考えられる．まず第1に，原子炉建設技術の導入国が多岐にわたっており，原子炉の統一性がないことが挙げられる．既に，運転中，建設中を含めて，中国による自主開発炉，フラマトム型，ロシア型，カナダ型と多様であり，すぐに分かることであるが本来統一性のあるべき社会主義国としての一貫性がない．これは，国家レベルではなく，省レベルで融資を含めて海外の原子力関連企業との交渉を行ってきたことと，CNNCだけでは各省に国産原子炉を提供できるだけの十分な資金がなかったことによる．その結果，様々な導入炉が存在することにより，今後燃料，部品，原子炉の運転，保守，安全規制等の円滑な運用に支障が出る可能性がある．第2に政治経済情勢の変化がある．90年代には李鵬前首相がCNNCを初めとする中国の国有企業に大きな支持を与え，中国の原子力発電導入に強力な支援を与えてきた．しかし，1998年以降，改革派の朱溶基首相が政策を主導するようになり，状況は一変した．首相は，中国の政治経済における問題点の改革を目指し，行政，国有企業，金融の3大改革を唱えた．特に，大きな赤字を抱える国有企業については，大企業の硬直的マネジメントを改善し，小企業は民営化するという方針のもとで，24万社もの国有企業の改革を開始した．特に，国有企業のうち大規模なものについては，リストラクチャリングや資本注入を実施し，赤字を解消して経営を立て直すことを目標とした．そうした状況のもとで，当然のことながら巨

表 2-2-2 電力主要 4 カ国の発電能力と 1 人当たり発電量
(2000 年)

	米国	中国	日本	ロシア
発電能力（億 kW）	8.6	3.1	2.5	2.1
発電量（兆 kW/h）	3.79	1.36	1.09	0.87
1 人当たり発電量（kW/h）	13080	1081	8603	6036

出所：電気事業連合会．

大国有企業である CNNC もリストラクチャリングの大きな対象とされた．1988 年設立の CNNC は，国務員直属で省と同格の組織であり，200 以上の企業体や研究所から構成され，原子力行政から核兵器開発，ウラン探鉱，核燃料サイクル，原子力発電所の設計・建設・運転までを行ない，従業員数も 40 万人超という巨大企業であった．しかし，CNNC の経営状態を見ると，原子力発電所からの収入はその稼働率の低さによって収入が多くは期待できず，2000 年時点で CNNC の累積債務は 90 億ドルに達していた．そのため，朱首相は CNNC の改革を重点目標に掲げ，CNNC の改革が終わるまで新規原子力発電所プロジェクトは一切認められないこととなった．この改革により，1999 年旧 CNNC は，政府・対外機能を中国国家原子能機構（CAEA）として分離，現業部門は中国核工業集団公司（CNNC）と核工業建設集団公司に分割された．CAEA は国防科学技術工業委員会のもとに置かれ，原子力安全規制を担当する国家核安全局（NNSA）は，科学技術部から環境保護総局に移管された．こうした一連の改革に伴い，CNNC の従業員は 2000 年に 15 万人に削減され，さらに将来的には 9 万 5,000 人にまで削減する予定である．

　こうした改革の流れのなかで，原子力発電推進の流れは以前と比較すれば下方修正されたことは否定できず，2001 年 3 月に全人代で採択された第 10 次 5 ヵ年計画（2001-05 年）では，原子力発電を適度に発展させる．原子力発電国産化プロジェクトの建設を適度に開始し，徐々に原子力発電所の自主的設計・製造・建設・運転の目標を実現する，として数値目標を具体的には掲げず，従来の 2010 年 2,000 万 kW，2020 年 4,000 万 kW という大きな

目標は大幅に下方修正される可能性が高まった．特に，COP（気候変動枠組条約締約国会議）において，原子力発電がクリーン開発メカニズム（CDM）から除外されたことにより，ドナー国となる先進国から二酸化炭素削減分を排出権売却益として取り，割高な原子力発電コストの差額を埋めることを構想していた原子力発電関係者に大きな衝撃を与えた．また第11次5ヵ年計画（2006-10年）において，原子力発電導入にあたり提供されていた各種の免税措置，補助金等が撤廃され，原子力発電市場への競争原理の導入が予想されている．こうした競争原理の導入いかんによっては，中国の場合石炭火力発電よりも25％は割高といわれる原子力発電の今後はますます厳しくなるものと予想される．しかし，2004年に入り新たな原子力政策への動きが始まりつつある．電力不足を緩和するために中国政府は2020年までに再び原子力発電の発電能力を3,600万kWとする意欲的な計画を立てている．

(3) 発電設備の特徴と問題点

中国の発電設備の特徴としては，日本と比較して大型発電所が少ないことが挙げられる．30万kW程度の発電所が標準であり，もっと発電規模の小さいものも多く，発電効率が低い．小規模発電所の大部分は中国製であり，中国の現在の技術水準では30万kW程度が1つの技術水準の限界となっている．60万kW程度の発電所も存在するが少数であり，それ以上の規模の発電所は日本製，米国製のものとなる．大型発電所については，米国のGEを初めとして，日本製では三菱重工，川崎重工等が製造している発電機が多い．石炭火力発電についてはGEのものが多く，天然ガス火力発電については三菱重工のものが多い．

なお中国における計画経済の問題点が露呈しており，電力当局の予測以上に電力需要の伸びが著しく，この数年程度は電力不足が続くものと思われる．しかし，それ以降は中国経済の成長の鈍化もあって，発電設備の増強に対して電力供給は過剰になると指摘する専門家もいる．

表 2-3-1 電力不足への対策

・需要面における対策
ディマンドサイドマネジメントの強化
分散型電源としてのガスコジェネレーションの導入
電力需要ピーク時における電力料金上乗せ制度の実施（一部地域では実施）
電力多消費型産業の省エネルギー政策の推進
・供給面における対策
適切な電源開発と長期計画の策定
広域系統システムの導入を含めた電力網整備の推進
電力料金システムの整合性
新規炭田の開発と鉄道輸送システムの強化
電力需給に係わる統計システムの整備

出所：日本エネルギー経済研究所資料．

3. 中国における発電市場の動向

(1) 企業における電力不足への対応状況

1) 電力の供給制限と企業

中国へ進出している日系企業は，多くの場合，労働コスト，電力コストを含めた総生産コストの削減を主要な目的として中国に進出している．製造製品の品質確保と生産の安定のために高品質の製造設備を日本から持ち込んでおり，中国における製造コストの中で一番大きな比重を占めるものは生産設備の減価償却費用である．大きな減価償却コストを少しでも軽くするために，昼夜，休日もなく，24時間操業を行ない，稼動率を向上させる必要があるが，その場合に中国における頻繁な停電は生産活動に重大な影響を与えるだけではなく，中国における生産コストにも大きくはね返る．たとえ，1週間に1度，1時間程度の部分的な計画停電としても，24時間稼働の工場においては，操業の停止は大きな打撃となる．加えて，長時間連続運転によって生産が安定する化学工業等の生産工程においては，たとえ一時的とはいっても電力供給の中断は操業再開のための時間的ロスが発生し，生産設備の稼働率は20%～30%以上低下するといわれている．JETROの調査によれば，こ

のように一時的停電であっても，生産設備の稼働率を大きく低下させる企業についても，中国の電力当局による特別な配慮はなく，2003年時点では一律に計画停電が実施されていた．

2) 2003年の猛暑と日系企業

JETROの調査によれば，産業用電力の供給制限は必要最小限となっている．上海市では民生用需要に必要な電力を確保するため，製造業などの産業用需要への供給を6月から9月までの約3ヵ月間にわたり制限した．上海市経済委員会はこの供給制限について，中国系企業，外資系企業に等しく課せられているものということを強調した上で，食品関係など市民生活に直接の影響を与える企業，輸出の割合が大きい企業，電炉など常時操業を行う必要がある企業については供給の制限対象から除いていると発表している．またこの供給制限は9月中には終息するのではないかとの見通しを示した．しかしながら，経済産業省の調査によれば，このような産業用需要への供給が制限されている中で，市内の日系企業の操業に与える影響も徐々に現れた．市内の経済開発区内にある日系企業は7月の後半になってから8時から23時までの停電が断続的に発生し，ラインが動かせないといった支障や，8時から20時までは通常の50%程度しか電力が供給されず，やむなく臨時休業とした会社，夜間に操業することによって顧客からの受注に対応しているといった企業などが現れた．

3) ESCOビジネス

ESCO（エネルギーサービスカンパニー）については，日本の九州電力が中国向けに支援を開始し，今後は東京電力がESCOビジネス[2]を中国で展開する予定である．しかし，現状では節電協力に対するインセンティブ，融資に係わる優遇制度，法制度等の整備は不十分である．

電力不足は日本から進出した製造業にとって大きなコスト圧迫要因となる．そこで，今後はESCOビジネスが拡大する可能性は極めて大きい．

表2-3-2 日本企業へもたらす影響(ビジネスチャンス)

中国国内における石炭需給の逼迫により,国際市場における石炭価格は2004年の半年間で5割の上昇を見ている.また,中国自身の石炭輸出能力が低下しており,石炭,鉄鉱石を扱う日本の商社にとって大きなビジネスチャンスである.
2004年初めの時点における日本から中国への進出企業は2,880社,生産拠点は7,600社.沿海部における深刻な電力不足から2003年には生産に支障が出る日本企業が続出した.今後,自家発電設備,ESCO事業等において,日本の電力会社,発電機メーカー,総合商社等のビジネスチャンスは大きい.
中国の8%を超える高度成長を2010年の上海万博まで維持するために,中国の電力産業に対して,積極的に発電設備を供給することによるビジネスチャンスがある.

出所:日本エネルギー経済研究所資料をもとに筆者作成.

4) 自家発電機の導入における規制と対応

このように頻発する中国における停電に対して,企業が行える防衛措置の1つが自家発電である.しかし,自家発電装置の導入にあたり,検討しなければならない様々な課題が存在すると電力専門家から指摘されている.第1に中国の法律及び制度的制約,第2に中国の電力会社との契約,第3に開発工業区管理公司との関係,第4に保守及びメンテナンスの問題,第5に自家発電導入に関するコスト負担,等である.

その中でも,第5のコスト負担が自家発電装置の導入にあたり,もっとも大きな影響を与えるファクターとなるであろう.次に,法律及び規制当局との関係,電力会社との契約についてもクリアしなければならない問題といえる.問題は自家発電設備のコスト償却である.コスト償却のためには,一般的に年間5,000時間以上の運転と90%程度の負荷率が必要となるとされている.また,自家発電設備の設置コストを勘案すると,発電容量は1,000kW以上がコスト的に効率的といえる.自家発電設備導入にあたっては,時間ごと,季節ごとの負荷変動に関する十分な事前のフィージビリティ・スタディが必要となる.また自家発電をより効率的に行うためには,中国の電力会社の電力供給と自家発電による電力とを連係して,並列運転することがエネルギーミックス上最適である.

しかし,中国の電力市場においては,中国の電力会社は自家発電との並列

運転に大きな拒否反応をもっている．華東地区においては法律的規制はないが，電力会社との契約面において大きな障害となっている．将来にわたって日本政府，日本企業と中国の電力当局との交渉を続け，自家発電設備の導入促進をはかるべきである．

(2) 発電ビジネスの市場と今後の見通し

　発電ビジネスの市場規模とその将来性については，今後10年以上にわたり年間2,000万から3,000万kWの新規発電設備が必要であり，その投資額は毎年1兆円から2兆円を超えるビジネスとなる．また中国で必要とされている発電技術・システムに関しては，現時点では，中国においては大規模発電所から分散型の小型発電所までのすべての種類の発電設備を必要としている．特に，大型発電所の保守・管理ノウハウ，分散型電源の開発技術において世界的に見ても進んだ日本のノウハウは中国にとって重要な意味をもっている．とくに日本の発電設備はすでに様々な規模の機器輸出が進んでおり，大型発電機については日本製のものが多い．天然ガス火力発電については三菱重工が，石炭火力発電については川崎重工が，水力発電については日立および東芝が製品輸出を行っている．

　新エネルギーに対する導入政策について，中国政府は地球温暖化問題への対応，石炭への過度の依存を抑制する立場から，新エネルギーの開発には前向きの姿勢をとり，2020年には総エネルギーの10％を新エネルギーで賄うことを計画している．しかし，技術的，資金的問題及び立地上の問題から新エネルギーが総エネルギーの10％程度のシェアを占めることは事実上困難であることは間違いない．

　中国の発電市場の将来の見通しとしては，今後も2,000万kWから3,000万kWの堅調な需要の伸びが期待され，発電機及び発電所建設においては世界最大のマーケットとなると考えられる．現在の中国の発電能力は3億5,000万kW，今後の20年間でさらに4億kWから6億kWの新規発電能力を必要とする．特に，環境面に対する特性から，今後は天然ガス火力，原

子力発電を強化する政策をとってくる可能性が大きい．2020年までに，原子力発電については3,600万kW，新エネルギーは2,000万kW，水力発電2.3億kW，石炭火力6.05億kWとする計画が構想されている．しかし，第1に石炭増産と石炭の鉄道輸送に関してボトルネックが存在すること，第2に送電網等のインフラストラクチャーが未整備であること，第3に水力発電及び新エネルギーに大きな期待がかけられているが，電源立地に制約があり，急激な発電能力の拡大が見込めないこと，第4に中国の場合には，日本の場合と異なって，工業化の進展による産業用電力需要と個人の生活水準の向上による民生用電力需要の増加が同時に到来したことから，今後とも電力需要の急激な増加が予測されること，等から電力不足は今後数年にわたり続くものと筆者は考えている．

4. 地球環境に優しい天然ガスへ

すでに述べているように中国のエネルギー需給構造は，過半を石炭に依存し，そのために，地球温暖化，酸性雨等の環境汚染への影響が大きいことが重大な問題となっている．その点，地球環境に優しく，資源埋蔵が中東に偏在しない天然ガスが中国における今後のエネルギー消費の増大問題を解決する1つの切り札である．中国の天然ガス事情を概観すると，四川，オルドス，タリム，チャイダム，南シナ海，等で天然ガスが生産されている．天然ガス資源及びパイプラインの大部分はCNPCによって保有され，海上部分の天然ガス資源とパイプラインをCNOOCが所有している．2000年末時点においてパイプラインの総延長は11,800kmであり，生産地域に偏在しており，全国的なパイプラインネットワークは存在していない．中国における天然ガスの1次エネルギーに占める割合は3％と世界平均の25％と比較するとはるかに低く，今後の増加が期待される．今後は，発電需要に加えて，工業用燃料，都市ガス燃料として需要が急速に増大する可能性が高い．しかし，天然ガス価格が高いこと，パイプライン等のインフラ整備が遅れていることが

今後の天然ガスの成長を阻害する可能性がある．中国における天然ガス価格が高い理由としては，①天然ガスが賦存する地質構造が複雑であり，開発に困難が伴って，コスト高となっていること，②生産地（西部）と消費地（東部）が離れているために輸送費が高くなること，等である．

石油産業の第10次5ヵ年計画においては，石油の需給ギャップを緩和するために，天然ガスの生産を促進し，エネルギー構造を改善することが求められている．今後10年から15年をかけて，天然ガス産業を全国に展開できるようにインフラの整備が計画されている．特に，西部地区においてインフラを整備することは，中国社会の不安定要因となっている内陸部である西部と沿海部である東部の経済格差を解消し，内需を拡大して，高度成長を持続するという西部大開発プロジェクトとつながっている．

(1) 今後の中国におけるエネルギー需給見通し

今後の中国におけるエネルギーの需要見通しに関する筆者の考え方としては，中国を初めとした発展途上国においては，省エネルギーへの意識が高くなく，また省エネルギーの技術も高度なものを具備していないことが多いことから，経済成長とエネルギー消費の伸び率，すなわち経済成長に対するエネルギー消費の弾性値は2010年まで1にほぼ等しく，その後は省エネルギー技術の発達，世界的な地球温暖化問題への関心の高まりから（中国の二酸化炭素排出量は2000年時点で全世界の14％，米国に次いで世界第2位の水準に達している）弾性値は0.8と若干低下すると推定した．しかし，今後の中国経済の展開を考えると，高付加価値製品の開発，省エネルギーの劇的進展といった日本のような産業構造の高度化が2020年までに進むとは考えにくく，日本のようにエネルギー弾性値を1から大きく下回る水準まで低下させることは困難であると考えられる．

したがって，中国が今後も年率7％の成長を持続する限り，生活水準の高度化に伴って一番取り扱いが容易で，自動車，航空機等の輸送用燃料として欠くことのできない石油の消費の伸びは7％もしくはそれ以上と予測してい

る.ゆえに,中国におけるライフスタイルの向上等の理由によって,石油消費の伸びが経済成長率と等しい,もしくは成長率を超えるという前提で,3つのケースを想定した.特に今後は石油への依存が高まるという観点から石油消費の伸びにストレスをかけ,年率7%,10%,12%の伸びを想定して,エネルギーの需要構造をシミュレーションした.また,石炭については,需

表 2-4-1 中国の1次エネルギー需要見通し
(単位:百万トン原油換算)

	2005年	2010年	2015年	2020年
石　炭	289.4	289.8	300.2	313.1
石　油	219.2	282.5	352.6	439.8
天然ガス	23.2	31.0	42.2	57.0
水　力	28.0	42.8	56.9	71.1
原子力	16.9	24.0	31.0	38.8
合計	887.0	1001.5	1143.4	1321.9

出所:石油天然ガス・金属鉱物資源機構資料.
注:合計には新エネルギー等のその他のエネルギーが含まれる.また石油天然ガス・金属鉱物資源機構資料の予測においても,中国政府による石炭の過小評価の影響が見られ,石炭消費の伸びが経済成長と比較して非常に低く見込まれている.

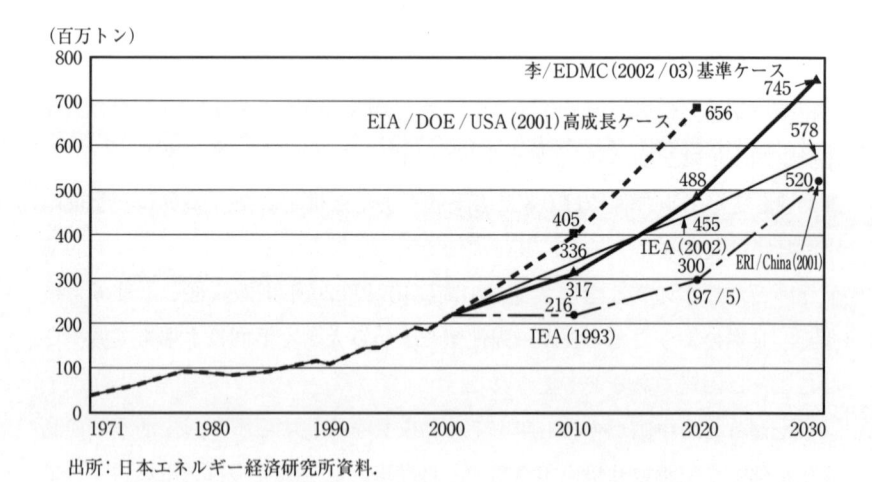

出所:日本エネルギー経済研究所資料.

図 2-4-1　各種エネルギー機関による中国の石油需要見通し

第2章 中国のエネルギー事情と地球環境問題

表2-4-2 筆者による中国の1次エネルギー需要予測
(単位:百万トン原油換算)

	2005年	%	2010年	%	2015年	%	2020年	%
A. 標準ケース								
石炭	720.11	61.88	720.11	44.12	720.11	34.57	720.11	27.08
石油	382.01	32.82	832.32	50.99	1258.98	60.43	1801.86	67.77
天然ガス	35.73	3.07	47.82	2.93	63.99	3.07	85.63	3.22
水力	20.76	1.78	24.07	1.47	27.90	1.34	32.35	1.22
原子力	5.18	0.45	7.97	0.49	12.26	0.59	18.87	0.71
合計	1163.79	100.00	1632.28	100.00	2083.24	100.00	2658.81	100.00
B. 筆者推定:石油消費7%の伸び								
石炭	720.11	67.24	720.11	59.74	720.11	51.70	720.11	43.52
石油	289.11	27.00	405.49	33.64	568.72	40.83	797.66	48.21
天然ガス	35.73	3.34	47.82	3.97	63.99	4.59	85.63	5.18
水力	20.76	1.94	24.07	2.00	27.90	2.00	32.35	1.96
原子力	5.18	0.48	7.97	0.66	12.26	0.88	18.87	1.14
合計	1070.89	100.00	1205.45	100.00	1392.98	100.00	1654.62	100.00
C. 筆者推定:石油消費12%の伸び								
石炭	720.11	64.68	720.11	52.02	720.11	38.84	720.11	26.95
石油	331.56	29.78	584.33	42.21	1029.78	55.54	1814.83	67.93
天然ガス	35.73	3.21	47.82	3.45	63.99	3.45	85.63	3.20
水力	20.76	1.86	24.07	1.74	27.90	1.50	32.35	1.21
原子力	5.18	0.47	7.97	0.58	12.26	0.66	18.87	0.71
合計	1113.34	100.00	1384.29	100.00	1854.04	100.00	2671.78	100.00

要面からは産業構造高度化の観点,エネルギー効率の向上への要請,地球環境問題の観点からも石炭に対する省エネルギーの進展が予想され,供給面からは中国の炭鉱における生産が極限状態に達しており,また年間数億トン単位で海外から輸入することも現実的には難しいと考えられる.こうした供給制約も予想されることから,筆者の見方としては,石炭供給及び需要の伸びは今後横ばいと考えることが妥当であり,IEAエネルギーアウトルックによる石炭の需要見通しである2030年までの年率2.2%の伸びは,①国内石炭生産の限界,②海外からの大量の石炭輸入の制約,③京都議定書等による地球環境問題からの石炭消費の制約,等によって現実的な予測ではないと考

えられる．そこで，経済成長に伴うエネルギー需要の伸びは，その他の石油，天然ガス，原子力，水力によって中国のエネルギー消費の伸びを賄うという考え方に立って検討する．しかし，石油以外のエネルギーについては，もともとエネルギー消費全体に占める割合が小さく，たとえ年率10%近い伸びを示すとしても，中国のエネルギー需給バランスに貢献する寄与度は低いものと考えられる．また，原子力については計画から発電所建設，運転開始までのリードタイムが20年から30年に及び，今回の分析の期間内では大きな役割を果たすことはできないと思われる．とするならば，各種のエネルギーの中でも，産業構造の高度化，エネルギー流体革命の進展によって石油中心のエネルギー構造になると考えられる．

　その場合の中国の総エネルギー消費におけるエネルギー弾性値は，繰り返しになるが，地球環境面における政治的な制約もあって，中国における漸進的な省エネルギー技術の進展を考慮し，最初の2010年までを1とし，2011年から2020年までの10年を0.8程度と想定する．韓国等の場合には高度経済成長に対するエネルギー需要弾性値は1.5程度であったが，中国の場合には産業構造，国土の大きさ，人口の多さ，今後の地球環境問題からのエネルギー消費に対する抑制への国際世論の動きから，弾性値について後半の10年を0.8程度とみることは妥当と考える．またエネルギーごとの熱効率については，エネルギーの種類ごとに熱効率が異なり，単位当たりでは，天然ガスの熱効率が一番高い．しかし，だからといって天然ガスの利用割合が高い（25%程度）欧州が，日本と比較してGDP原単位当たりのエネルギー効率が一番高いわけではなく，むしろ天然ガス利用割合が低い日本（13%程度）のほうが省エネルギーが進んでいるという面もある．

　表2-1-10における標準ケース（石油消費の伸び率10%），石油消費の伸び7%のケース，石油消費の伸び12%のケースを比較してみると，標準ケースと石油消費の伸び12%のケースがほぼ類似しており，石油消費のシェアは2010年以降，ほぼ50%を超え，2020年には総エネルギー消費の7割近くに達すると予測される．しかし，今後の中国における年成長率7%の持

続を考えると，2020年における総エネルギー消費量26億トン（原油換算）は妥当な予測といえ，石油消費の伸び7%の場合のように石油の占めるシェアが2020年で48%，総エネルギー消費量16億トン（原油換算）は総量として少なすぎると考えられる．

表2-4-2における筆者による今後の中国におけるエネルギーの需要見通しによれば，今後中国経済が7%成長を続けるならば，石炭を除く石油以外のエネルギーの伸びを10%近くと想定したとしても，石油の消費量は2005年800万b/d，2010年1,500万b/d，2015年2,500万b/d，2020年3,600万b/dとなり，国内の石油生産を300万b/d程度の横ばいと推定した場合に，毎年200万b/d程度ずつ海外からの輸入を増加させていかなければならないこととなる．しかしながら，2004年時点の全世界の石油需要量が8,200万b/d程度であり，今後中東，カスピ海，西アフリカ，シベリア，サハリン等における新規の石油開発が期待されるとしても，2020年までのタームで見た場合には，年間100万b/dから200万b/dの石油増産が限度であり，今後の石油増産分のほとんどを中国が占めてしまうことはアジア諸国の成長等を考えると現実的ではない．したがって，エネルギー供給面からの中国における成長制約は大きなものとなると考えられ，エネルギー供給面から見た中国の2020年までの成長率は，2010年以降中国政府の目標値である7%の半分に相当する3%から4%と見ることが妥当と考えられる．したがって，政府目標である年率7%成長は北京オリンピック，上海万博が開催される2010年までに限定され，今後のカスピ海，ロシア，中東諸国，西アフリカにおける石油増産余力によって年間100万b/dずつの増産吸収は可能としても，それ以降についてはエネルギー供給制約から成長率が低下する可能性が高い．

(2) 三峡ダム建設による今後の影響

三峡ダムは揚子江中流域宜昌市の40 km上流に建設されている．中国における電力エネルギー供給強化を目的に，1993年7月に中国政府が承認し，

94年12月から着工し，第1期工事は1997年まで，第2期工事は2003年まで，第3期工事が2009年まで行われて完成する予定である．最終的なダム建設計画では，堤防の高さ185m，堤防の長さ1,983m，発電機26基，発電能力1,820万 kW（東京電力の総発電能力が約5,500万 kW），年間発電量が840億 kW 時と巨大な発電所となる．しかし，水没する地域における生態系の破壊，住民の移転，文化遺産の破壊等に対する批判も根強く，また送電距離が長いことに伴う送電ロスも大きなものとなる．発電能力そのものは原子力発電所18基分に相当し，短期的には中国の電力需給の改善には貢献するものの，今後立地条件，水源の制約等から同規模の巨大発電所を建設することは困難と見られ，中国の原子力発電における2020年の当初目標4,000万 kW の一部をおぎなえるものではあるが，長期的には原子力発電，石炭火力発電，天然ガス火力発電に依存することとなるものと思われる．

(3) 地球環境問題への中国の国際的責務

今後とも中国は年率で7%以上の経済成長が見込まれ，2002年11月上旬に開催された中国共産党大会，2003年3月に開催された全国人民代表大会においても，年率7%の成長，2020年には中国のGDPを2000年の4倍とすることが政策目標として決められた．特に，2003年の中国の実質GDP成長率は9.3%と驚異的な成長であり，2004年も9.5%の成長が達成されている．それに伴って21世紀における中国のエネルギー需要の急速な増大が予想される．その中でも，依然として石炭，石油，天然ガス等の化石燃料がエネルギー源の中心となることから，二酸化炭素排出の一層の増加が見込まれる．中国は現時点では途上国と見なされていることから，京都議定書を批准しているものの，二酸化炭素の排出抑制義務を負っていない．しかしながら，中国は現時点でも世界第2位の排出国であり，今後の経済成長とエネルギー消費の増加を考えると米国を抜いて世界第1位の二酸化炭素排出国となる日も近づきつつある．こうした状況においては，今後さらに経済成長と個人の生活水準の向上を追求することが国際的に認められる一方で，米国に匹敵す

(単位: 百万トン)

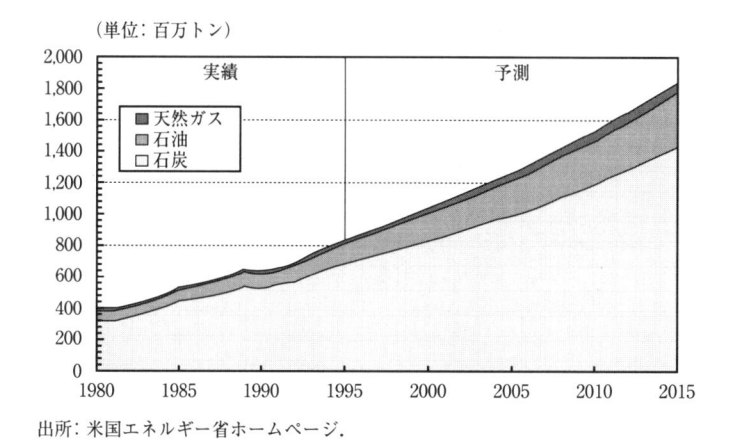

図 2-4-2　中国における化石燃料別二酸化炭素排出量予測

出所: 米国エネルギー省ホームページ．

る二酸化炭素の排出による地球温暖化効果及び膨大な窒素酸化物，硫黄酸化物の排出による酸性雨等の環境汚染の問題を回避することはできず，国際社会からの非難を浴びることは避けられないと考えられる．

すでに，世界最大の 13 億人もの人口を抱え，名目 GDP においても世界第 6 位の大国となった中国は，2008 年の北京オリンピック，2010 年の上海万博の開催によって国際的プレゼンスを一段と高め，さらに ASEAN 諸国との自由貿易協定（FTA）の締結等によってアジアにおける地位も日本を凌駕するまでになるであろう．その意味において，中国政府首脳は，アジアにおけるエネルギー需給の安定と地球環境問題に対する国際的な責任への自覚に現時点では乏しく，発展途上国の一員としての意識が強く前面に出ていることは否定できない．しかし，これまで述べてきたように中国はエネルギー消費及び地球環境保全の面においては，大国としての影響力をすでに有しており，21 世紀の人類に対する国際的責務として，地球環境保護のために今後一定の国際的貢献を果たす必要は極めて高いと考えられる．

特に，京都議定書が 2005 年 2 月 16 日に発効し，第 2 約束期間である 2013 年以降においては，中国の二酸化炭素排出量は少なく見積もっても全

表 2-4-3 世界の二酸化炭素排出量見通し

	1971		2000		2030	
	CO_2 百万トン	構成比%	CO_2 百万トン	構成比%	CO_2 百万トン	構成比%
米加	4,672	34.2	6,175	27.3	8,327	21.8
欧州	3,635	26.6	3,890	17.2	4,778	12.5
OECD 太平洋	951	7.0	1,945	8.6	2,545	6.7
旧ソ連等	2,281	16.7	2,488	11.0	3,846	10.1
中国	812	5.9	3,052	13.5	6,718	17.6
インド	203	1.5	937	4.1	2,280	6.0
東アジア	232	1.7	1,129	5.0	2,805	7.4
南米	360	2.6	877	3.9	2,104	5.5
中東	122	0.9	978	4.3	1,879	4.9
アフリカ	266	1.9	676	3.0	1,874	4.9
その他	120	0.9	492	2.2	1,005	2.6
世界計	13,654	100.0	22,639	100.0	38,161	100.0

出所：IEA エネルギーアウトルック．

世界の排出量の 15% を超えることが確実なことから，国際世論による批判はより厳しいものとなろう．そうした場合において，中国がどのような環境政策，エネルギー政策の変更を迫られるか，現状では不透明である．しかし，私見によれば，少なくとも中国は現状では大国としての自覚に乏しく，日本の経済規模に達する 2020 年までは，先進国としての国際的責務よりも自国の経済成長を重視する可能性が高いと見られる．

注
1) 全国人民代表大会とは，日本の国会に相当する立法機関であり，地方と人民解放軍から選出された代表 3,000 人から構成される．任期は 5 年，全員が集まる会議は年に 1 回，3 月に開催される．会期以外においても補完的機関として常務委員（代表 150 人）が設置されており，隔月で委員会を開催している．
2) ESCO とは，エネルギー効率の向上，省エネルギー等のコンサルティングを行い，コスト削減の一定割合をフィーとして受け取るビジネスである．

参考文献
IEA 統計．
BP 統計．
中国能源研資料．

日本エネルギー経済研究所資料.
石油・天然ガス金属鉱物資源機構資料.
経済産業省資料.

第3章　中国における食料関連産業と環境

1. 中国の農村発展と環境

　1979年に始まった農村改革は現代中国農業と農村発展の基礎を築いた．この20数年間，農業は飛躍的な発展を成し遂げてきた．しかし，13億人を養わなければならない中国農業はつねに環境問題にも制約されている．

　環境制約を大きく分けると土地と水の制約からなる．中国でよく耳にする「我々は世界の12％の土地で，世界の5分の1の人口を養っている」という自負の背後には深刻な資源問題が隠されている．

　土地資源の過度な利用，限界地への生産拡大が進み，人口圧力や経済発展に伴う農業生産の多様化・近代化が進行し，地下水等の灌漑水や農薬・化学肥料への依存は大きくなる一方である．中国各地における環境問題は，集約化された農業生産活動に起因する場合も多く，また，その深刻化が農業生産拡大への大きな制約ともなっている．

(1)　中国の経済と農業

　中国経済は農村改革の牽引を受け，1980年以後高度経済成長に入った．年当たりのGDP成長率は1980年代においては9.9％であったが，1990年代は10.4％と高い成長率が続き，21世紀に入ってからの引き締め政策にもかかわらず8％前後で推移している．しかし，年間1,000万人の人口増加が続く中で，1人当たりの所得水準は依然低く，2003年にはじめて1人当たり

GDP が 1,000 ドルを超えた．

経済成長が進む一方，農業と非農業の所得不均衡は改善されず，農業所得の相対的低位が続いている．その原因として考えられるのは零細経営による農業生産性の低さであり，長期にわたり農業資源の工業部門への無償移転が行われ，農村の過剰就業の存在は解消されなかった．1人当たり耕地面積はわずか 0.09ha で，自給性の高い農業が余儀なくされてきた．

1950 年代に都市と農村人口を制度上分離させた戸籍制度が未だに人口の自由移動を妨げている．経済発展につれ，都市への出稼ぎは可能であるが，労働人口の正規の移動が制約されている．一方で，教育，厚生などの制度において，都市住民と農村住民の平等はまだほど遠い現状である．しかし，このような状況は近年徐々に問題視され，改善の方向も見られる．

2000 年以後都市人口割合は急速に高まっており，2003 年にはじめて 40%を超えた．2003 年の農村人口は前年より 1,400 万人弱減少し，7.7 億人となった．この傾向は今後も緩やかに続くものと思われる（図 3-1-1，および図 3-1-2）．

人口の変化と同様に，中国の経済構造における最も大きな変化は，1次産業の後退である．GDP に占める1次産業のシェアは，1980 年の 30% から 2000 年の 16% へと低下した．この点は，先進国の経済成長過程に比べて経

資料：中国統計年鑑 2004．

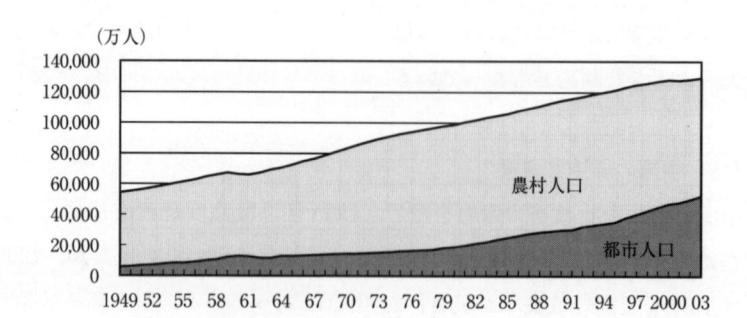

図 3-1-1　人口の推移

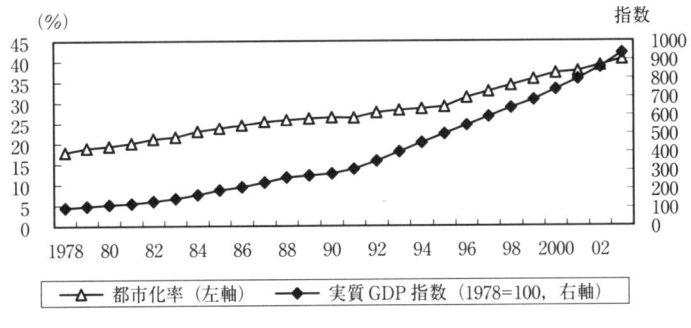

第3章　中国における食料関連産業と環境　　　　　　　　81

図3-1-2　経済成長と都市化

資料：中国統計年鑑2004.

済構造変化の一致性が見られる．しかし，就業構造の変化には遅れが見られ，大量の労働力がまだ1次産業に留まっているのが現状である．日本においては，1次産業のGDPに占める割合が15％だった1960年当時，1次産業の労働者数の割合は33％であった．これに対して，中国の1次産業に占める労働者数割合はいまだ50％と高い状況となっている．構造的に見れば3次産業の遅れと人口移動の制限（戸籍制度）などの影響が問題視される（表3-1-1）．

　一方では，農家所得の向上に対して非農業所得の寄与度が高まりつつある．1990年において，農家所得に占める農業所得の割合は48％であったが，2002年には35％まで低下し，非農業所得割合が大幅に高まった．農業生産性や農家所得を高めるためにも過剰労働人口の農外移動は重要である．

　農村人口の総人口に占める割合が低下しているとはいえ，依然60％は農村人口が占める．農村労働力は，1990年の4.2億人から2002年の5.2億人へと1億人増えた．農村の非農業労働力は2億人へと増加している．

　農村労働者の構成は，農業を主体とする産業，すなわち農畜産・林業・漁業を含むいわゆる「大農業」と呼ばれる産業と，農村人口が経営主体の工業，建築業，輸送業，サービス業などからなる．大きくまとめると「大農業」と「郷鎮企業」に区分される．「郷」「鎮」というのは，幾つかの村をまとめた，

表 3-1-1 経済成長と産業構造の変化

(%)

		産業別国民所得構成				産業別就業人口構成			実質経済成長率（前5カ年平均）
		1次産業	2次産業	うち製造業	3次産業	1次産業	2次産業	3次産業	
中国	1980	30.1	48.5	44.2	21.4	68.7	18.2	13.1	—
	1985	28.4	43.1	38.5	28.5	62.4	20.8	16.8	10.7
	1990	27.1	41.6	37.0	31.3	60.1	21.4	18.5	7.9
	1995	20.5	48.8	42.3	30.7	52.2	23.0	24.8	11.6
	2000	15.9	50.9	44.3	33.2	50.0	22.5	27.5	8.3
日本	1960	14.9	36.3	29.2	48.9	32.5	27.8	39.7	8.9
アメリカ	1960	4.1	37.0	30.5	58.9	8.6	30.6	60.8	2.6
イギリス	1960	4.0	45.4	36.3	50.5	2.6	45.8	51.6	2.5
西ドイツ	1960	5.7	54.4	42.1	39.8	13.8	47.7	38.5	6.4
フランス	1960	9.5	46.2	35.6	44.3	22.4	39.1	38.4	4.7
イタリア	1960	14.8	35.5	27.4	49.7	32.8	36.9	30.2	5.1

資料：『中国統計年鑑』，国家統計局．
　　　『日本農業の構造と展開方向』，農林統計協会．

いわゆる町という概念で，郷鎮企業とは，村や町の中に立地する企業のことをいう．日本の農村工業の概念に近いものと理解できる．

　農村内部の就業構造の変化を図3-1-3に示す．農業就業者数は1991年の3.4億人をピークに，その後徐々に減少し，2002年には3.2億人未満となった．農業以外の産業への就業者数は右上がりの傾向を示し，工業部門は1990年代に横ばいないし緩やかな増加傾向となっている．サービス業，輸送通信業などは顕著に増加している．

　郷鎮企業は農村の過剰就業人口の吸収に大きな役割を果たしてきた．特に戸籍制度による管理の厳しい1980年代においてはその役割が大きかった．しかし，1990年代の後半から市場経済は国営企業にも浸透し，企業間の競争の激しさが増すなかで，郷鎮企業による農村過剰労働力の吸収力も次第に落ち込んでいる．都市化が進む中で，国営企業の改革によって工業部門の失業者が増え，都市による農村労働力の吸収力が弱まり，農村労働力の農外就業の環境は一層厳しさが増している．さまざまな研究成果を見ても農村の過剰就業者数は1億人から2億人と推計されており，農業の労働生産性を低下

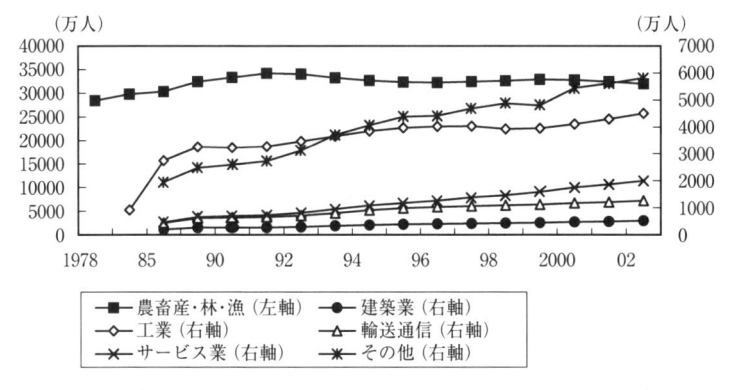

第3章　中国における食料関連産業と環境　　　　　　　　　　　　　83

```
凡例：
■ 農畜産・林・漁（左軸）　● 建築業（右軸）
◇ 工業（右軸）　　　　　　 △ 輸送通信（右軸）
× サービス業（右軸）　　　 ＊ その他（右軸）
```

資料：中国統計年鑑2003.

図3-1-3　農村労働力の産業構成

させているものと考えられる．

　1980年以来農業の内部構造も大きく変わっている．耕種部門のシェアが下がり，牧畜業と漁業が急進している．農林水産業生産高に占める農業（耕種部門）の割合は，1980年の76％から，90年に65％，さらに2002年には55％へと大きく後退した．代わって増加しているのが牧畜業と漁業である．牧畜業のシェアは80年の18％から2002年の30％へと伸び，漁業のシェアも2％未満から11％近くまで増えた（図3-1-4）．

　また，GDPに占める農業と郷鎮企業の割合は，1990年に農業が27％，郷鎮企業は14％であった．その5年後，それぞれの占める割合は逆転し，農業のシェアが下がり，郷鎮企業のシェアは大幅に高まった．2002年には，農業のシェアは15％未満となり，郷鎮企業のシェアは31％を超えている．

　このように急速に伸びる郷鎮企業は，工業関連部門が主体となることが多く，農地の占用，汚水の排出などによる農村における環境負荷を増幅させている．また，農業の中でも牧畜業などはむしろ発展しており，これも土壌や水への汚染問題と深くかかわっている．

　農業自身も，伝統的な輪作を中心として，肥料投入が非常に少なく労働集約的・有機的ないわゆる持続的な農業体系から，輪作体系こそ変わらないも

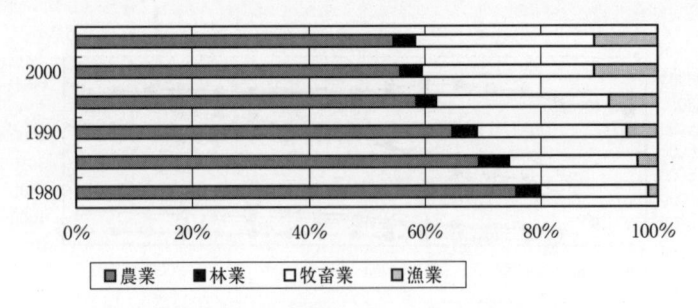

資料：中国統計年鑑（各年度版）

図 3-1-4　農業構造の変化

のの，労働・資本集約的，かつ農薬・化学肥料多投的な現代的農業形態へと変化している．地域によっては2つの形態が併存しているように見える場合もあるが，化学肥料の使用が多くなったことは全般的に見られる状況である．作物単収の増加への貢献は過小評価できないものの，環境への圧力を無視することはできまい．

確かに，13億人を養うことは容易ではない．中国の食料政策においては，自給自足が基本に据えられてきた．穀物や大豆などの「食糧」（穀物，大豆，芋類の合計で，芋類は5分の1で乾物換算される）については，1990年代のはじめまで高い自給率を維持してきたが，その後はいずれの品目についても，自給率が100%を切る年次が増え，90年代末になると全般的な食料需給がやや逼迫する様相を呈するようになった．

このため1990年代の半ばには，穀物生産の拡大を目的とした「省長責任制」[1]が実施され，穀物の買付価格は最高で47%という大幅な引き上げとなった．1996年には，穀物生産量がピークの4.5億トンに達し，以後3年間連続した豊作によって，逆に在庫は膨らみ，穀物市場価格の低迷をまねいた．

その後は，農業生産の構造調整を中心とする政策転換が図られ，付加価値の高い作物への調整，高品質品種へのシフト，産地の再編成などへと急速に政策転換が図られ，省別の分散的自給政策からマクロ的な自給政策へと転換した．これにより穀物の作付面積は減少し，生産量も年々減少した．2003

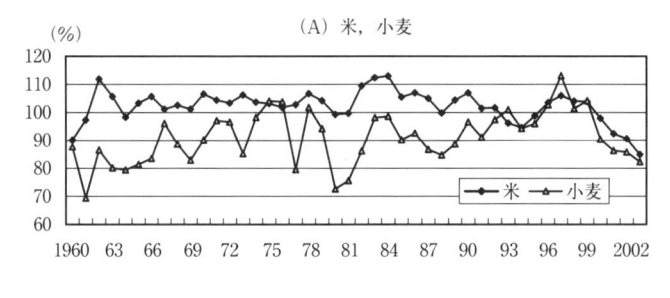

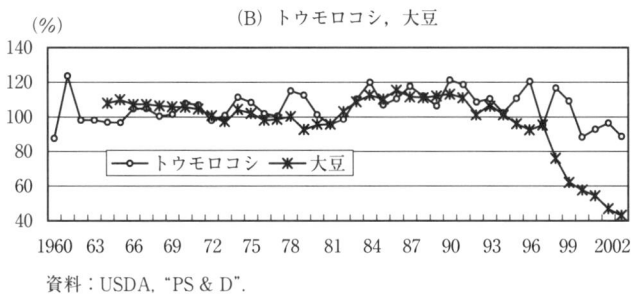

第3章 中国における食料関連産業と環境

(A) 米，小麦

(B) トウモロコシ，大豆

資料：USDA, "PS & D".

図3-1-5 穀物と大豆の自給率推移

年の生産量はピーク時より5,000万トンも少ない4億トン未満となった．

また，国内の物流システムの未発達から，急速に経済成長している沿海地域が独自に食料輸入を行うなど，経済発展地域を中心に農産物の地域自給体制は崩れはじめた．

食料自給率の低下を象徴するのは大豆である．1995年の大豆貿易自由化以来，自給率は急速に低下し，2003年には50%の大台を割り込んだ．米，小麦，トウモロコシも2000年以後自給率が下がり，80%台までに下落した．かつて国内の需給バランスを保つため連年，在庫くずしが行われた結果，穀物の在庫水準はすでにFAOの穀物在庫安全基準すれすれとなっており，生産量が1%減少するだけで，数百万トンの輸入が生じる可能性があり，国際穀物市場への影響も懸念されている（図3-1-5）．

また，経済発展が相対的に進んでいる東部沿海地域では，農業収益が他産業より劣っているため，かつて日本でも見られたような農業の衰退現象，農

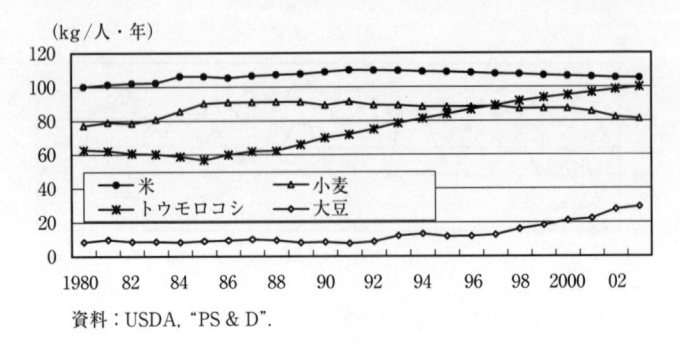

図 3-1-6　穀物と大豆の消費推移

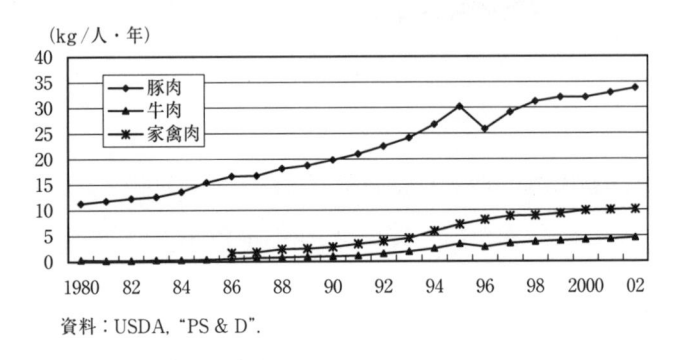

図 3-1-7　食肉の消費推移

地転用や耕作放棄などが進んでいる．この現象は長江の下流地域において顕著に現れている．この地域は，本来土地生産性が高く，農業生産技術も他地域に比べて優れており，かつては食料の自給率も高かったが，近年特に穀物生産が著しく減少し，他の地域や輸入に依存する体質へと変わりつつあり，今後，穀物輸入拡大の中心地域になると見られている．

　以上のように食料の海外依存度は高まりつつあるが，需要は絶えず高まっている．それは主食・加工用・飼料用のいずれについても増加している．

　次に穀物，大豆および食肉の1人当たり消費量を図 3-1-6 と図 3-1-7 に示す．

　主食である米と小麦に関しては 1990 年代以後やや減少する傾向をみせて

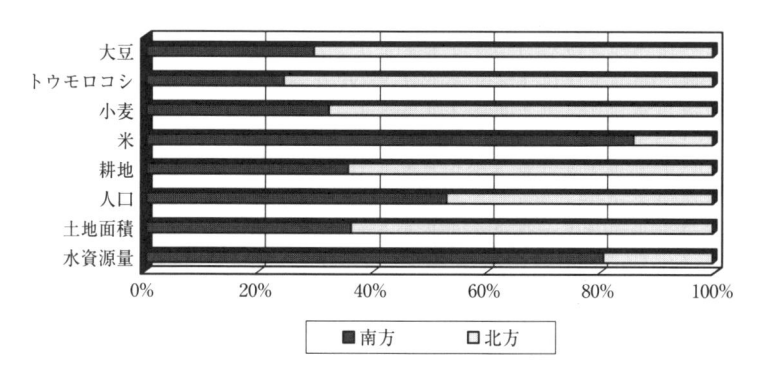

第3章 中国における食料関連産業と環境

資料：中国統計年鑑
注：主要食料の作付面積は2002年，耕地は1996年のデータである．南北は長江を境に南北に分け，南方は16の省，北方は15の省からなる．

図3-1-8 南北における農業資源と主要食料の作付の分布

いるが，家畜の飼料となるトウモロコシは逆に急激な増加を示している．また油脂需要と飼料需要の高まりによって大豆の消費も増えている．食肉の消費量は1990年代以後大きく増えている．図3-1-7では，豚肉に関して1996年に一度減少したかに見えるが，これは統計調整が行われたためであり，実際には上昇傾向が継続していた．

生産統計を見ても，1980年からの20年間において大幅な生産増加があった．ちなみに日本の米の生産量は1,000万トンに満たないが，中国では約2億トン（籾ベース）近くである．小麦とトウモロコシに関しても1億～1億2,000万トン生産している．そして，赤身肉（豚肉，牛肉，羊肉）も約5,000万トンという膨大な生産量となっている．

このように大量の生産物をつくるための資源配分はどうか．図3-1-8に示すように，畑作の主産地は北方地域であるが，土地資源と水資源の南北間分布は必ずしも比例的ではない．特に北部においては，灌漑への依存度が高い主産地が多いことからも，食料生産における資源制約は厳しい状況である．

(2) 農業資源の制約

1996年の耕地面積は1.3億haで、うち水田は全体の26%、残りの74%は畑地である。中国の耕地面積は、50年代前半をピークに以後ほぼ一貫して減少を続けている。耕地利用率は、80年代以降上昇を続け、96年には160%に達した。これは農業生産における耕地面積の減少を相殺している。しかし、2000年以後には、次に示すような新たな動向が見られ、経済発展が進んでいる地域においてそれは特に顕著である。

1996年以後は正式な耕地統計が発表されていないため、さまざまな情報から判断しなければならないのだが、近年、耕地面積の減少が加速し2003年には1.23億haへと1996年対比で5%以上も減少したものと見られる。そのうち、1997年から2002年までの間に減少した耕地面積は410万haであったが、2003年だけで250万ha以上の耕地が転用された。建設占用の急増と「退耕還林」政策の実施がその原因である。耕地面積の減少は、穀物需給を逼迫化させる1つの大きな要因として、懸念されている。

人口増加、乱開発、森林伐採、過放牧など環境への負荷が重くなり、環境破壊を引き起こすと見られる土壌流失面積も356万km^2で、国土面積の37%を占める。また砂漠化の進行なども耕地面積減少の要因である。近年砂漠化の速度は速まっており、90年代前半には年平均2,460km^2で進行していたものが、近年では年間3,400km^2に加速され、国土の約27%が砂漠ないし砂漠に近い状態となっている。

1999年に土壌の保水機能を高め、農業環境を改善するために「退耕還林・還草」政策が実施され、2003年まで延べ788万haの耕地を林地、草地に変更し、年平均150万ha以上の耕地転用となった。政策設定当時には穀物生産が好調で、退耕した農家への「食糧補償」が約束された。しかし2003年には情勢が一変し、供給不足になったため、農家への補償が円滑に実施されない可能性も生じており、政策の継続に支障を来しかねない状況である。2004年の計画では67万haの退耕面積が計上されている（表3-1-2）。

表 3-1-2 2003年の耕地変動

	面積（万ha）	構成比（％）
耕地減少	254	100
内訳		
建設占用	23	9
災害損失	5	2
退耕還林	224	88
構造調整	33	
耕地増加	31	
復墾開拓	31	

資料：中国新聞網　2004.2.25

　これらの変化に対して耕地の新規造成面積は，近年増加する傾向にあるものの，減少分を相殺する水準には達していない．また，新規に開拓可能な地域がすでに限られていることから，今後は耕地の大幅な増加は難しい情勢に直面している．さらに占用された耕地は，都市周辺や経済発展の進んでいる地域に多く分布し，従来から土地生産性の高かった耕地が多く含まれている．新規開拓地に，占用された耕地と同等の生産活動を期待することはできない．

　中国全体で年間1,000万人規模の人口増加によって，1人当たり耕地面積が現在の0.09haからさらに減少する傾向にある．耕地面積の問題は，今後とも中国の食料需給に大きな影響を持つ要素として重要視されなくてはならない．

　制度的に見た中国の土地所有に関しては，国有と集団所有しか認められておらず，農地は集団所有である．2002年に承認された『農村土地承包法』では農家の土地使用権と収益権が認められている．農地の譲渡によって，非農業用となる場合等の転用は『土地管理法』の制約を受けることになる．農家の土地利用への配慮はあくまでも国の土地使用計画と矛盾しない場合に限られる．言い換えれば国による土地転用は農家の同意が得られなくても実行できる．この法律の解釈を利用し，地方の行政部門が農家の利益とは無関係に強制的な土地転用を行う事態がしばしば問題となっている．今後，耕地保全，または土地を失った農家の就業問題などの問題が顕在化しそうである．

農業発展にとってもうひとつの大きな制約条件となっているのは，水資源の問題である．全体で見れば中国は世界第6位の水資源を保有しているのだが，1人当たりになると世界平均の3割未満という水準である．これまで水利用の8割が農業によるものであったが，急速に増加する人口による生活用水の増加と，経済発展による工業用水の増加によって，農業用水を圧迫する状況が続き，水利用に占める農業用水の割合は17年間で13ポイント減少している（表3-1-3）．

特に問題なのは，水資源が偏在していることである．水資源は黄河を中心とした北部地域には19％しか賦存しないのに対して，長江を中心とした南部地域に81％が集中している．資源の分布と農業生産の比重がかけはなれていることが問題視される．さらに，最も水利用の多い水稲栽培の一部が北方地域にシフトし，他の主要作物の主産地はもともと北方に立地していることから，北方地域の水不足問題が今後の食料需給の動向を左右する大きな要因の1つとなっている（先の図3-1-8）．

食料を安定的に供給するには，農業の生産環境を整えることが重要で，その中でも灌漑が重要である．ここで，中国の食料の主産地山東省の例を見ると，年間の降雨量はおよそ600mmの半乾燥地域であり，農業生産の大部分は河川と地下水の灌漑に頼っている．山東省は黄河の下流に位置し，黄河の

表3-1-3 水利用の動向

(単位：億m³)

	都市生活	工業	農業	総使用量
1980	68	457	3912(88%)	525
1993	237	906	4055(78%)	1,143
1997	247	1,121	4198(75%)	1,368
1980-93 平均年率	10.1%	5.4%	0.3%	6.2%
1993-97 平均年率	1.0%	5.5%	0.9%	4.6%
*2000	360	1,200	4,200	5,760
*2020	650	2,350	4,500	7,500

資料：「中国水資源現状評価と需給発展動向分析」．
注：農業の欄目の（ ）は総使用量に占める割合である．

断流によって地表水の供給は不足しており,かつ不安定である.いきおい地下水に対する需要が高まる.耕地面積の6割は地下水による灌漑地が占めている.

われわれが行った聞き取り調査の結果によると,この20年間地下水位の低下は非常に深刻化しており,20mに下がったところもあれば,80mにまで低下したという地域さえあった.

中国全体の数字で見ても,耕地の約5割は灌漑可能な面積である.灌漑と単収は非常に密接な関係にあって,特に乾燥地域においては灌漑によって単収が顕著に向上し,その相関関係は非常に高い.

平常年の水供給量で地下水の超過採取を行わない場合,中国の年間水不足量は300~400億m^3,農業の旱魃による被害面積は年間約1億ムー~3億ムーにもおよび,減産量は2,000~3,000万トンという[2].

水資源にかかわるさらなる障碍としては,農業部門による汚染の問題,そして,郷鎮企業による農業環境への負荷の問題がある.一般的に言われるのが,肥料投入量の増加による土壌への残留,そして地下水や河川の汚染が問題視される.肥料の使用状況では,化学肥料の投入量は,1980年にヘクタール当たり180kgだったのが,1999年には364kgへと,極めて高い水準に達している.この大部分は有効に機能していないものと見られ,土壌中に残留したり,地下水に流れ込んだりして,汚染問題を引き起こしている.

畜産や漁業の発展による家畜の排泄物の問題と富栄養化などでも,同じように地下水や河川の汚染が深刻になっている.畜産業のうち,最も多く飼育されているのは豚である.豚の年末保有飼養頭数は,1980年に3億頭,1997年に4億頭,2002年には4.6億頭へと増加し,出荷頭数は5.7億頭,豚肉生産量は4,327万トンである.飼育期間中における豚の排泄物は1頭当たり1トンとも言われ,飼育頭数の膨大さから考えると,年間の排泄物量はいうまでもなく膨大である.これをCOD排出量でみると,畜産だけで全国の工業部門によるCOD排出量に匹敵するほどの水準に達している.

水の汚染問題でもう1つ大きく関わっているのは急速に伸びてきた郷鎮企

業の排水による汚染である．

　郷鎮企業の規模はさまざまであるが，その数を単純に数えると，1990年に1,850万社であったものが，1994年には一時2,500万社近くに増えた．環境汚染などが問題となったことから一部整理され，2002年には2,100万社程度にまで減少している．分布状況を見ると，山東省，湖南省，四川省等食料の主産地や経済発展のはやい東部地域に多く立地している．大ざっぱな業種構成を見ると，およそ6割がサービス業，3割強は工業部門である．

　さて郷鎮企業による汚染の問題は国自体も非常に深刻に捉えており，1996年に「全国郷鎮工業汚染源調査」が実施された．これによって明らかになったのは，工業部門だけで全企業の17%の汚染物質を排出しているという状況である．

　汚染物質を多く排出している業種は，非金属鉱物製品，紡績，食品加工，金属製品，化学工業，機械製造業で，全体の65%を占めている．1995年の郷鎮企業による廃水排出量は59億トンで，工業全体の排出量の21%を占めている．また，CODの排出量も611万トンと，国全体の44%を占める．

　重金属の排出量を見ると，日本でも水俣病の原因となった水銀，イタイイタイ病のカドミウム，クロム等の排出量が1,321トンに達し，国全体の42%を占める．これら汚染物質の半分近くが農村の工業部門から排出されているという状況といえる．さらにヒ素の排出量は1,875トンにも達し，国全体の63%を占めている．

　郷鎮企業はなぜこのような膨大な汚染物を排出しているのか．かつて中国が社会主義体制の中で，工業部門はほとんど国営企業であった．市場経済の進展のもと市場需要に対応しきれない国営企業の補佐役として登場したのが郷鎮企業である．郷鎮企業は小規模なものが多く，投資額は少なく，機械や設備も古い．国の排出基準を満たすことがしばしばできず，汚染処理能力もほとんど持たないような状況なのである．

(3) 関連諸施策と今後の展望

　農業生産に深く関わる土地問題や水問題等の農業環境の劣化に対して，これまで国の政策はどのように運営されてきたのか．この点は，今後の農業・農村の発展に大いに影響することになる．

　前述のように，「退耕還林，還草」の政策は1999年から3年間の試行期間を経て，2002年から全国展開されるようになった．1990年代末頃に相次いだ大洪水の被害，砂嵐，黄河の断流など，災害の頻発したことがこの政策の打ち出された背景といわれている．政策の具体的中身は，耕作地のうち斜度が25度以上の傾斜地を林地や草地に返還し，耕作が行われている25度以下の傾斜地も棚田に改造し，土壌の保全につとめる．これによって耕作地を失った農家に対しては，一定の食料支援を行い，9年間の食糧補償や，事業転換の支援などの措置が取られる．

　しかし，この政策が実施された背景には1998年以降に連続した豊作があった．これによって農家への食糧補償にも踏みきることができたといえる．2003年に食糧生産量が4.3億トンに落ち込み，明らかに供給不足の状況となったことで，農家への食糧補償を継続できるのかどうか，いささか不安な面も生じている．

　また，水資源問題への対策に関していえば，国を挙げて節水農業を推奨している．節水農業に対しては投資が必要で，1ムー（15ムーは1ha）当たり300元から400元必要であるといわれる．国からの補助金がなければ，実現し難い．

　畜産部門からの排泄物はどうするのか．都市近郊に立地する大規模肥育場の移転，排泄物が直接土壌に浸透しない措置，排出基準の明確化や監視の強化など，さまざまな措置が取られている．また堆肥生産を促進することで，有機農業を発展させるなどの措置もある．しかし，肥料の生産と畜産は現状としてはうまく連携していないし，そもそも畜産のほぼ80%がいまだ大都市の周辺に立地している状況では，政策目的の達成には多くの時間を要するものと考えられる．

郷鎮企業に対しては，設備，技術の更新など，排出基準を改善するための環境投資が求められている．重要な問題としては，これまで汚染問題への対策は，ほとんどが企業自身の投資，あるいは地方政府の財政支出に頼ってきたことが指摘できる．国からの財政支出は非常に少ない．

水資源の逼迫に対し，効率的な利用，すなわち水の無駄使いをいかになくすかが重要である．この点に関しては，価格による需給調整機能の強化が試みられつつある．各地域の状況に応じて，使用数量に応じて段階的価格設定を行うという，日本などでも通常実施されているものである．国全体としての水の再利用を高めることで，今後，長い目で見て問題解決を計っていく上でも，国による財政支援は欠かせないと思われる．

参考文献

陳錫文「食糧生産能力の向上と都市農村の協調発展」中国農業大学網，2004.5.20.
杜鷹「農民所得増加の難しさと食糧安全問題の起因」中国農業大学網，2004.5.20.
候風雲「中国農村労働力規模の推計と出稼ぎ規模の影響分析」，『中国農村経済』No. 3, pp. 13-21, 2004.
黄芳ほか「我が国水資源負荷力の利用と水資源の持続的発展に関する問題」，『水資源及水環境承載能力』中国水利水電出版社，2002.
銭小平「農業構造の変化」，『JIRCAS Working Report No.31 中国農業構造の変化と食料需給の計量分析』pp. 7-18, 2003.
石玉林・廬良恕『中国農業の水需要と節水農業の建設』中国水利水電出版社，2001.
張従主編農業環境保護概論』中国農業大学出版社，1999.
『中華人民共和国土地管理法』1998.
中国農業部『2003中国農業発展報告』農業出版社，2003.
国家統計局「2003年国民経済と社会発展統計公報」2004.2.26.

2. 現代における脅威としての水銀

2001年5月に「残留性有機汚染物質に関するストックホルム条約」が署名された．この条約は，生物濃縮し，残留する有害化学物質の新たな出現の防止，既存の有害化学物質の削減，毒性が低い素材への代替をめざすことを，

世界規模で行なおうとするための条約である．その場合，どのリスクが許容範囲であるかが焦点になってくる．この許容範囲は注意深く決定されたものであっても必ずしも永く適用されるとは限らず，例えば科学的知見の発展や社会的価値観等の変動により変化する性質を有している．地球サミット後，有害化学物質に関しては神経系やホルモン作用などの生体における情報伝達系が従来安全とされた低濃度によって影響を受けることが明らかになった．このことによって，現在行われている有害化学物質対策の再検討が迫られている．

有害化学物質には自然界に存在する金属類と残留性の合成有害物質がある．水銀や鉛などの金属類は劣化しないため環境汚染物質として循環して作用しつづける．一方，目的をもって生産される残留性有機汚染物質（POPs）などの合成有害物質についてはその用途における必要性をきびしく吟味することが重要になってくる．有害化学物質の使用のあり方を変え，環境と健康への長期的被害を防止するためには，有害化学物質の出所，使用目的そして環境と健康への影響について正しく把握することが必要である．しかし，使用されている化学物質のうち健康への影響についてのデータがあるのは10％に満たない状態である．

本節では紀元前より使用されてきていながら現代の脅威でもある重金属の水銀について，その発生源，使用状況，中毒発生の歴史および中毒症状を概観した後，世界における汚染状況を述べ，最後に中国貴州省における汚染の現状と対策について述べる．

(1) 水銀の発生源，用途および中毒発生の歴史
1) 水銀の自然発生源および人間活動による発生源

水銀の主な自然発生源は，火山活動，地殻からのガス放出および自然水からの蒸発で，いわゆる自然放出量は，年間2,700～6,000トンになる（WHO, 1991）．地殻（深さ16km）には平均濃度60μg/kgの水銀が含まれ，石油の水銀含量も平均30μg/lに相当する．これらからの環境への放出が自然現象

あるいは人間活動にもとづく主要な発生源となる．人間活動による放出量は正確には把握されていないが，大気中へは全世界で年間2,000～3,000トンが見積もられている（WHO, 1991）．その内訳は複雑であるが，世界の水銀採掘による推定生産量年間10,000トンに対し，その過程でいくらかの水銀の損失と空中への放出が起こる．他の重要な放出は化石燃料の燃焼，硫化鉄の精練，金の精練，セメント生産，廃棄物の焼却および工場での金属の使用などである．例えば，塩素・アルカリ製造工場からは，生産されるカセイソーダ1トン当たり約450gが放出される（WHO, 1991）．

2）水銀の性質と用途

水銀は原子番号80，原子量200.59の元素で，常温において液状で存在する唯一の金属である．銀白色の金属光沢を有する液体で，融点-38.87℃，沸点356.58℃を有し，融点における個体の比重は14.1932と大きい．また，膨張率が大きく，広い温度範囲でほぼ一定の体膨張率を示す．これらの物理的性質を利用した器具類としては，水銀圧力計，水銀気圧計，水銀温度計，水銀電極，水銀スイッチ，水銀整流器および水銀電池等がある．

水銀は1価および2価として種々の化合物を生成し，1価の化合物を第一水銀化合物，2価の化合物を第二水銀化合物と呼ぶ．水銀はまたアルキル基，アリル基など有機酸残基と結合して有機水銀化合物を生成する．

世界における主な水銀の用途は塩化ナトリウムの電気分解における陰極としての利用である．その他，上記したように計量器，実験および医療用機器，また多種類の家庭用電気機器に用いられている．さらに，金鉱では水銀が金の抽出に大量に使用されている．

歯科用アマルガムは古くから水銀の重要な用途の1つであり，工業国の水銀総消費量の約3％に相当する（WHO, 1976）．一般歯科に用いられる銀アマルガムはその約50％が水銀であり，主として小児に用いられる銅アマルガムは60～70％の水銀を含んでいる．

水銀を含むクリームと石鹸は，依然として一部の国で生産販売されている．

第3章 中国における食料関連産業と環境

これら皮膚淡色化石鹸およびクリームは1～10％の水銀化合物を含んでいる（WHO, 1991）．

表3-2-1に日本における水銀の生産量と消費量の推移を示した．日本における1999年の水銀の生産，回収，輸入量の合計は1971年の5.5％弱に減少している．また用途別にみると，カセイソーダ，アマルガムおよび無機薬品などでは顕著な減少を示し，電気機器，計量器および電池材料が主要な用途となっている．

表3-2-1 日本の水銀の生産量と消費量の変化

（単位：トン）

項目		年度	1971	1975	1980	1985	1990	1995	1997	1998	1999	備考
供給		期初在庫	261	294	1,007	401	186	86	95	77	69	
	生産	国内鉱出	173									
		その他出	21									
		再生水銀	9									
		計	202	0	0	0	0	0	0	0	0	
		回収	12	118	6	12	5	3	2	1	1	
		輸入	999	58	66	17	30	3	10	7	10	
		供給計	1,474	470	1,078	430	221	92	107	85	81	
需要	内需	カセイソーダ	915	39	2	0	—	—	—	—	—	
		アマルガム	6	24	32	3	2	1	0	0	—	
		無機薬品	189	68	173	29	16	5	7	3	1	
		電気機器	53	62	6	6	7	3	3	3	2	
		計量器			36	19	19	10	7	3	3	
		電池材料				126	92	13	5	4	3	
		その他	24	28	71	4	4	4	3	3	3	
		計	1,187	220	324	187	140	36	24	16	12	
		輸出	13	70	288	442	72	1	6	16	40	
		期末在庫	405	315	851	466	128	96	77	69	160	
		需要計	1,605	605	1,462	1,095	340	133	107	101	211	
		過欠補正	△131	△135	△384	△665	△119	△41	0	△17	△131	

出所：経済産業調査会編「鉱業便覧 平成13年版」2001, pp.94-95.

3) 水銀化合物の環境内循環

水銀は揮発性に富んでいるため地圏から水圏，気圏への移行も容易に行われ天然に広く存在している．Lindqvist et al. (1984) によると土壌，海水および大気における平均水銀濃度は，それぞれ，$20\mu g/kg$, $2ng/l$ および $0.002ng/l$ と報告されている．自然界での水銀循環についての計算例も多い．大気，陸地，および海の間で年間約50,000トンの水銀移動があり，その際陸から海への移動は河川水の流入よりも蒸発後の降雨（雨中の平均水銀濃度は $2ng/l$, Lindqvist et al., 1984) によるほうが大きいとされている．

また，水銀には種々の化学形があり，その化学形の変換が自然界では絶えず起こっている．環境に放出される水銀の多くは無機水銀化合物かフェニール水銀化合物であるが，細菌やカビによって種々の水銀化合物からメチル水銀が合成される（WHO, 1990）．また有機酸存在下の光化学反応により化学的にメチル水銀が形成される（WHO, 1990）．さらに有機水銀が無機水銀に変換する機構も自然界には存在する（Pan-Hou et al., 1980）．それぞれの形の水銀化合物の溶解度，揮発性，そして吸着性などの物理的，化学的性質が環境内の水銀の移動，量的なバランスに深くかかわっている．

4) 水銀の毒性

水銀化合物は生体とのかかわりあいにおいては，通常無機水銀と呼ばれる原子価0の金属水銀（Hg_0）と1価，2価の無機イオン型水銀（Hg^+, Hg^{2+}) および低級アルキル水銀（メチル水銀 [CH_3Hg^+]，エチル水銀 [$C_2H_5Hg^+$]，プロピル水銀 [$C_3H_7Hg^+$] など) をはじめとする有機水銀（フェニール水銀など）が重要である．これらの化学形の水銀が生体外あるいは生体内で変換作用を受けながらそれぞれ異なった影響を与える．

①金属水銀の毒性

金属水銀は事故などで経口的，あるいは経皮膚的に摂取してもごく微量にしか吸収されない．しかし，揮発性の高い金属水銀を径気道的に吸入した場合には，肺胞から容易に吸収され，ヒトでは75～85％，動物では50～100％

という高い吸収率を示す（WHO，1991）．

　吸収された金属水銀は大部分は酸化されて無機イオン型水銀となるが，吸収後の臓器分布は無機イオン型水銀を摂取した場合に比べ脳中蓄積量が高く，また赤血球への取り込みが多い傾向がある．排泄は基本的には無機イオン型水銀と同様で尿と糞である．一部の金属水銀はそのままの形で体内を移動し，排泄されることが証明されており，このことが体内分布や毒性の現れ方が無機イオン型水銀と異なる理由と考えられている．

　水銀蒸気を高濃度吸入した場合は急性毒性として肺炎，下痢，腎臓障害を引き起こす．温度計製造工程や水銀鉱山などでみられる慢性暴露では食欲不振，不眠に始まり手指などの振戦，腎機能不全，口内炎が典型的な中毒症状として現れる（WHO，1991）．

②無機イオン型水銀の毒性

　無機イオン型水銀は少量を経口的に摂取した場合，消化管からの吸収率は低く，ヒトでは1.4～15.6%（平均7%），実験動物では2%以下が吸収されるにすぎない．経皮的にはある程度吸収されるが，径気道的には金属水銀より低い吸収率を示す．排泄経路は尿と糞が主で，その割合は摂取量，動物種，摂取後の時間などにより変化する（WHO，1991）．

　無機イオン型水銀の体内蓄積で最も濃度が高くなる臓器は腎臓である．動物実験では吸収量の50～90%が腎臓に認められる．その他肝臓，脾臓，甲状腺など多種類の臓器に蓄積される．一方，無機イオン型水銀は脳血液関門を通過しにくく，したがって脳への蓄積は低く，水銀蒸気を吸入した場合の1/10くらいである．体内からの排泄は比較的早く，ヒトでの生物学的半減期は平均58日前後である．金属水銀の場合も同様の結果が得られている（WHO，1991）．

　無機イオン型水銀による中毒例はほとんど自殺などの事故により，それらは，多量の1回服用の急性中毒である．症状は消化管の病変および最後には腎不全等により死亡する．致死量は29-50mg/kgである．塩化第一水銀を含む緩下剤を長期にわたり使用した患者は痴ほう，神経過敏症，大腸炎と腎

炎の症状を示した（Davis et al., 1974）.

③有機水銀の毒性

メチル水銀に代表される低級アルキル水銀は，いずれの摂取経路によっても極めて吸収されやすい．メチル水銀およびエチル水銀の消化管からの吸収率はヒトでも実験動物でも約95％に達する．肺胞および経皮からの吸収も低級アルキル水銀では容易である（WHO, 1990）．抗真菌剤（メチル水銀チオアセタミド）の長期使用によりアルキル水銀中毒が報告されている．排泄は大部分は糞から，一部は尿および毛髪から行われる．この間，かなりの割合のメチル水銀が肝臓から胆汁中に分泌されるが，その大部分は腸管から再吸収される．この現象は腸肝循環と呼ばれメチル水銀の生物学的半減期を73～76日と長くする原因になっている（WHO, 1990）．フェニル水銀は消化管からの吸収率は約50％であり，体内で容易に無機イオン型水銀に変化するため，その排出は無機イオン型水銀のそれに類似している．

実験動物のデータによると，投与したメチル水銀の臓器分布は肝臓と腎臓でもっとも高い．しかしメチル水銀は脳血液関門を比較的容易に通過し脳にも徐々に蓄積する．ヒト脳における水銀の生物学的半減期は約240日と計算され（Takeuchi & Eto, 1979），全身からのそれより長期間を要するとされている．この脳への蓄積が水俣病にみられる神経障害の原因となっている．低級アルキル水銀は胎盤透過性も高く胎児に移行したメチル水銀が胎児性水俣病を引き起こした（WHO, 1990）．この場合通常母親の中毒は軽減される．

水俣病の原因物質であるメチル水銀は暴露の量や期間等に依存して，障害を起こす器官や機能が異なりその程度も広い範囲で変化するいわゆる全身的な毒性を持つ化学物質である．しかし，水俣病に典型的に現れているように主な標的器官は神経系である．1957-60年の水俣病発症当初の典型例における症状は口の周囲や四肢末端のしびれ感および感覚鈍磨，運動失調，振戦，言語障害，求心性視野狭窄，難聴等である（徳臣，1960；椿，1968）．それに対し，1986-95年の10年間に熊本県で水俣病に認定された患者80人の神

経症状の特徴は，典型例に比べ，視野狭窄，聴力障害，小脳症状などの出現頻度が低くなり，程度も軽くなる傾向がある．一方，表在知覚障害はほぼ全例で見られる（内野 & 二塚，1996）．

　Hunter & Russell（1954）は23歳で発病し15年を経過して死亡した慢性例のメチル水銀中毒症例を報告し，これが水俣病の解明に大きく貢献した．その報告によると，大脳皮質では後頭葉視覚領皮質の前位部が限局的に，頭頂部では前後両中心回皮質がおかされている．その特徴は皮質神経細胞の顕著な減少と残存細胞の委縮である．小脳では顆粒層の神経細胞の障害が顕著に現れる．水俣病の典型例の大脳では，皮質が優位に障害され，かつ後頭葉の障害が強い．特に視覚中枢障害が著しい．小脳では顆粒層神経細胞の脱落消失がその特徴である．水俣病軽症例では大脳皮質の神経細胞の減少は少なく，小脳では顆粒細胞の減数もわずかである（Takeuchi et al., 1979; Choi, 1989）．

　このように低級アルキル水銀（メチル水銀およびエチル水銀）中毒による神経系の病変は，急性，亜急性，慢性に経過したか，また，軽症であるか重症であるかによりその病変分布および性状ともに多様である．しかし，1971-72年のイラクにおけるメチル水銀中毒事故（Al-Saleem, 1976），1974年のルーマニアにおけるエチル水銀中毒例（Cinca et al., 1980）および1969年のアメリカにおけるメチル水銀中毒例（Davis et al., 1994）においても，程度は様々であるが，上記水俣病に示した特徴的な病変のいずれかが観察される．

　胎児が母体を通じて発生期および胎生期にメチル水銀に暴露されると大脳低形成等による精神障害および運動障害を示し，症状の軽重の差により知能障害，原始反射，小脳症状，身体発育停止，栄養障害，流延および斜視などが出現する．胎児性水俣病の脳は，一般に小さくなりやすく，重量も正常に比し著しく減少する（Harada, 1976）．大脳皮質では神経細胞も未熟の状態で小型が多く，神経細胞の配列の乱れもあり，数も少ない．小脳では顆粒細胞層の神経細胞数の減少による菲薄化が生じている．抹梢では知覚神経の髄

鞘の無形成，低形成が成人より顕著である（Takeuchi et al., 1979; Choi, 1989）.

5) 水銀中毒の歴史

水銀およびその化合物による中毒は，水銀鉱山における職業中毒として始まり，その後，水銀の利用範囲が広まるにつれメッキ工場や電気および化学工業等で，慢性あるいは亜急性中毒として現れる．一方，医薬品としての水銀剤の誤用や水銀系農薬使用時の不注意などでは急性中毒が生じた．日本ではイモチ病防除のために1953年から1968年まで15年間水銀農薬が水田に広く散布され，また果樹，園芸，種子消毒などにも使われた．しかし，1974年には全面使用禁止になった．この間約2,400トンの水銀が田畑に散布され中毒も報告された．現在，水銀系農薬の生産は中止され，医薬品としての水銀使用も行われておらず，これらの原因で水銀中毒にかかる機会はほとんどなくなった．

一方，化学触媒として昭和30年代に塩化ビニール，酢酸ビニールなどの生産に塩化第二水銀が，アセトアルデヒド生産に硫酸水銀が多量に用いられた．水俣では，アセトアルデヒド生産工程に触媒として用いられた硫酸水銀からメチル水銀が生成し，排水とともに水俣湾に排出された（西村と岡本, 2001）．海水中のメチル水銀は生物濃縮により魚介類に蓄積され，それらを摂取することにより水俣病（1956）が発生した．その症状はアルキル水銀特有の激しい脳神経症状を示し症状発生後1年以内に21名が死亡する劇症型であった．その結果，2002年9月末までに2,265名もの水俣病認定患者を発生させた．さらに，1966年同じくアセトアルデヒド生産工場からのメチル水銀排水により新潟水俣病が発生し690名（2002年9月末現在）の認定患者を出した．水俣病発生以前におけるアルキル水銀中毒は，ジメチル水銀やメチル水銀などを研究に用いた研究者あるいは種子消毒に用いられたメチル水銀あるいはエチル水銀を含む種子を誤食した少人数の事例が報告されていたにすぎない．

しかし，1960年から1970年代にかけてメチル水銀あるいはエチル水銀で消毒された種子を材料に作られた汚染パンによる集団中毒が続けざまに発生した．すなわち，1960年代にイラクで140例（エチル水銀），パキスタンで100例（エチル水銀）そして1970年代に再びイラクで約6,500例（メチルおよびジメチル水銀），またガーナで汚染トウモロコシ（エチル水銀）誤食で144例の報告が原田（1995）によりレヴューされている．この他に少数例であるが化学工場従業員の中毒，農薬暴露，白癬薬中毒などが報告されている（原田，1995）．このようにアルキル水銀中毒の主要な原因はアセトアルデヒド工場からの排水と一連の消毒種子の誤食によるものである．

現在日本および先進諸国では人為的なアルキル水銀の環境中への排出はきびしく制限されている．しかし，後述するように開発途上国においてはなお排出が報告されており，その影響が懸念されている．

一方，低濃度暴露による影響が水銀中毒の歴史に新たな側面を見せ始めている．

FAO/WHO合同食品添加物専門委員会（Joint FAO/WHO Expert Committe on Food Additives）は1972年，成人で神経症状を伴う中毒が発生する最低総水銀量を頭髪50ppm，血球中で0.4ppmと推定し，これよりメチル水銀の暫定許容摂取量を0.2mg/人60kg/週と決めて勧告した．日本では1973年，成人（体重50kg）の1週間摂取許容量をメチル水銀で0.17mgと決め，同時に魚介類に対して総水銀0.4ppm，メチル水銀0.3ppmという暫定的規制値を決定した．

1990年IPCS（International Programme on Chemical Safety；国際化学物質安全計画）（WHO, 1990）はメチル水銀の生体影響について新たな問題を提起した．成人（体重60kg）の場合は従来通りメチル水銀の1日当たり摂取量$0.48\mu g/kg$体重（$=0.2mg$/人60kg/週）では神経症状の発生はみられないことを確認した．神経系に明らかに傷害が発生するメチル水銀摂取量は1日当たり$3\sim7\mu g/kg$体重であり，この値は毛髪総水銀量約50～125ppmに相当すると述べ成人に対する基準は妥当とした．

それに対し，妊産婦の場合はさらに低いメチル水銀摂取量で胎児に傷害がでる可能性を指摘した．その理由は1980年以降，胎児の脳発達に対するメチル水銀の作用様式についてデータが蓄積し，ある程度脳発達に対するメチル水銀の干渉の構図を描けるようになったことをあげている．具体的にはイラクの中毒事件（1971-72）にみられる胎児性のメチル水銀中毒患者およびサルの実験結果では，脳の体積が小さく重量が軽くなり，症状としては行動奇形および認知行動の発達遅滞が観察された（WHO, 1990）．この場合，メチル水銀は胎児の脳発達にとり必須である微小管形成，細胞分裂および神経系のタンパク質合成を阻害する（Miura & Imura, 1987, review）ことによって脳を未発達の状態にしていることが予想されるとした．そして，これらの実験結果を裏づける知見が実際の日本およびイラクで発生した胎児性メチル水銀中毒患者の脳において，1つには神経細胞分裂の抑制として，2つには脳の神経細胞層形成時における神経細胞の遊走阻害として証明された（WHO, 1990）と述べている．すなわち，胎児の脳の発達はきわめてメチル水銀に対し感受性が高いことをデータを示して明らかにし，すでに脳発達が終了している成人とは異なるメチル水銀摂取量基準の必要性を提起したのである（WHO, 1990）．

　IPCS報告は同時にこのような軽微なレベルの影響を検出できる有効なテストは現在存在しないと述べ，唯一，それを可能にするのは大きな集団を扱った疫学調査であると結んでいる．疫学調査は動物実験等と異なり実際の暴露レベルやパターンは通常解明できない．そのかわり暴露の影響はこれまでの研究に基づき毛髪水銀レベルと関係づけられる．そして，その値を元におよその1日当たり暴露量が計算できる．既知のデータによると母親の毛髪総水銀量が70ppmでは30％の危険率で異常児が発生し，10～20ppmでは5％の危険率で生じると計算した．この結果より，母親の毛髪総水銀レベル20ppm以下においても指標を行動における異常等においた場合影響が検出できるか否かについて疫学調査が必要であるとした．すなわち低濃度暴露に関する調査研究の重要性を強調した．

一方，環境中への水銀化合物の放出量について人為的放出が自然現象による放出の1.4倍に達している（Nriagu, 1989）ことと，既に環境中に多量に存在する水銀化合物から，主として微生物の関与によりメチル水銀が生成されることが証明されていること，そして，メチル水銀は食物連鎖により生物濃縮され，魚介類に蓄積されるため，魚介類を多く摂る人々への影響が懸念されている．そのためこれら魚を多食する人々を対象として疫学調査が数カ所で行われている（ATSDR, 1999）．

デンマーク領 Faroe 諸島はイギリスの北の北海にある島で，島民はゴンドウクジラを食べるため水銀暴露を受けている．この島における大規模な疫学調査（Grandjean et al., 1997）では，1986-87年に出生した1,022名の児が登録され，成育段階における影響が追跡されている．出生時の臍帯血総水銀の分析では水銀暴露レベルは水俣病患者の1/6～1/5程度と推定され，妊婦に水俣病様の中毒症状は見いだされていない．母親の毛髪総水銀濃度は10ppmを越えた割合は15％あり，臍帯血の最高濃度は350ppmであった．7歳児における調査では，注意力，言語，記憶，などで遅れが認められ，それらの児では臍帯血の水銀濃度が高い傾向にあった．そして，毛髪総水銀濃度が10ppm以下の母親から生まれた児においても似たような結果が得られたことから，出産時の母親毛髪総水銀10ppmより低い濃度でも影響がでる可能性を示唆した．

もう1つの疫学調査がインド洋に位置する Seychelles 共和国で行われている．1989-90年に出生した800名近い新生児が登録され，それらの母親の頭髪総水銀は平均6ppmを示した．5歳6カ月における神経行動学的調査では，水銀暴露と測定項目との間にはっきりした関係は認められなかった（Davidson et al., 1998）．この島では多様な魚が消費されていることが，Faroe 諸島とは違った結果の理由ではないかと考察しているが，今後さらに検討が必要であろう．

表 3-2-2 世界の水

	国 名	地 域 名	汚 染 の 形 態
1	バングラデシュ	チェタゴン	1996年に停止された水銀電解法カセイソーダ工場がそのまま放置され，雨ざらしの工場内には目視可能な水銀粒が散在し，降雨等による水銀汚染の拡大が懸念される．実際に工場排水中に高濃度の水銀が検出された．
2	ブラジル	アマゾン河流域	特に1979年以来のゴールドラッシュにより，これまで約3,000トンもの金属水銀が使用され環境中に放出された．
3	カンボジア	シアヌークビル	台湾からカンボジアに船で持ち込まれた最高約4,000ppmの高濃度の水銀を含む産業廃棄物の荷降ろし作業に携わった現地の1名が死亡し，10人が健康不調を訴えた．その廃棄物は小高い丘の上に放置されており，総量は約3,000トンにも達した．
4	カナダ	オンタリオ州・ケベック州	1940年代からパルプの消毒に有機水銀が使われたほか，それに付設したカセイソーダ工場も汚染源になった．2例のネコ剖検例に水俣病変が確認された．
5	中国	吉林省 松花江流域	日本のチッソや昭和電工と同様のアセトアルデヒド工場からのメチル水銀を含んだ排水による川の底質や魚介類汚染．第二松花江流域の猟師の毛髪水銀値測定．1,179人中5ppm以上の者は18人（含113ppm，34.6ppm）．2例のネコで水俣病の病変が報告されている．
6	中国	貴州省百花湖周辺	日本のチッソや昭和電工と同様のアセトアルデヒド工場からの水銀・メチル水銀を含んだ排水による汚染．工場から百花湖に入る前に，この水銀排水が水田の灌漑用水として使われ，広大な水田地帯が水銀に汚染されている．魚介類の水銀汚染が懸念されている．
7	デンマーク	グリーランド島	1991年，北部や北極部でイヌイットの主食である魚やアザラシが，メチル水銀で汚染されているとのデンマークのオーデンセ大学の報告．
8	インド	ルシクロルヤ河口 フセイン・サガー湖	ガンジャム町のクロールアルカリ工場からの水銀がルシクロルヤ河口に排出．1．工場排水中0.14mg/l，2．土壌557ppm，3．フセイン・サガー湖工場周辺の底質水銀値，9μg/l（対照値0.2〜0.1μg/l）．

第3章 中国における食料関連産業と環境

銀汚染（代表例）

(1999年12月末までの調査：国立水俣病総合研究センター)

健　康　影　響	備考（国水研との関わり及び参考文献）
住民への健康影響調査は行われていない．	1997年8月29日～9月11日現地調査（2名）． 1999年1月23日～2月6日現地調査（2名）．
金精錬者への金属水銀蒸気吸入による無機水銀中毒のほか，環境汚染の結果として環境中で有機化したメチル水銀が魚類に蓄積しつつあり，魚を多食する住民への健康影響が懸念されている．金採掘労働者数は100万人とも120万人ともいわれている．	1994年11月27日～12月3日国際ワークショップ（リオ・デ・ジャネイロで開催）．1996年1月1日～12月26日，1998年3月16日～4月11日アマゾンへ2名派遣．1999年5月23日～5月28日第5会水銀国際会議（リオ・デ・ジャネイロで開催）
水銀中毒特有の症状はなく，荷降ろし作業従事者，廃棄物処理作業従事者のサンプルの水銀濃度は正常値内であり，水銀中毒の可能性はないと思われる．	1998年12月24日～12月28日現地調査（1名）．
1970年頃から，オンタリオ州・ケベック州の先住民移住地区住民にメチル水銀中毒症状が出たとの報道があったが，カナダの神経学者の同意は得られなかった．	武内忠男, 他：1977 Takeuchi, T et al.: 1984
正式な発表はなされていないが，魚食者に水俣病様の症状が発生したといわれている．	武内忠男, 他：1984 Choi et al.: 1994
健康障害の報告はない．	1996，1997年に貴州省環境保護科学研究所と共同研究．貴陽市へ各2名派遣（技術指導）．1997年1月8日～15日，1997年6月20日～27日，1997年10月26日～11月2日，1999年3月10日～17日それぞれ研究者派遣．
健康障害の報告はない．	Hansen, J.C. et al.: 1997
健康障害の報告はない．	Panda, K.K. et al.: 1992 Lenka, M. et al.: 1992 Srikanth et al.: 1993

	国 名	地域名	汚染の形態
9	インドネシア	ジャカルタ湾	湾の周辺の工場等からの排水による汚染．水銀だけではなくカドミウム，鉛，ニッケル等の複合汚染．
10	イラク	中央部	1956〜60年および1971〜72年，有機水銀で処理した種麦から作ったパンによるメチル水銀とエチル水銀の中毒．
11	日本	熊本県水俣湾周辺	チッソ㈱工場から排出されたメチル水銀化合物が，魚介類に蓄積し，その魚介類を経口摂取することにより水俣病が発生．1956年発見される．
12	日本	新潟県阿賀野川流域	昭和電工㈱工場から排出されたメチル水銀化合物が，魚介類に蓄積し，その魚介類を経口摂取することにより水俣病が発生．1965年発見される．
13	日本	富山県神通川	製薬工場からの廃水中の水銀汚染．工場廃水溝底質で総水銀が9,300ppm，エチル水銀が13.08ppm，熊野川への排水口でそれぞれ2,300ppm，31.90ppm．熊野川下流地点で総水銀がウグイ，最高9.40ppm，平均5.40ppm，アユが最高5.10ppm，平均2.40ppmと高値を示した．
14	ケニア		農薬に含まれている無機水銀中毒．
15	パキスタン	ハイダルカン	露天堀水銀鉱山跡からの環境汚染による難民への無機水銀中毒の懸念．
16	イタリア	地中海	南トスカナ地方辰砂（水銀の原鉱）の鉱床とロシグナノソルベイ（リボルノ）にある二カ所のクロール・アルカリ化学工場の排水．
17	ニュージーランド	マラエタイ湖 ワイカト河	19年間操業したパルプ工場（アルカリ塩素工場）が毎日10トンの塩素と，毎年830kgの総水銀をマラエタイ湖と，ワイカト河に流した．その河のニジマスに3ppmの水銀が検出されている．
18	フィリピン	ミンダナオ島・アグサン川	1980年代に活性化した金採掘に伴う水銀汚染がアグサン川流域に顕在化．流水中の水銀値は最高値で2,906μg/lであり，底質で20mg/kg以上を示した．金採掘従業者は8万人から12万人に達し，特に小規模事業者が多量の水銀（年に平均52kg）を使用．無機水銀の河川への投棄が毎年20トン近くなされているために，メチル化された水銀の大量摂取での水俣病の発生が懸念されている．
19	ルーマニア		1974年，エチル水銀で処理した種子で飼育された豚の肉を摂取．

第3章　中国における食料関連産業と環境

健　康　影　響	備考（国水研との関わり及び参考文献）
水銀など重金属による健康影響の調査は行われていない．	1996年11月25日〜11月26日国際ワークショップ開催． 1997年8月25日〜9月11日1名派遣（技術指導）．
1971年にはパンを食べた6,530人が中毒，459人が中毒死した．	Bakir et al.: 1973 Rustam, H. et al.: 1974 Choi, B.H.: 1978
水俣病認定患者2,263人（1999年6月末現在，うち熊本県1,775人，鹿児島県488人）	Minamata Disease, Kumamoto University.: 1968
水俣病認定患者数690人（1999年6月末現在）	Minamata Disease, Kodansha Ltd.: 1977
健康障害の報告はなかった．	川崎軍治，他：1973
7歳女児と2歳6ヵ月の男児の無機水銀中毒の報告．	Brown, J.D. et al.: 1982
地域住民に水銀中毒者発生の疑いで調査．その結果，健康障害は確認されなかった．	1996年12月4日〜20日，2名派遣（現地調査）．
健康障害の報告はない．	Baldi, F. et al.: 1986
健康障害の報告はない．	Weissberg, B.G. et al.: 1973
健康障害の報告はない．	1997年11月26日〜27日国際ワークショップをマニラ市内で開催．日本，フィリピン，カナダ及びインドネシアの4ヶ国，153名が参加． Appleton, J.D. et al.: 1999
4人の急性中毒の発生．2人が死亡	Cinca, I. et al.: 1980

	国 名	地域名	汚染の形態
20	スペイン	モトリル地方	製紙工場による一時的な汚染．総水銀濃度は土壌と底質では0.117～0.760ppmの間であり，水では2.088μg/l以下であった．
21	スウェーデン	ストックホルム	1940年代から1966年までフェニル水銀を用いる製紙工場が水銀を湖に流し続けた．バクテリアの作用でこのフェニル水銀からメチル水銀が生成して魚に蓄積した．汚染魚を与えたネコは60～83日でメチル水銀中毒症状を示した．1940～50年代に労働環境の水銀汚染も報告されている．
22	タンザニア	ビクトリア湖周辺地域（ゲータ，ムグス及びビクトリア湖金鉱山）	1980年代のゴールドラッシュに伴い金精錬に用いた金属水銀の環境への放出量は6～10トン/年と見積もられている．金精錬活動に伴う水銀蒸気による人体への直接曝露のほか，ビクトリア湖周辺の水銀による環境汚染，特に環境中で有機化したメチル水銀の魚類汚染が懸念されている．
23	タイ	タイ湾北部チャオフィア河口	タイ湾周辺には多数の工場があり河川の酸素不足が生じている． 海水中水銀濃度（世界的平均値：0.03～0.27ppb）．1973～74年：0.03～2.38ppb．1975～76年：0.01～0.11ppb．1997年：0.02～2.00ppb． 底質中水銀濃度（世界的平均値：0.27ppb）の最高値は1973年：49.3ppb，1974年：23.4ppbであったが，1975年には0.04～0.15ppbに減少した．
24	イギリス	ロンドン郊外	1937年，水銀農薬工場における労働者のメチル水銀中毒事件．
25	アメリカ	ニューメキシコ州アラモゴード	1970年メチル水銀で消毒した種子をエサにしたブタの肉の摂取．その家族の頭髪水銀量は1.86～2.40ppmであった．
26	アメリカ	オハイオ州	1990年アパートで金属水銀を大量にこぼした後の処理が不適切だったため，引っ越ししてきた一家が3ヵ月にわたって水銀蒸気の曝露を受けた（50～400mg/m³）．
27	アメリカ	サウスダコタ州オバイエ湖	1880年頃～1970年，金採掘会社からの金属水銀を含む排水（5.5～18kg/day）による魚類の汚染（0.02～1.05ppm）．
28	アメリカ	カリフォルニア	海水魚97検体の内，19検体で0.5ppm以上，5検体で1ppm以上の水銀が検出された．

第3章 中国における食料関連産業と環境

健　康　影　響	備考（国水研との関わり及び参考文献）
健康障害の報告はない．	Navarro, M. et al/: 1993
水銀農薬工場労働者等15名が中毒．	Ackefors, H.: 1971 Albanus, L. et al.: 1972
健康障害の報告はない．	Ikingura, J.R. et al.: 1996
健康障害の報告はない．	Trishnananda, M.: 1979
工場労働者ら4名がメチル水銀中毒．	Hunter, D. et al.: 1940, 1954
ブタを食べた一家4人が中毒．胎児性水俣病の疑いがあるといわれる．	Snyder, R.D.: 1971 Davis, L.E. et al.: 1994
15歳と13歳の子供に神経症状．	Yeates, K.O. et al.: 1994
健康障害の報告はない．	Walter, C.M.: 1973
健康障害の報告はない．	Hazeltine, W.: 1971

	国名	地域名	汚染の形態
29	アメリカ	エリー湖	工場排水による汚染（1970年顕在化）．検出された水銀濃度は大気中で〜30μg/m³．底質中では0.5〜12.4ppm．プランクトン・藻類で2.8〜3.2ppm（乾燥重量）．魚類可食部で0.20〜0.79ppm（乾燥重量）．であった．
30	アメリカ	南フロリダ	総水銀濃度は底質中1〜219ppb（乾燥重量）（うち0.77％がメチル水銀），魚類筋肉中の総水銀濃度は0.03〜2.22（平均0.31）ppm（乾燥重量）（うち83％がメチル水銀）．フロリダ湾に注ぐ水路の水（濾過後）の総水銀濃度は3.0〜7.4μg/l（メチル水銀は0.03〜52％）であった．
a	デンマーク	フェロー諸島	ゴンドウ鯨の平均水銀濃度が3.3ppmあり，その約50％がメチル水銀であった．出産児1,023人の母親の12.7％で毛髪水銀が10ppmを超えていた（最高39.1ppm）．子供のメチル水銀中毒神経症状の出現が疑われた．
b	セイシェル共和国		メチル水銀低濃度曝露（魚介類）による影響をみるために幼小児の発育障害の検索が行われた．

a, b：微量水銀汚染による幼小児の健康影響について現在調査中．

(2) 世界における水銀汚染の現状

　水銀汚染による人体への影響としては，水俣湾および阿賀野川流域におけるアセトアルデヒド生産工場廃水による汚染に伴うメチル水銀による水俣病の発生およびイラクのアルキル水銀消毒種子による中毒事件がその典型例である．一方，水銀鉱山従事者の無機水銀中毒は古くから報告されている．表3-2-2に世界の主な水銀汚染地域および汚染形態を示した．金採掘，精練に伴うもの，水銀電解法カセイソーダ工場およびアセトアルデヒド生産工場など化学工場による汚染，産業廃棄物に由来する汚染，種子消毒にアルキル水銀使用あるいは有機水銀農薬の使用等，原因は様々である．このように世界各地でいまだに続く水銀汚染問題についてはヒトへの暴露とその影響を予防すること，また，水銀の放散による環境汚染の長期的影響に対する対策を立てることが緊急の課題である．

　日本においても，世界の水銀汚染問題への取り組みが行われている．2001

第3章　中国における食料関連産業と環境

健　康　影　響	備考（国水研との関わり及び参考文献）
エリー湖周辺に住んだことのある60歳以上の人（労働環境や事故で水銀曝露を受けた記録のない人）の脳組織193検体の水銀値は0.02〜2.27ppm（平均0.29ppm）であった．	Pillay, K.K.S. et al.: 1972
0.31ppmの総水銀を含む魚を毎日70g以上摂取すると，健康影響の可能性がある．健康障害については調査していない．	Kannan, K. et al.: 1998
7歳児において917人を対象に水銀中毒による神経症状出現の有無の検索を行った結果，運動機能，言語，記憶の面で障害の可能性が認められた．	Weihe, P. et al.: 1997 Grandjean, P. et al.: 1998
発達心理学テストで幼小児への健康影響は否定された．また32例の幼小児剖検脳の水銀濃度が測定され，水銀濃度が比較的高い症例においても発育障害を認める病変は確認できず．	Lapham, L.W. et al.: 1995 Shamlaye, C. et al.: 1997

年に水俣市で開催された「第6回環境汚染物質としての水銀国際会議」のサテライトセミナーで提出された「水銀汚染対策マニュアル」（日本公衆衛生協会，2001.10）は広く国際的協力研究に資することを目的としている．表3-2-2はこの会議に向けて国立水俣病総合研究センターがまとめたものである．

(3) 中国水田地帯における水銀汚染の現状と対策：貴州省の事例

筆者は2002年10月に中国貴州省の百花湖周辺の水銀汚染の調査（国立水俣病総合研究センターと貴州省環境保護科学研究所との共同研究）に参加した．現在調査は進行中であるが，同地区の汚染に関し，既知のデータ（Jiling & Liya, 1996）をもとに概観を述べた後，今回の調査結果と対策について言及する．日本におけるチッソ㈱および昭和電工㈱と同様のアセトアルデヒド生産工場から水銀およびメチル水銀を含んだ排水が川に流され，その水が灌漑用水として使われ広大な水田地帯が水銀によって汚染されている．そ

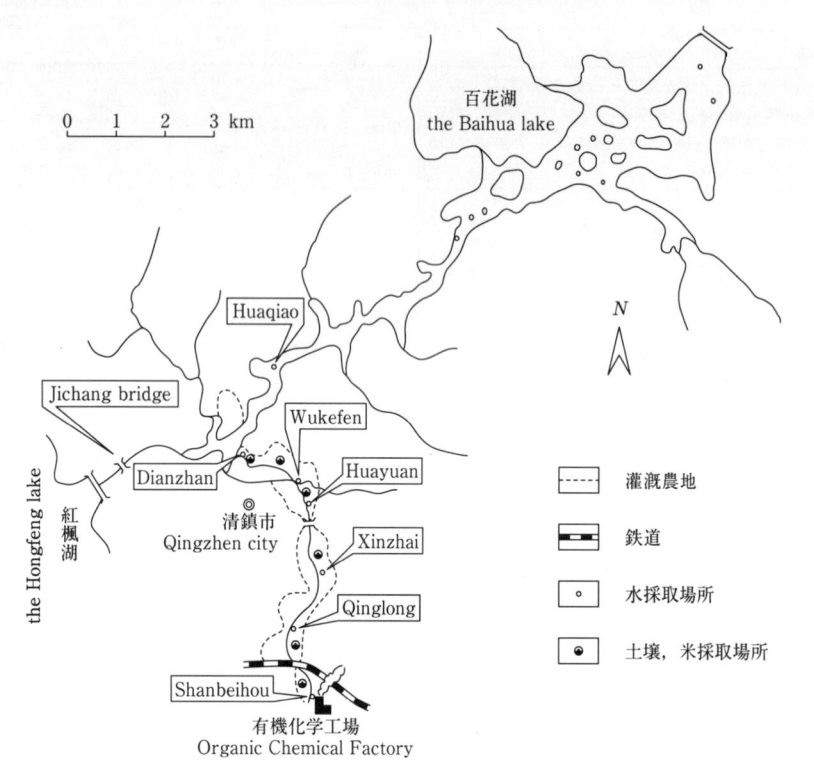

出所：Jiling & Liya, 1996 より一部改変して引用．

図 3-2-1　中国貴州省百花湖周辺の水銀汚染地域略図

　の工場は貴州省の省都である貴陽市の東 24km に位置する清鎮市に隣接する山村にあり，1971 年から操業している．年間 12,000 トンの酢酸を生産し，酢酸 1 トン当たり 0.77kg の水銀を消費している．排水は総水銀 3～8ppm（15～30％が有機水銀）を含んでいる．1986 年に水銀除去装置を設置した結果，排水中の総水銀は 0.2ppm（メチル水銀は 0.7～22.7ppb）に減少した．一方，1987 年にアセトアルデヒド生産の新装置の導入により酢酸の生産量は 20,000 トンに増大した．アセトアルデヒドの生産は 2002 年に入り中止された．

第3章 中国における食料関連産業と環境

表 3-2-3 灌漑耕地における総水銀およびメチル水銀濃度

(1990)

灌漑地名		Shanbei-hou	Qinglong	Xinzhai	Shanwu	Wukefen	Dianzhan	Qing-shanpo
距離（km）		0.2	1.3	2.3	4.0	5.6	7.0	8.0
メチル水銀	灌漑水(ppt)	441	219	113	16.6	11.1	7.9	
	土壌(ppb)	16.8	10.1	3.48	4.46	1.86	2.41	1.45
	米(ppb)	14.5	18.0	10.28	11.58	8.23	11.9	9.05
総水銀	灌漑水(ppb)	8.72	6.53	5.09	2.77	2.15	3.5	
	土壌(ppm)	81.4	22.9	24.6	7.44	3.38	9.35	1.65
	米(ppb)	91.7	41.6	60.4	51.9	33.2	27.6	18.7

出所：Jiling & Liya, 1996 より引用.

　工場より排出された水銀廃水は灌漑用水路を経て Guodi 川に入り（図3-2-1），次いで百花湖（Baihua Lake）へ流入する．この間工場から約7kmの流域にわたり汚染が広がっている．工場から百花湖間における灌漑耕地面積は約120haに達する．水銀除去装置設置後の1987年に採取された川水のメチル水銀は工場より3kmの地点で45.4ppt，6.5km地点で28.3pptを示した．表3-2-3に1990年における灌漑耕地の水，土壌および米における総水銀およびメチル水銀濃度がまとめられている．総水銀およびメチル水銀共に工場からの距離が遠くなるに従い濃度が低くなっている．しかし同時に，米中のメチル水銀濃度が対照地区の1.5ppbより高い10ppb以上を示す耕地範囲がかなり広いことを示している．

　図3-2-2(A)は日本の国立水俣病総合研究センターで分析された結果（Yamaguchi et al., 2000）であるが，住民の毛髪総水銀濃度分布が工場からの距離が近地域，中間地域および遠地域にわけて示されている．工場近くの住民には10ppm以上を示す例もあり遠地域に比べ明らかに高い結果になっている．しかし，現地では健康障害の報告は出ていない．比較のため，図3-2-2(B)を示した．これは日本の国立水俣病総合研究センターに滞在した人を対象にして各国の毛髪総水銀濃度を測定したものである．日本人は他の国々に比べ，高い濃度を示す割合が高く，図3-2-2(A)の工場近くの住民と類似した分布を示している．

一方，井戸水では工場から3kmの地点（Xinzhai）でメチル水銀濃度23.04pptであった．また，魚のメチル水銀濃度が平均値で0.341ppm（0.228〜0.533ppm）を示し，この値は，日本の魚介類のメチル水銀の暫定的規制値とされている0.3ppmより高いとしている（Jiling & Liya, 1996）．

重金属としての水銀は合成化学物質と異なり，自然界で分解されることがないため，化学形を変えたりしながら移動しつつ永続的にこの地域を汚染することになる．この汚染された水は百花湖に流れ込むが百花湖は中国における重要な貯水池であり，飲料水，工業用水および魚の育種などに用いられ，観光地でもある．また，やがてここからの水は中国の代表的な河である長江（揚子江）に流入する．従って，水銀汚染の除去手段の検討が行われている．その実行のためには詳細な汚染分布状況調査が必須である．今回の中国と日本との共同調査はまさに詳細な汚染分布状況調査である．

資料採取は2002年3月と2002年10月の2回にわたり行われた．資料採取場所は工場廃水を含む川および灌漑用水路に沿う田畑および山裾地であり清鎮市を北から東を経て南にまで至った．前述した通り汚染廃水を含む川および灌漑用水路は全長約7kmであり，汚染田畑は約120haに達した．資料採取点は100m×100mの格子形式に三角測量を行い総数120カ所行った．採取方法はJuang et al.（2001）にしたがった．すなわち，1地点につき5カ所の土壌を深さ12〜20cmの部位より約100gずつ採取し，よく混合して測定資料とした．汚染のない対照資料は清鎮市の南西60kmに位置するLanchong Villageで27資料を採取した．

採取資料は1地点につき50g（総重量7,350g）を日本の国立水俣病総合研究センターに移送し，同研究センターで詳細に分析した．総水銀およびメチル水銀はAkagi and Nishimura（1991）の方法を一部改良して分析した（Yasuda et al., 2003, Matuyama et al., 2004）．測定値は乾燥土壌1kg当たりに含まれる水銀量として表した．

表3-2-4は汚染地区120カ所および対照地区27カ所の総水銀値の平均値および最大，最小値を示している（Yasuda et al., 2003）．対照地区平均値

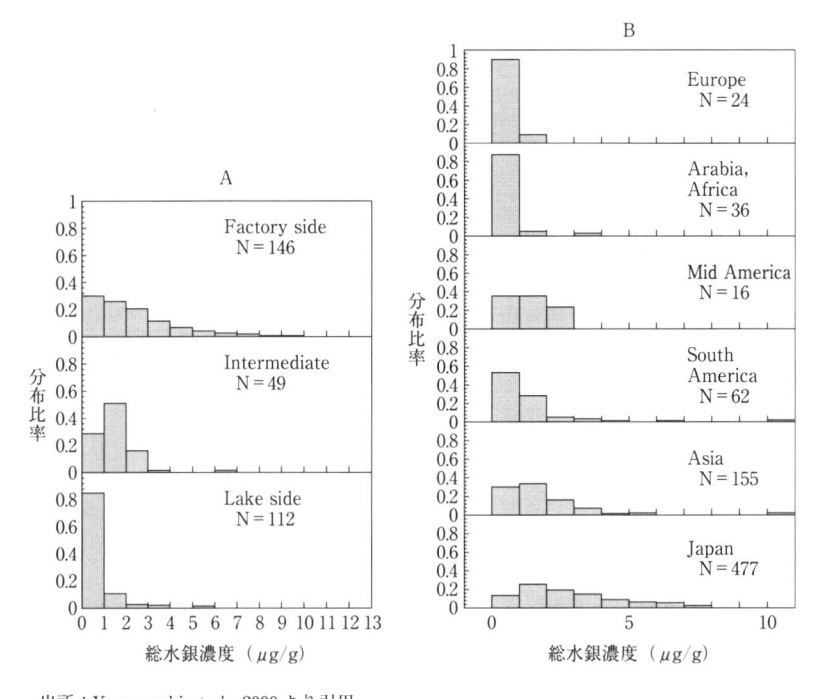

第3章 中国における食料関連産業と環境

[図: A 中国貴州省百花湖周辺住民の毛髪水銀濃度分布（Factory side N=146、Intermediate N=49、Lake side N=112）。B 日本の国立水俣病総合研究センター訪問外国人の毛髪水銀濃度分布（Europe N=24、Arabia, Africa N=36、Mid America N=16、South America N=62、Asia N=155、Japan N=477）。横軸：総水銀濃度（μg/g）、縦軸：分布比率]

出所：Yamaguchi et al., 2000 より引用．

図 3-2-2　A　中国貴州省百花湖周辺住民の毛髪水銀濃度の分布
　　　　　B　日本の国立水俣病総合研究センター訪問外国人及び日本人の毛髪水銀濃度の分布

は 0.11mg/kg dry に対し汚染地区平均値は 15.73mg/kg dry を示し，その値は対照地区の 113 倍という高さとなった．さらに最大測定値の 321.38mg/kg dry は対照地区の 2,921 倍という高さである．汚染地区の最小値は対照地区より低い濃度であることから，これらの測定値を一括して平均するのは，少々乱暴であろう．続報（表 3-2-5）では高濃度汚染地区 20 カ所（化学工場から高速道路までの地区）の平均値を分けて表している（Matuyama et al., 2004）．それにより高濃度汚染地区の平均値は 61.14mg/kg dry となり低濃度汚染地区の平均値は 6.95mg/kg dry となった．その結果，高濃度汚染地区の平均値は低濃度汚染地区の平均値の 8.7 倍，対照地区平均値の 555 倍

表 3-2-4 汚染土壌および非汚染対照土壌の総水銀および溶出水銀濃度

			検体数	平均値	±	SD	(min-max)
Qingzhen 汚染区	T-Hg	(mg/kg dry)	120	15.73	±	42.98	(0.06-321.38)
	leached-Hg	(μg/l)	120	0.43	±	1.05	(ND-8.28)
Lanchong 対照区	T-Hg	(mg/kg dry)	27	0.11	±	0.05	(0.05-0.22)
	leached-Hg	(μg/l)	27	0.13	±	0.12	(ND-0.48)

T-Hg (総水銀) leached-Hg (溶出水銀)

表 3-2-5 清鎮市周辺における汚染土壌の総水銀およびメチル水銀濃度

			検体数	平均値	±	SD	(min-max)
Qingzhen City (清鎮市)							
高濃度汚染地域	T-Hg	(mg/kg dry wt.)	20	61.14	±	93.00	(0.29-328.95)
	Me-Hg	(ng/g dry wt.)	20	45.00	±	65.07	(ND-199.92)
	Me-Hg/T-Hg	(% weighted average)	20	0.14	±	0.19	(0.00-0.91)
低濃度汚染地域	T-Hg	(mg/kg dry wt.)	100	6.95	±	13.24	(0.06-98.27)
	Me-Hg	(ng/g dry wt.)	100	5.82	±	6.70	(ND-43.58)
	Me-Hg/T-Hg	(% weighted average)	100	0.19	±	0.23	(0.00-1.78)
Lanchong 対照区	T-Hg	(mg/kg dry wt.)	27	0.11	±	0.05	(0.05-1.78)
	Me-Hg	(ng/g dry wt.)	27	2.29	±	1.70	(ND-6.98)
	Me-Hg/T-Hg	(% weighted average)	27	2.47	±	2.18	(0.00-8.15)

T-Hg (総水銀), Me-Hg (メチル水銀)

に相当し，汚染の程度が場所によって大きく異なることを示している．これらの結果は汚染の著しい地区と比較的軽い汚染地区を汚染が及んだ全地域について1haごとに明確にしており，今後の対策を立てる上で極めて重要なデータである．一方，土壌溶出量の平均値は0.00043mg/lであるが，最大0.00828mg/lを示しており問題となる（日本における水銀の溶出量基準は0.0005mg/l以下）．

表3-2-5により，メチル水銀の土壌濃度が分かる．高汚染地区平均値は45.00ng/g dry wt.，低汚染地区平均値は5.82ng/g dry wt.そして対照地区平均値は2.29ng/g dry wt.である．汚染地区の最大濃度は199.92ng/g dry wt.に達する．毒性の強いメチル水銀の場合，住民の健康影響が重要である．高汚染地区として化学工場に近いQinglongとXinzhaiを指定したため，こ

の地区内でも検出量以下の所もある．一方，その他のすべての地区を含む低汚染地区でも場所により 43.58ng/g dry wt. に達する．総水銀に対するメチル水銀の割合は高汚染地区で 0.14%，低汚染地区で 0.19% であまり変化がない．その傾向は，総水銀含量とメチル水銀含量の間の相関係数で 0.89 という有意な関係として示される．

これら分析結果から，測定地域の水銀量を計算した．花崗岩大地のため，土壌堆積は 1m 以下とし，その比重を 1.7 と仮定すると，総水銀として 32 トン，メチル水銀として 25.2kg が含まれていることが明らかになった．メチル水銀の総水銀に対する割合は 0.08% であった．そして，120ha のうち 22ha において日本における水銀の土壌の暫定除去基準（総水銀 15mg/kg，2003 年より）を超過していることが明らかになった（Yasuda et al., 2003, Matuyama et al., 2004）．測定地区のほとんどが耕地であること，およびメチル水銀が一定の割合で含まれていることからこれらの土壌は水銀浄化の必要な地域とみる必要があるだろう．幸い，飲料水として使われているこの地域にある泉 2 カ所からは水銀は検出されなかった（Yasuda et al., 2003）．

次の段階である水銀浄化についても水俣病総合研究センター方式（国水研方式）での浄化が検討されている．この方法は汚染土壌を 250～300℃ に加熱して，水銀などの重金属を蒸発させて除去し捕集する方法である．処理時間が 20～30 分と短く，コストも低い（50,000 円/m³）．また高濃度水銀汚染にも対応できる（松山ら，1999，松山＆赤木，2000）．すでに実証試験も行われ本格的な実施にむけて動きだしている．

(4) 日本の経験：魚介類およびヒト頭髪水銀濃度のモニタリング

2 度にわたる高濃度水銀汚染による水俣病の発生を経験した日本においては，魚介類およびヒト頭髪水銀濃度モニタリングが行われている．表 3-2-6 は 2003 および 2004 年に各都道府県が実施した魚介類の総水銀およびメチル水銀濃度である．

すでに述べたように日本では 1973 年，魚介類にたいして総水銀 0.4ppm,

表3-2-6　魚介類中の水銀濃度調査結果

	総水銀 (mg/kg)				メチル水銀 (mg/kg)			
	検体数	最小	最大	平均	検体数	最小	最大	平均
(魚類)								
アイナメ	33	0.020	0.330	0.089				
アジ	54	0.000	0.150	0.044				
アユ	39	0.000	0.230	0.052	6	0.007	0.060	0.026
イサキ	37	0.000	0.240	0.061				
ウナギ	60	0.000	0.240	0.052				
カンパチ	40	0.040	0.300	0.119	10	0.120	0.260	0.160
クロムツ	50	0.120	0.390	0.210	50	0.000	0.430	0.238
サバ	32	0.000	0.230	0.086				
サンマ	32	0.030	0.160	0.065				
シマアジ	32	0.010	0.320	0.109				
スズキ	143	0.000	0.510	0.100	61	0.020	0.550	0.085
タイ	55	0.000	0.270	0.080				
ハマチ	40	0.012	0.280	0.102	2	0.260	0.260	0.260
ヒラメ	78	0.000	0.260	0.053				
マイワ	33	0.000	0.230	0.029				
マダイ	77	0.000	0.550	0.124	4	0.340	0.380	0.360
ユメカサゴ	50	0.180	0.670	0.342	50	0.200	0.520	0.328
(貝類)								
アサリ	76	0.000	0.090	0.010				
ホタテ	66	0.000	0.110	0.012				
マガキ	43	0.000	0.130	0.010				
(水産動物)								
エビ	57	0.000	0.085	0.015				

出所：厚生労働省ホームページ（2004年10月）．検体30個以上の結果を抽出した．
注：本調査は平成12年及び平成13年に各都道府県において実施した検査結果を取りまとめたものである．

メチル水銀0.3ppmという暫定的基準値を決定した．この表にみられる暫定基準値を超えた魚種は2種（マダイ，ユメカサゴ）だけである．表3-2-7は滝沢ら（1994）が魚中の水銀量および1日当たりの魚摂取量（国民栄養調査，1971および1984年より）からメチル水銀摂取量を計算したものである．これらの値は日本における成人（体重50kg）のメチル水銀の1週間摂取許容量0.17mgの1/30以下（最も高いマグロ，カツオ類でも1/16以下）となっており安全のうえから問題ない値としている．一方Yasutake et al.（2003，

第3章　中国における食料関連産業と環境

表 3-2-7　国民栄養調査による魚介類からのメチル水銀摂取量

魚種	平均メチル水銀濃度 (ppm)	平均摂取量 (g/day)	メチル水銀摂取量 (μg/week)
マグロ, カツオ類	0.252	6.4	11.29
タイ, カレイ類	0.098	6.5	4.46
アジ, イワシ	0.056	11.0	4.31
サケ, マス	0.043	1.9	0.57
そのほかの生魚	0.043	12.8	3.85
イカ, タコ, カニ	0.035	10.3	2.53
貝　　類	0.032	2.6	0.58
魚 (塩蔵)	0.047	6.6	2.17
魚 (生干, 乾物)	0.084	7.8	4.59
魚 (かん詰め)	0.062	1.9	0.83
魚 (つくだ煮)	0.099	1.0	0.69
魚介練製品	0.057	11.8	4.71
魚肉ハム, ソーセージ	0.069	3.6	1.74
計		84.2	42.32
調査ブロック別最大平均摂取量*		108.9	52.40
調査ブロック別最小平均摂取量*		74.8	36.60
週間メチル水銀摂取量限度			170.0

*　昭和46年度国民栄養調査による.
出所：滝沢ら，1994より引用.

2004) によって調査された最近の日本人の一般住民の頭髪中水銀量の平均値は表 3-2-8 に示すように 8,665 人の平均値が 1.82ppm となっている．最大値は 29.37ppm という高い濃度を示すが，そのおもな原因は魚の摂取量の多さによると考えられる．一般女性で最大 25.75ppm の頭髪水銀含量を示す例がみられるが，この値は Faroe 諸島の妊産婦の疫学調査で胎児に影響が現れた例のある 10ppm の 2.5 倍の濃度に相当している．したがって，一般海域からの魚摂取による低濃度暴露の問題は日本においてすでに重要な検討課題である．

(5)　今後の視点

　水銀汚染は鉛汚染とならび地球規模における重金属汚染の代表となっているが，中国においても水銀汚染水灌漑農地の浄化として重要な問題となって

表 3-2-8 地域別一般住民の頭髪水銀含量

県（市）	性	検体数	頭髪水銀濃度（µg/g）		
			平均値	最小値	最大値
宮城	F	624	1.77	0.05	10.14
	M	561	3.31	0.25	26.57
	Total	1185	2.38	0.05	26.57
千葉	F	232	2.29	0.14	25.75
	M	253	4.75	0.26	26.76
	Total	485	3.35	0.14	26.76
名古屋	F	311	1.76	0.10	7.05
	M	342	2.97	0.28	21.36
	Total	653	2.32	0.10	21.36
和歌山	F	299	1.46	0.09	8.09
	M	413	2.37	0.10	20.66
	Total	712	1.93	0.09	20.66
鳥取	F	207	1.40	0.26	12.52
	M	611	2.30	0.28	10.21
	Total	818	2.04	0.26	12.52
広島	F	561	1.07	0.07	7.47
	M	440	2.02	0.34	29.37
	Total	1001	1.41	0.07	29.37
福岡	F	570	1.09	0.02	8.67
	M	474	1.67	0.17	10.35
	Total	1044	1.33	0.02	10.35
熊本（熊本）	F	326	1.33	0.14	6.20
	M	385	2.23	0.20	19.18
	Total	711	1.76	0.14	19.18
熊本（水俣）	F	648	1.24	0.09	7.33
	M	389	2.17	0.22	10.56
	Total	1037	1.53	0.09	10.56
沖縄	F	613	1.29	0.08	7.16
	M	406	2.14	0.26	15.50
	Total	1019	1.58	0.08	15.50
合計	F	4391	1.37	0.02	25.75
	M	4274	2.42	0.10	29.37
	Total	8665	1.82	0.02	29.37

F（女性），M（男性）

いる．

　水俣病の発生により日本では汚染の原因をつくったチッソ㈱および昭和電工㈱の両会社はすでにメチル水銀を産生するアセトアルデヒド生産を中止し

た.またその他の企業からの水銀の排出も厳しく制限されたため,その後典型的な水俣病の発生というような水銀汚染問題は発生していない.しかし,現在,2つの問題が提起されている.1つはこれまで問題にされたより低い濃度の水銀暴露が健康被害をおこす可能性についてである.この種の低濃度暴露は従来の水銀汚染地域とは関係なく地球規模の問題として捉えられる.もう1つの問題は日本が経験してきたような局所的な水銀汚染地域が世界各地に多数あることである.

　低濃度暴露の健康影響が問題となる背景には人間活動による環境への水銀の放出量が増加し,ついに自然現象による放出量を上まわった(自然現象による放出量の1.4倍)こと(Nriagu, 1989)があげられる.一旦環境に放出された水銀は微生物によりあるいは化学的に変換作用を受け,メチル水銀となり食物連鎖を通して生物濃縮され魚介類に蓄積される.その結果,魚を多食する民族に高い毛髪水銀を示す例が現れてきている.一般海域で漁獲された魚に対し,安全基準をどのように設定するかが問題になっている.Faroe諸島(Grandjean et al., 1997)およびSeychelles共和国(Davidson et al., 1998)におけるような大々的な疫学調査によるデータの検討が進行中であるが,現在までの結果では2つの報告は相違しており結論はでていない.特記すべきことは,Faroe諸島の調査ではIPCS(WHO, 1990)で提起された母親の毛髪総水銀10ppm以下においても胎児への影響が観察されていることである.2つの調査結果の相違の原因については多くの要因があげられているが,調査地域の条件の差はそのまま世界のそれぞれの地域間の相違を反映しているとも考えられる.したがって,統一的な安全基準を設定することがいかに困難な作業であるかがわかる.今後,このような調査を政策的に保証することが重要であろう.

　また,低濃度暴露の問題が地球規模で検討されるにおよび当然,環境への放出の制限への方策も行われなければならない.その意味で,世界の水銀汚染地域の調査は緊急課題である.環境への放出の危険性を予想するファクターとしてスウェーデンでは金属の将来汚染ファクターを提唱している.金属

汚染について，文明の始まりとしての青銅器時代から現代までの間にスウェーデンに持ち込まれた金属量をスウェーデンの全居住用地の表層土壌20cmに自然に存在する金属総量に対する比として表し，これを金属の将来汚染ファクターとしたところ，水銀が最も高い将来汚染ファクター値を示した(Robert, 1996). 生体への有害作用が大きい金属の場合，地球上の生物が，その発生以来暴露されてきた濃度を著しく越えた場合の危険性について再認識することが求められている．それは，ヒトの健康に対する作用にとどまらず，未だほとんど調査されていない生物一般（生態系）に対する作用の問題でもある．スウェーデンではこれら高い将来汚染ファクターを示す金属類の使用廃止を計画している．日本においても，水銀使用の代替品の開発が進みつつあるが，世界的な取り組みの重要性が増している．

　このような視点に立つなら，上述したように世界の水銀汚染の調査と放出拡大抑制対策はその地域の問題にとどまらないことは自明である．中国貴州省の百花湖周辺の水銀汚染の調査（国立水俣病総合研究センターと貴州省環境保護科学研究所との共同研究）は，汚染浄化を前提にして綿密に実施された貴重な事例である．さらに，調査結果に基づき浄化へと現実に進行中である．その浄化方法および使用機械の両方が日本の国立水俣病総合研究センターの研究成果である．今後，この事業が検討中の日本企業と中国との共同で実施され，浄化が完成するなら，水銀汚染の先発国としての役割の一端を担う良い前例となるであろう．

注
1) 省長責任制とは，行政区域である省の長が責任を持ってその地域の食料需給，特に穀物の自給自足を図ること．
2) 黄芳ほか「我が国水資源負荷力の利用と水資源の持続的発展に関する問題」42ページ．

引用文献
　Akagi, H., & Nishimura, H., Speciation of mercury in the environment. In: Suzuki, T., Imura, N., Clarkson, T.W. (eds.), *Advances in mercury toxicol-*

ogy. Plenum Press, New York, pp. 53-76, 1991.
ATSDR. *Toxicological Profile for mercury*. Atlant, GA: Agency for Toxic Substances and Disease Registry, 1999.
Al-Saleem, T., Levels of mercury and pathological changes in patients with organomercury poisoning. *Bull. World Health Organ.* 53, 99-104, 1976.
Cinca, I., Dumitrescu, I., Onaca, P., Serbanescu, A. & Nestorescu, B., Accidental ethyl mercury poisoning with nervous system, skeletal muscle, and myocardium injury. *J. Neurol. Neurosurg. Psychiatry*, 43, 143-149, 1980.
Choi, B.H., The effects of methylmercury on the developing brain. *Prog. Neurobiol.*, 32, 447-470, 1989.
Davidson, P.W., Myers, G.J., Cox, C., Axtell, C., Shamlaye, C., Sloane-Reeves, J., Cernichiari, E., Needham, L., Choi, A., Wang, Y., Berlin, M. & Clarkson, T.W., Effects of prenatal and postnatal methylmercury exposure from fish consumption on neurodevelopment: outcomes at 66 months of age in the Seychelles child development study. *JAMA*, 280, 701-707, 1998.
Davis, L.E., Kornfeld, M., Mooney, H.S., Fiedler, K.J., Haaland, K.Y., Orrison, W.W., Cernichiari, E. & Clarkson, T.W., Methylmercury poisoning: long term clinical, radiological and pathological studies. *Ann. Neurol.*, 35, 680-688, 1994.
Davis, L.E., Wands, J.R., Weiss, S.A., Price, D.L. & Girling, E.F., Central nervous system intoxication from mercurous chloride laxatives. Quantitative, histochemical and ultrastructural studies. *Arch. Neurol.*, 30, 428-431, 1974.
FAO/WHO (Joint FAO/WHO Expert Committe on Food Additives), 1972.
Grandjean, P., Weihe, P., White, R., Debes, F., Araki, S., Yokoyama, K., Murata, K., Sorensen, N., Dahl, R. & Jorgensen, P., Cognitive deficit in 7-year old children with prenatal exposure to methylmercury. *Neurotoxicol. Teratol.*, 19, 417-428, 1997.
Harada, M., Intrauterine poisoning. Clinical and epidemiological studies and significance of the problem. *Bull. Inst. Constit. Med.*, Kumamoto Univ. Suppl., 25, 1-60, 1976.
原田正純『水俣病と世界の水銀汚染』実業出版, 1995年.
Hunter, D. & Russell, D.S., Focal cerebral and cerebellar atrophy in a human subject due to organic mercury compounds. J. Neurol. Neurosurg. Psychiatry, 17, 235-241, 1954.
経済産業調査会編『鉱業便覧』平成13年版, 経済産業調査会, 2001年.
Jiling, X. & Liya, Q., Proc. Internatl. Forum "Environmental Studies on Mercury Pollution in the World", 22, 1996.
Juang, K., Lee, D., & Ellsworth, T., Using rank-order geostatistics for spatial

interpolation of highly skewed data in a heavy-metal contaminated site. *J. Environ. Qual.*, 30, 894-903, 2001.

Lindqvist, O., Jernelov, A., Johannson, K., & Rodhe, R., Solna, National Environmental Protection Board, 105 pp (Report No. 1816), 1984.

松山明人・赤木洋勝「硫化鉄を用いた低温加熱処理による水銀汚染土壌の浄化技術に関する基礎研究」,『水環境学会誌』第23巻第10号, 638-642頁, 2000年.

松山明人・岡田和夫・赤木洋勝「低温加熱処理による水銀汚染土壌の浄化技術に関する基礎研究」,『水環境学会誌』第22巻第2号, 109-117頁, 1999年.

Matuyama, H., Liya, Q., Yasutake, A., Yamaguchi, M., Aramaki, R., Xiaojie, L., Pin, J., Li, L., Yumin, A., & Yasuda, Y., Distribution of methylmercury in the area polluted by mercury containing wastewater from organic chemical factory in China. *Bull. Environ. Contam.* Toxicol., 73, 846-852, 2004.

Miura, K. & Imura, N., Mechanisms of methylmercury cytotoxicity. *CRC Critical Reviews in Toxicology*, 18, 161-188, 1987.

西村肇・岡本達明『水俣病の科学』日本評論社, 2001年.

Nriagu, J.O., A global assessment of natural sources of atmospheric trace metals. *Nature*, 338, 47-49, 1989.

Pan‐Hou, H.S.K., Hosono, M. & Imura, N., Plasmid‐controlled mercury biotransformation by *Clostridium cochlearium* T-2. *Appl. Environ. Microbiol.*, 40, 1007-1011, 1980.

ロベール (Robert), K-H. (市河俊男訳)『ナチュラル・ステップ』新評論, 1996年.

Takeuchi, T., & Eto, K., "*Minamata Disease*" ed. by Arima S., Seirinsha, Tokyo, 1979.

Takeuchi, T., Eto, N., & Eto, K., Neuropathology of childhood cases of methylmercury poisoning (Minamata disease) with prolonged symptoms, with particular reference to the decortication syndrome. *Neurotoxicology*, 1, 1-20, 1979.

滝沢行雄・蜂谷紀之・久松俊一・阿倍享・平沢富士子・阿倍優子・赤木亮子・菅原有美・武藤一・皆川興栄・住野公昭・喜田村正次・赤木洋勝・大塚柳太郎・本郷哲郎「平成6年度水俣病に関する総合的研究報告書」, 1994年.

徳臣晴比古「水俣病臨床と病態生理」,『精神経誌』62, 1816-1850頁, 1960年.

椿忠雄「阿賀野川流域の有機水銀中毒」,『内科』21, 871-875頁, 1968年.

内野誠・二塚信「水俣病の今日」, *Brain Medical*, 8, 163-168頁, 1996年.

WHO, *Mercury*. Environmental Health Criteria 1, Geneva, World Health Organisation, 1976.

WHO, *Methylmercury*. Environmental Health Criteria 101, Geneva, World Health Organisation, 1990.

WHO, *Inorganic Mercury*. Environmental Health Criteria 118, Geneva, World Health Organisation, 1991.

Yamaguchi, M., Sakamoto, M., Yasuda, Y., Yasutake, A. & Akagi, H., Proc. US-JAPAN Workshop on Human Health Effects of Low Dose Methylmercury Exposure. Minamata, 2000.

Yasuda, Y., Matuyama, H., Yasutake, A., Yamaguchi, M., Aramaki, R., Xiaojie, L., Pin, J., Yumin, A., Li, L., Wei, C., & Liya, Q., Mercury distribution in farmlands downstream from an acetaldehyde producing chemical company in Qingzhen city, Guizhou, People's Republic of China. *Bull. Environ. Contam. Toxicol.*, 72, 445-451, 2004.

Yasutake, A., Matumoto, M., Yamaguchi, M., & Hachiya, N., Current hair mercury levels in Japanese: Survey in five districts. *Tohoku J. Exp. Med.*, 199, 161-169, 2003.

Yasutake, A., Matumoto, M., Yamaguchi, M., & Hachiya, N., Current hair mercury levels in Japanese for estimation of methylmercury exposure. *J. Health Science*, 50, 120-125, 2004.

第4章　タイにおける食料関連産業と環境

近年めざましい経済発展を遂げてきたタイは，同時にコメの伝統的な輸出国であり，アジア最大の食料輸出国である．経済成長と産業発展の陰に隠されている感はあるものの，農業を含む食料関連産業は，最近の20～30年間においても順調な発展を遂げてきた．

産業の発展により，日本など先進諸国がかつて経験した公害・環境汚染が生じている一方で，食料関連産業もまた，多くの公害・環境汚染，さらには天然資源の過度な利用をもたらしている．資源への圧力としては，熱帯林・マングローブ林の破壊が最も代表的な問題として知られている．しかし広大なタイの国土の相当部分は，実は降水量の少ない半乾燥地域に分類される．過度な土地・水資源の利用は，「塩類化」という土壌劣化を引き起こしており，農業生産を根底から脅かしかねない問題としてクローズアップされている．

本章では，まず第1節で，タイの食料関連産業の概況ならびに環境問題との接点を，統計資料，既存の研究および新聞記事などのサーベーにより総括したのち，タイ農業にとって最大の脅威の1つである土壌塩類化問題に関する詳細な調査結果を紹介する．第2節では，土壌汚染や水質汚濁においてしばしばその元凶とされる畜産部門のうち，近年の成長が最も著しい酪農部門，およびキャッサバ，タピオカでん粉生産部門に焦点をあてた．キャッサバは，原料生産のための農地開発においては熱帯林破壊をもたらし，でん粉生産においては，環境汚染と水資源への圧力を高める可能性のある産業部門であるということができる．最後に第3節では，土壌塩類化の一因でもある森林破

壊を取り上げ,統計的な整理とともに,タイ国政府および NPO による森林再生の試みについて紹介する.

なおタイの通貨バーツは,2004年夏現在までの数年間において,1バーツが3円を1割程度下回る水準で推移している.通貨危機前はドルペッグ制で,1ドル=25バーツであった.また面積の単位には,ライ(rai)が用いられ,1ライ=0.16ha で換算される.

1. 食料関連産業の概況と環境問題

(1) タイの農業と食料関連産業

王室調査局(The Royal Thai Survey Department)によるタイの国土面積は,約3億2,000万ライ(51.3万 km^2)である.1991-95年間に,農家世帯数は513万戸から530万戸へと増加したが,農家の所有面積は1億3,300万ライから1億3,200万ライへと若干減少し,1戸当たりでは25.94ライ(4.15ha)から25.23ライ(4.04ha)に減少している.農地のうち55%(6,000万ライ)以上が水田,20%程度が畑作物で,果実および野菜作面積のシェアは低いが増加傾向にある.

タイの GDP は通貨危機以前の1987-96年間に年率15%で成長した.非農業部門の成長率が16%であるのに対して,農業部門の成長率は10.6%で,GDP シェアを15.7%から11.0%に減少させた.これは他の途上国と同様,経済の工業化に沿った動きである.

農林水産業の内部を見ると,GDP ベースで見た作物部門のシェアは同期間に57%を超えていた.畜産部門および伐採禁止措置(後述)がとられた林業部門はそれぞれ11.6%から8.8%,5.4%から1.2%へとシェアを縮小させ,逆に水産部門および農林水産品1次加工部門がそれぞれ11%から17%,10%から13%へとシェアを拡大した.

全国平均で見た農家の農業部門からの現金収入は,1986/87年が約9,010バーツ,全収入の40.4%から1995/96年の67,100バーツ(同53.5%)へと

第4章 タイにおける食料関連産業と環境

表 4-1-1 タイの産業部門別 GDP 成長率

(単位：年率％, 1988年価格)

生産部門	第5次計画 (1982-86)	第6次計画 (1987-91)	第7次計画 (1992-96)	第8次計画 (1997-2001)
農業：	3.69	4.82	2.91	1.05
作物部門	4.03	4.65	3.02	1.93
米	3.15	−0.20	1.20	3.19
ゴム	9.04	10.42	6.32	3.10
キャッサバ	3.70	3.97	−8.08	−0.31
サトウキビ	−4.80	15.01	9.00	−0.68
トウモロコシ	13.92	7.34	3.23	2.56
大豆	36.76	6.09	−6.75	
畜産部門	4.41	4.51	1.31	0.88
水産部門	0.50	10.62	5.31	0.32
林業部門	1.92	−16.60	−8.54	−19.00
農業サービス	2.46	0.48	−1.86	−0.37
農産1次加工	5.91	9.51	3.29	0.18
非農業部門：	5.73	12.55	8.93	−0.37
(GDP)	5.34	11.37	8.21	−0.22

資料：National Economic and Social Development Board（NESDB；経済社会発展委員会）．

増加し，農家にとっての農業部門の重要性は高まっている．

国家社会経済開発計画の第5期から第8期の各年代について GDP 成長率を比較したのが表 4-1-1 である．第8期は，通貨危機により経済が混乱を来した時期なので，以下では第7期までの動向を中心として記述する．第8期（1997-2001年）のマイナス成長は，1998年の1カ年のみの数値（マイナス11.5％）によるものである．国家社会経済開発計画の第1次計画は1960年代に始まっている．

第5期，第6期，第7期における農業の GDP 成長率は低下している．非農業部門を見ると，第5期から第6期にかけて上昇し，第7期には低下しているが，成長率そのものは農業部門よりも高い．

第7期は通貨危機の直前にあたり，経済の構造変革の影響が一部出ているため，いくつかの部門は成長率が低下している．

表 4-1-2 は，産業別の総 GDP に占める構成比である．農業部門は，19％からわずか11％にまで低下し，一方で非農業部門は，80％から89％まで

表 4-1-2　産業別 GDP 構成比

(単位：%)

産業部門	第5次計画 (1982-86)	第6次計画 (1987-91)	第7次計画 (1992-96)	第8次計画 (1997-2001)
農業：	19.01	14.88	11.42	11.29
作物部門	12.00	9.20	6.67	6.91
畜産部門	1.80	1.58	1.17	1.09
水産部門	1.84	1.59	1.75	1.63
林業部門	1.02	0.50	0.18	0.10
農業サービス	0.78	0.54	0.33	0.29
農産1次加工	1.56	1.48	1.34	1.26
非農業：	80.99	85.12	88.58	88.71
製造業	23.24	26.98	31.33	
農産関連製造業	13.86	14.77	12.61	
―　他の農産加工	9.38	12.21	18.72	
その他	57.75	58.14	57.25	
（GDP）	100.00	100.00	100.00	100.00

資料：表 4-1-1 に同じ．

上昇した．

　タイの農業部門の重要性は，①農業部門と②農産関連製造業を足し合わせることによっても示すことができる．農産1次加工は①に含まれる．これによりタイ経済における GDP への貢献度を見ても，約 33% から 24% まで低下していることがわかる．

　農業部門の GDP を 100 とすると，そのうち 61% は，コメ，ゴム，キャッサバなど作物（Crop）部門である（表 4-1-3）．

　最も重要な作物はコメで，ほとんどの県で生産され，1988/89～97/98 年間に 6,100 万ライ以上が作付されてきた．5,600～5,900 万ライが雨季作，300～700 万ライが乾季作である．生産量は，籾で 2,200 万トン程度である．飼料作物として重要なのはトウモロコシで，800～1,100 万ライの作付，330～470 万トンの生産がある．北タイが最大の生産地で，東北タイ，中央平原がこれに次ぐ．キャッサバは東北タイの代表的な換金作物であるが，1989 年の生産規模，1,000 万ライ，2,430 万トンが，98 年には 670 万ライ，1,560 万トンに減少している．これは EU での飼料用需要の減少による．も

第4章 タイにおける食料関連産業と環境

表 4-1-3 GDP の農業部門内構成比

(単位:%, 1988 年基準)

部門	第5次計画 (1982-86)	第6次計画 (1987-91)	第7次計画 (1992-96)	第8次計画 (1997-2001)
農業部門計:	100.00	100.00	100.00	100.00
作物部門	63.20	61.90	58.38	61.21
米	28.70	23.80	19.02	20.34
ゴム	6.80	9.60	12.07	14.17
キャッサバ	3.70	3.60	2.43	4.06
サトウキビ	3.10	3.40	3.83	1.93
トウモロコシ	3.50	2.60	2.00	1.84
野菜	6.09	6.42	9.61	4.42
果実	5.18	7.41	10.70	6.00
畜産部門	9.50	10.60	10.20	9.68
水産部門	9.70	10.70	15.27	14.46
林業部門	5.30	3.20	1.54	0.91
農業サービス	4.15	3.69	2.89	2.57
農産1次加工	8.22	9.92	11.69	11.15

資料:表 4-1-1 に同じ.

う1つの代表的な換金作物はサトウキビで,かつては主に中央平原で生産されていたものが,東北タイおよび北タイに産地を移動させている.1988/89年から97/98年にかけて,栽培面積は410万ライから590万ライに,生産量は3,670万トンから4,690万トンに増加した.東北タイにおける製糖工場の建設および同地域でのキャッサバからの生産転換によるところが大きい.

他のサブセクターでは,畜産部門に関して,第5期から第6期にかけて微増しているが,第7期には減少している.水産部門は,9.7%から15.3%へと大きく躍進している.最後に農産1次加工も,8.2%から約12%へと伸びている.作物部門がなお60%程度のシェアを維持してはいるものの,農業部門内でも構造変化が起こっていることがわかる.また,作物部門内部についても構造変化が見られる.それは,換金作物と言われる野菜や果実への移行である.

表 4-1-4 は,人口と労働力の構成である.

総人口に占める農業人口は,タイにおいて64%から61%へと減少してい

表 4-1-4　人口と労働力の構成

(単位：％)

部門	第 5 次計画 (1982-86)	第 6 次計画 (1987-91)	第 7 次計画 (1992-96)
総人口	100	100	100
農業	63.9	62.5	60.9
非農業	36.1	37.5	39.1
総労働力	100	100	100
農業	61.1	59.7	58
非農業	38.9	40.3	42

資料：農業協同組合省農業経済局.

表 4-1-5　産業別に見た 1 人あたり GDP

(単位：バーツ/人/年, 1988 年基準)

部門	第 5 次計画 (1982-86)	第 6 次計画 (1987-91)	第 7 次計画 (1992-96)
総平均	22,873	34,555	45,494
農業	6,545	7,765	8,412
非農業	52,233	80,395	105,455
農業：非農業	1：7.98	1：10.35	1：12.54
労働生産性・農業	9,489	13,923	15,513
労働生産性・非農業	72,316	127,106	72,408
労働生産性　農業：非農業	1：7.62	1：9.13	1：11.11

資料：表 4-1-1 に同じ.

る．そして，総労働力に占める農業関連の労働力も，61％から58％へと減少した．しかし，タイの総人口に占める農業人口の割合，そして労働力全体に占める農業の割合に関していえば，農業はなおかなり大きな規模を占めていることがわかる．

しかし，表 4-1-5 で 1 人当たり GDP を見ると，農業関連産業と非農業の対比において，農業における 1 人当たり GDP はかなり低くなっていることがわかる．農業：非農業の比率を見ると，第 5 期（82-86 年）においては，非農業の 1 人当たりの所得は，農業所得の 8 倍近くであった．さらに第 7 期（92-96 年）には 13 倍近くにまで格差は拡大している．この数値は経済開発におけるターゲットとなる．つまり，農業部門すなわち地方は，都市部，そ

表 4-1-6 インフラ関連指標(1995-1998 年)

項目	単位	1995	1996	1997	1998
道路	1,000km	51,126	51,242	51,476	51,762
鉄道	1,000km	3,976	4,084	4,142	4,166
電力	1,000kW	80,060	87,467	93,250	96,330
港湾容量	1,000 トン	37,922	37,922	37,922	37,922
灌漑能力	100 万 m³	N.A*	32,337.4	32,528.4	32,528.4
灌漑地面積	100 万 ha	N.A*	5.58	5.67	5.67

資料:国家経済社会発展委員会,港湾・電力・高速道路・鉄道公社,農業協同組合省などの政府機関より,1998 年に収集したもの.N.A. は不詳.

して非農業部門に比べると,かなり貧困である.ここで明らかにしたいことは,タイにおいては依然として貧困の軽減のための主要な方向性は地方の開発にあるということである.

表 4-1-6 はインフラ関連の指標である.道路の総延長は,95 年から 98 年のわずか 3 年間に約 600km 伸びた.電力は,95 年の約 8 万ギガワットが,98 年には 9 万 6,000 ギガワットにまで伸びている.現在では,タイのほぼすべての村に電力が通っている.これらに対して,灌漑地面積はあまりふえていない.非農業関連のインフラ整備が相対的に進んでいることが明らかである.

次に食品産業の構造について検討しよう.表 4-1-7 は,1997 年の種類別・規模別食品工場数である.

食品産業の企業の大部分は小規模な企業であり,大企業はごくわずかである.大規模な食品工場のほとんどは,精糖,あるいは水産物の缶詰工場である.

執筆者の 1 人はかつて (1994 年),タイ国内の精米所に関する調査を行った.全国で 6,700 におよぶ事業所について,精米能力別に集計したところ,全体の 8 割は 51 馬力未満の小規模な精米所であった.500 馬力以上の能力を持つ大規模な精米所はわずか 5% に過ぎないのである.小規模な精米所の多く(総数の 47%)は東北部に立地している.

タイの食料関連産業は依然として有望な外貨の稼ぎ手である.1994 年か

表 4-1-7　種類別食品工場数（1997 年）

企業部門	規模分類			（構成比）		
	小規模	中規模	大規模	小規模	中規模	大規模
1. 非水産部門	417	43	15	87.8	9.1	3.2
2. 牛乳	48	37	11	50.0	38.5	11.5
3. 水産物	346	129	40	67.2	25.0	7.8
4. 動植物油脂	193	59	21	70.7	21.6	7.7
5. 野菜・果実	366	158	28	66.3	28.6	5.1
6. 種苗・繊維	4,316	170	32	95.5	3.8	0.7
7. でん粉・製粉	1,456	123	24	90.8	7.7	1.5
8. 砂糖	128	12	52	66.7	6.3	27.1
9. コーヒー・ココア・チョコレート・菓子類	475	59	18	86.1	10.7	3.3
10. 香辛料	393	57	8	85.8	12.4	1.7
11. 容器入り飲料水・清涼飲料水	209	46	24	74.9	16.5	8.6
合計	8,547	893	273	88.0	9.2	2.8

資料：Department of Industrial Works, Ministry of Industry. 産業省事業局.

ら98年にかけて，農産物輸出は年々増加し，3,361億バーツから5,857億バーツになっている．輸入も同様に増加しており，1,797億バーツから2,283億バーツになっている．主な農産物輸入は，大豆，綿花，酪農品，そもそも国内生産できないものなど，タイにとって比較優位性のないものである．農産物に関して大幅な輸出超過であるが，工業化の中で輸出全体に占める農産物のシェアは29.6%から26.1%へと若干低下した．

内訳としては，水産物のシェアが最も大きく，また同期間に1,054億バーツから1,664億バーツへと増加している．第2の輸出品目はゴムおよびゴム製品で，548億バーツから916億バーツに増加した．コメおよび同製品は412億バーツから894億バーツに，畜産品は203億バーツから399億バーツに，砂糖および同製品は192億バーツから294億バーツに増加した．キャッサバ関連産品は154～169億バーツ，他の食料農産物は44～69億バーツで変動している．また，シェアは低いが繊維作物，園芸品などの輸出が急増していることが注目される．

(2) タイの環境問題：食料関連産業との接点

近年の経済成長と都市化に伴って，タイにおいてもあらゆる種類の公害・環境汚染の問題が顕在化している[1]．既存研究も数多く報告されており，その中でも日本環境会議『アジア環境白書』は，1997/1998年版のマニカマル・磯野（1997）による包括的な報告の後，2編のアップデート版（森，1997および森，2003）を提供している．また，オコンナー（1996）は，タイ，インドネシアなどを含む東アジア地域が近年の経済成長の中で経験した環境問題とその対策に関して鳥瞰した書であり，同様に環境経済・政策学会（1998）の年報も「アジアの環境問題」を特集している．

取り上げられる問題の多くは，わが国など先進諸国がかつて経験した，あるいは今日も直面している課題と共通してはいるが，食料関連産業による環境汚染および資源利用に関する問題が突出した位置を占めているといえる．また，問題の根底に貧困の問題が横たわっていること，政府の役割にやや問題がありそうなこと，などが特徴として指摘できよう．これらは近年経済成長を遂げつつある多くの熱帯・亜熱帯諸国でも共通した特徴であると考えられる．

タイでは，毎年多くの地域が深刻な洪水の被害に見舞われている．食料関連産業がもたらした環境破壊として最も重要で，かつ最も古くからあるものが森林破壊である．北部のチーク材を目的とした大規模な商業伐採は19世紀にさかのぼり，その後も主として農地開発やダム建設などにより，タイは多くの森林を失ってきた．日本語ないし英語の文献としても，タイの植林・森林再生計画を含め，この分野には多数の蓄積がある（小池ほか，2001，Puntasen, 2001），タイの環境白書（英文要約版）など）．多くの研究が，森林破壊の歴史や現状，さらには森林破壊をもたらす経済的な要因を分析している．

タイに固有の土地制度ないしは慣習も，無秩序な農地開発をもたらすひとつの背景になってきたものと考えられる．すなわち形式上は国有地である無主地を開墾し，占有・利用することが万人に認められていたという歴史的な

背景である（末廣，1980 およびランゲ，1987 など参照）．

　いまひとつ指摘しておきたいことは，増加する人口と経済活動水準の拡大に伴って高まってきた土地利用圧力を，ただ政治的に押さえつけることが，国家としての選択肢としてそもそも妥当ではなかったであろうということがある．タイ国政府は戦後において経済活動における自由を容認する政策を進めてきたが，序章で示した栄養不足人口の高さにも見られるように，反面貧富の差に対してそれほどの配慮をしてこなかったといわれている（Dixon, 1999）．現在に至るまで多数を占める農民は，相対的に低所得の状況にあり，タイの農業は近年に至るまで主要な外貨の稼ぎ手である．貧困に甘んじて自然を守るという選択をすることは容易ではない．これらは，一方で再三にわたり実施されてきた森林保全政策が，なかなか実効性を持ち得なかった背景であると考えられる．

　とはいえ，開発可能な森林自体が減少したこともあり，森林消失のテンポは近年になり落ち着きを見せ，政府や NGO の主導による森林再生への動きも活発になってきている．

　タイの森林をめぐる以上の状況については，第3節においてあらためて論ずることにする．

　なお，日本人とも縁の深い問題としては，エビ養殖事業によるマングローブ林破壊の話が有名である（多屋，2003；村井，1988；末廣，1993 など）．しかし，森（2000）でも紹介されているように，タイのエビ養殖に伴う環境汚染は既に第2の段階を迎えている．つまり，マングローブ林を破壊することで拡大した海岸養殖業は，近年むしろ減少する傾向にあり，かわって増加しているのが，おもに既存の水田地域に立地する内水面養殖である．塩類，汚水，抗生物質などが漏出して周囲の土壌を汚染し，水稲作等にも悪影響を及ぼすおそれが指摘されている[2]．

　限りなく淡水に近い水で養殖するなど，適切な管理を行うことで周囲の農業生産への悪影響は回避できるという調査結果がある一方で，その調査結果自体を疑う声もある[3]．これらの状況については，バンコクポスト紙にも多

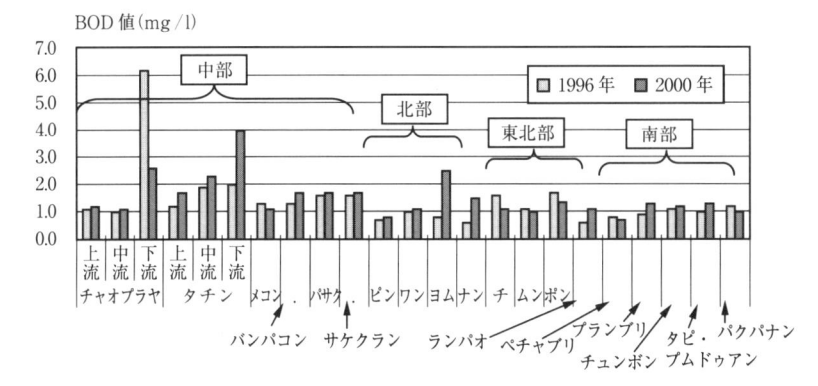

第4章　タイにおける食料関連産業と環境

BOD値(mg/l)

[グラフ：主要河川のBOD値、1996年と2000年の比較。中部（上流・中流・下流：チャオプラヤ、タチン）、北部（メコン、パサク、ピンワン、ヨム、ナン）、東北部（チ、ムン、ポン、バンパコン、サケクラン、ランパオ、ペチャブリ）、南部（プランブリ、チュンポン、タピ、パクパナン、プムドゥアン）]

資料：*Environmental Statistics of Thailand 2002*. National Statistical Office, Office of the Prime Minister, Thailand.

図 4-1-1　主要河川の BOD 値

数の記事が掲載されてきた．行政面での状況としては，水産サイドは，エビの内水面養殖を推進しつつその調査結果を支持しているようであるが，農業サイドは，養殖業の拡大を明らかに危惧しているようであり，本当のところは，成り行きを見守るしかないのであろうか．

　図 4-1-1 は，近年における主要河川の汚染状況を，BOD 値により見たものである[4]．北部からバンコク首都圏を通って海に注ぐチャオプラヤ川をはじめ，中部地域の河川の BOD 値が比較的高く，また，北部など一部の地方河川でも，2000 年において若干高い BOD 値が記録されていることも指摘できよう[5]．海洋の汚染も多数報道されている．主要河川の汚染状況に関する全般的な傾向をみると，生活系による汚染が類推されるが，食料関連産業による汚染も重要視されている．

　マニカマル・磯野（1997）は，主要な問題点を①未処理の生活排水，②工場排水，③農畜産業およびエビ養殖業，の 3 点に整理して論じている．②については，製糖，魚醬油生産をはじめ食料関連産業による環境負荷の高さが指摘されている[6]．いずれも大量の水を利用し，かつ排出するという特徴を持つ．

農畜産業による水質汚染で重要なのは，化学肥料，農薬および家畜排泄物である．②の工場排水によるものは，「点源」と呼ばれ，汚染源の特定できる性質を持つのに対して，農畜産業による汚染は，①の生活排水やエビの養殖などと同様，一般に汚染源の特定しにくい性質を持ち（非点源と呼ばれる），規制を困難にする．

図4-1-2〜図4-1-4は，これら潜在的な汚染源に関する動向を示したものである．

まず化学肥料の使用量を見ると，タイがめざましい経済発展を遂げた最近

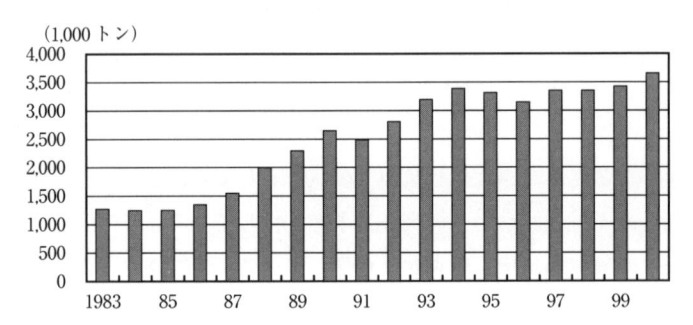

資料：*Environmental Statistics of Thailand 2002*, National Statistical Office, Office of the Prime Minsister, Thailand.

図4-1-2　化学肥料使用量の推移

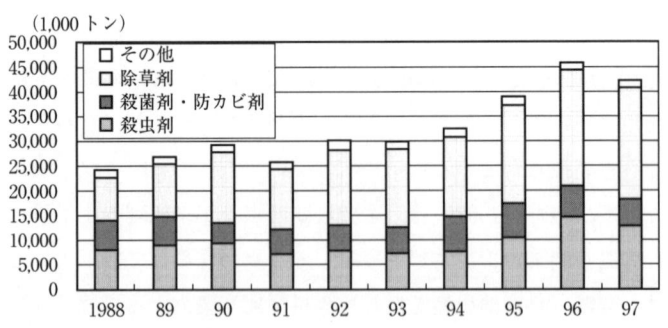

資料：図4-1-2に同じ．

図4-1-3　農薬輸入量の推移

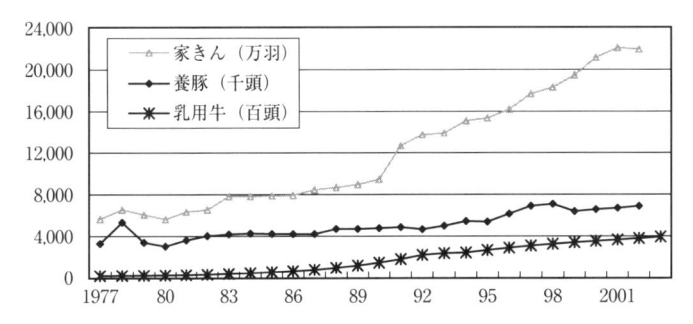

第4章 タイにおける食料関連産業と環境

資料：*Agricultural Statistics of Thailand*, various issues, Office of Agricultural Economics, Ministry of Agriculture and Co-operatives, Thailand.
家きんは養鶏を除く.

図 4-1-4 家畜飼養頭羽数の推移

10年程度の間に，3倍近くに増加していることがわかる．農地面積はこの間ほとんど増加していないので，面積あたりで見た投入量もほぼ同様に増加していることになる．FAOの統計により国際比較を行っても，1980年当時には1haあたり約15kgと，世界の平均水準を下回っていたのが，近年では80kgを超え，世界平均の3倍，西ヨーロッパ平均の70%程度の水準に達している．

農薬使用量も近年大幅に増加したことが示唆されている．農薬による環境被害の可能性を評価する上では，単に量的な面だけではなく，有機塩素系のものがどれほど使われているかなど，質的な面が重要である．農民の血液検査を行い，健康被害の可能性を指摘する調査もあり[7]，検討すべき点は多い．

次に家畜頭羽数の推移を見ると，最も増加が著しいのは家きんおよび乳用牛で，最近10年間だけでもそれぞれ2倍以上に増加し，養豚の飼養頭数も5割近く増加している．それぞれ経済成長に伴う需要増加に支えられたものだが，家きんについては，年間20万トン以上をわが国などに輸出するほどの基幹産業となっている．牛耕の行われていたかつて，1,000万頭を超えていた水牛の減少は激しく，ついに200万頭をも下回る状況となっている．在来牛の飼養頭数も若干の減少傾向にあり，「肉用」部門としてみれば，ほと

んど成長していないものと思われる．

　成長を続ける畜産部門からは，大量の家畜排泄物がでてくるわけだから，それが適切に処理されない場合には，悪臭問題とともに，水質に対する汚染負荷を高めることが懸念される．例として，2000～2001年にかけての新聞記事をみても，大規模な養豚業の立地が河川を汚染する主要な原因とされている事例が幾度か報道されている．これは，中部平原を流れるバンパコンという河川が，ダムの建設に伴い著しく汚染された問題である．直接の原因はダムが水流を止めたことにあるが，汚染物質の排出源として，養豚業が最も主要なものであるという[8]．

　一方，第5章で詳しく分析するように，家畜排泄物による環境負荷を和らげるバイオガスシステムの導入が積極的に進められている．ここでは，農家単位に設置し，煮炊きのための燃料，熱源，電源などとして活用しようとするもので，規模が小さく，かつ導入しやすいような廉価なものが中心である．これは1970-80年頃の石油危機の際に代替エネルギー開発の一手段として進められた面がある．しかしより現代的な位置づけとして，代替エネルギー開発と環境負荷の低減の一石二鳥をはかる有望な分野としての重要性が高まっている．また熱帯地域に位置するタイは，地球温暖化による影響を最も受けやすいと見られており，この問題に対するタイ国政府の意識は高く，国連気候変動枠組み条約にも1993年に加盟している．畜産廃棄物や農産物の残さを利用したバイオガスシステムの将来性が期待されるところである．

　タイの気候はモンスーンでもあり，雨季と乾季が明確である．このため経済活動のための水の供給は，1年を通じて常に潤沢というわけではない．また，年間の降水量が1,000mm程度しかない東北部など，内陸部は広大であり，河川を利用した灌漑水が利用できる地域も限られている．特に灌漑水に関する，食料関連産業を含む産業間の調整は，タイ国政府にとって大きな課題となっている．次に事例を紹介する土壌塩類化は，解決を迫られる最も重要な問題である．

　長期的なビジョンにたつ持続可能な農業生産の確立が望まれる，といいた

いところではあるが，この「持続可能性」がおうおうにして生産水準の低下を意味することも認識しなければならない．東北タイは，経済発展から取り残されたタイの中では最も貧困な地域であることも考慮すれば，問題を解決するためには一層の困難が予想される．

(3) 東北タイにおける森林破壊と土壌塩類化問題：事例
1) 塩類化の概要と東北タイにおける調査事例

タイにおいては，農業に不適切な土地の総面積が，1980年の3,000万ライから，92年には3,500万ライへと19％も増大した．最も状況が深刻であるとされている東北部のみの状況を見ると，80年の1,200万ライから77％も増大して，92年には2,100万ライへと，農業に不適切な土地の面積は農家保有土地面積（約5,800万ライ）の3割をも占めるほどとなっている．

東北部における最も重大な問題は，土壌の塩類化である．1996年の調査によると，150万ライが最高レベルに塩類化が進んだ土地であった．そして，中程度が370万ライ，塩類化の度合いが低いとされる土地面積は1,260万ライであった．全体では1,780万ライとなり，東北部において農業に不適切とされる土地の多くは土壌が塩類化した土地であることを示している．さらにこれとは別に，1,940万ライが，潜在的には塩類化が進み得る土地であるとされている．

塩類化の進んだ土地の外観は，塩類が集積して白い斑点として観察することができる．

東北部における塩類化の問題の主要原因は3つに大別できる．第1は地下に賦存する岩塩の存在である．第2は，東北部における塩の生産である．第3の，そして最も重大な原因は森林破壊である．

よく知られているように森林破壊は地域の気候を乾燥化させるとともに，地下水位の上昇をもたらす．干ばつなどが発生すると地下水位はさらに上昇する．この過程で，地下の土壌が地表に向かって押し上げられることによって塩類化が発生するのだが，地下に多くの岩塩がある地域において問題はよ

り深刻となる．岩塩は，タイ南部からベトナムにかけての広範な地域に分布しているといわれている．森林の存在は，地下水位を押し下げることによって塩類化を顕在化させなかったのである．ただし，森林破壊を行うとどれほどの期間を経過してから塩類化が発生するのかについては明らかにされてはいない．

　われわれは2001年11月，タイ東北部において塩類化の問題が最も顕在化している地域の1つであるトゥンクラロンハイ地域を対象とする現地調査を実施した．

　トゥンクラロンハイ地区はタイ東北部の中心からやや南西に位置し，5つの県にまたがっている．総面積は33万haである．

　この地域の特性としては，まず第1に乾期が非常に長く，しばしば干ばつに見舞われることがある．タイの夏にあたり，かつ乾期でもある3～5月には最高気温が40℃に達する非常な高温となり，一方雨期になるとしばしば洪水に見舞われる．多くの土地は肥沃ではなく，塩類化の進んだ土地も多い．このため，農業生産には強い制約が課されており，1人当たりの所得水準もきわめて低い．

　調査結果の詳細は，表4-1-8～表4-1-12に示されているので，以下での記述は総括的なものとする．また，調査結果の集計はトゥンクラロンハイ地域をさらに5つに分けて行っている．以下では5つの地域を分けた集計結果も適宜参照しているが，これらは表中，省略されている．

　97年の1人当たり所得は，最低の地区で520米ドル，最高の地区でも577米ドルである．これを全国レベルで順位付けると，最高で66位，最低は74位である（タイの県の数は76）．

　98年から99年にかけての1世帯当たりの所得を見ると，農家の所得は2万6,532バーツ，非農業世帯の所得は4万3,794バーツで，総所得のうち非農業所得が62％以上を占めている．農業世帯の所得の内訳を見ると，60％は作物，28％が畜産である．

　世帯主の平均年齢は42歳から55歳．塩類化が進んだ地域は，傾向として

世帯主は高齢化していると見ることができる．教育水準についても，塩類化の進んでいる地域ではやはり低い．1世帯当たりの世帯員数は，4人から6人で，タイではほぼ標準的といえる．家族労働力をみると，専従者は2人から3人，臨時雇用が0.13～1.0人である．農業労働に参加していない家族の人数は，0.25～3.755人である．塩類化の進んでいる地域では，農業労働に参加しない家族の割合が高いことがわかる．

非農業所得は，金額も大きく，4,000～9万1,000バーツとかなりのばらつきがある．各地域における雇用機会のアンバランスを示している．

保有している土地の面積も，8ライから37ライとばらつきがある．保有の形式は，ほとんどが農家自身の所有である．水利用は，ほとんどが天水，あるいは小さな河川からの用水である．作付面積の89%から100%が依然として稲作である．

米の収量および肥料使用水準は，塩類化の進んだ土地においては相対的に低く，逆に家族労働力の投入量を見ると，塩類化の進んでいる土地において多い．

表4-1-8 トゥンクラロンハイ地域の生産額（1997年）

部門別生産額	マハサラカン Maha Sarakham	ロイエ Roi Et	スリン Surin	ヨサトン Yasothon	シサケット Si Sa Ket
県計（1,000バーツ）	205,221,551	28,085,078	27,010,941	11,741,593	28,065,095
1人あたり生産額	21,648	23,096	20,603	20,811	20,249
農業（1,000バーツ）	5,157,263	7,255,499	7,155,033	2,745,341	7,743,054
作物部門	3,601,736	5,290,116	5,236,546	1,990,590	5,720,057
畜産部門	688,920	750,900	675,544	311,770	909,134
水産部門	144,744	91,084	225,038	50,571	110,072
林業部門	—	—	18	1,488	438
農業サービス	281,767	418,252	442,683	156,906	431,077
農産1次加工	440,096	705,147	575,204	234,016	572,276
1人あたり所得の地域内順位	13	9	16	15	17
1人あたり所得の全国順位	70	66	73	72	74

資料：Office of The National Economic And Social Development Board, 2000. 1997年は速報値．

表4-1-9 トゥンクラロンハイ地域および東北タイにおける農家所得
(現金収入および非現金収入・1998/99年・単位はバーツおよび%)

項目	農業現金収入				非農業所得 1戸あたり	総所得 1戸あたり
	作物	畜産	その他	合計		
トゥンクラロンハイ	15,894	74,800	3,158	26,532	43,794	70,326
構成比・%	(60)	(28)	(12)	(100)	(62)	(100)
東北タイ平均	24,987	8,848	4,979	38,814	56,862	95,676
構成比・%	(64)	(23)	(13)	(100)	(60)	(100)
東北タイ平均に対する比率	0.64	0.85	0.63	0.68	0.77	0.74

資料:第9次経済社会発展計画でのトゥンクラロンハイ発展計画マスタープラン,「同計画推進小委員会」による.

表4-1-10 トゥンクラロンハイ地域における塩類化の概況

項目	塩類化の程度					
	高		低-中		なし	
	戸数	%	戸数	%	戸数	%
農家数	10	100	47	100	50	100
1. 世帯主平均年齢	51		50		49	
2. 世帯主の教育水準						
― 初等4年	7	70	37	79	39	78
― 初等6年	2	20	8	17	10	20
― 中等以上	1	10	2	4	1	2
3. 平均世帯員数						
合計	4.9		5.0		4.7	
― 男	3.2		2.1		2.1	
― 女	1.8		2.8		2.6	
4. 労働力						
― 専従	2.6		2.7		2.5	
― 臨時雇用	0.1		0.2		0.4	
― 非就業	2.3		1.8		1.4	
5. 非農業部門平均所得	27,404		38,850		42,054	

資料:2001年11月実施の現地調査結果.

2) 政府による塩類化対策と国王の新理論

政府は上で確認したような状況を十分に認識しており,第1には植林政策を推進している.樹種はアフリカ原産で,塩類化の進んだ土地でも成育できる非常に頑丈なものを選定している.これにより土地の肥沃度を高め,さら

表 4-1-11 トゥンクラロンハイ地域における土地と水の利用

項目	塩類化の程度					
	高		低-中		なし	
	戸数	%	戸数	%	戸数	%
世帯数	10	100.0	47	100.0	50	100.0
1. 平均土地保有面積	22		24		26	
2. 土地保有形態						
― 所有者	10	100.0	37	78.7	45	90.0
― 借地	0	0.0	0	0.0	0	0.0
― 無償利用	0	0.0	4	8.5	3	6.0
― 所有および借地	0	0.0	4	8.5	0	0.0
― 所有および無償利用	0	0.0	2	4.3	2	4.0
3. 水利用						
― 天水利用	10	100.0	43	91.5	47	94.0
― 灌漑水利用	0	0.0	1	2.1	0	0.0
― 小河川	0	0.0	3	6.4	3	6.0

資料：2001 年 11 月実施の現地調査結果．

表 4-1-12 トゥンクラロンハイ地域における稲作の概況

指標	塩類化の程度		
	高	低-中	なし
平均収量（1ライ当たりkg）	276	326	361
肥料使用量（1ライ当たりkg）	40	50	60
労働力投入（1ライ当たり人）	5.6	5.3	5.1

資料：2001 年 11 月実施の現地調査結果．1ライは0.16ヘクタール．

に土地に適した作物を栽培することを推進している．

塩類化の最大の原因は森林破壊にある．貧困な農家が森に入り木を伐採して，そこで換金作物を栽培することが，森林破壊の主因である．こうした森林破壊を防止するためには，貧困な農家が食料を自給できるような，そして所得を得られるような方策を講じる必要がある．誤解がないように付け加えると，これはタイを一国レベルで自給自足化させようということでは決してなく，貧困対策の一環として捉えるべきものである．

97 年に金融危機が発生したのを契機に，タイ国王が新しい理論を提案している．基本的には零細な農家の活動を 2 つから 4 つの活動に分割しようと

いう考えがそこには示されている．

　零細な農家が持っている土地を4分割する場合には，3割程度を稲作に，別の3割は貯水池に当てる．そこにはアヒルなどが飼育されている．この池の水は灌漑に使うこともできるし，魚を養殖することもできる．また別の3割は，花，マンゴーなど園芸・果物・果樹の栽培に当てる．基本的には樹木を栽培する．そして，残りの1割は住居に当てる．この住居面積を活用して，家きん，豚，牛など家畜を飼育することもできる．

　稲作をした後で魚の養殖をして，家畜を飼育し，それから果樹園の手入れもしなければならない．毎日忙しく仕事ができるわけである．こうすることによって，各農家が自給用の米を収穫することができ，魚も手に入る，鴨も食べられる．育てた家畜は売却できるし，果物もある．よそから買ってくる必要はなくなる．以上によって，農家は完全雇用され，所得を創出できる．森林を破壊することもなく，木々も育つ，というわけである．

　　注
1) わが国などでは重大な環境問題であって，タイにおいてそれが顕在化していない主要なものは，おそらく核廃棄物問題くらいであろう．しかし，タイは2006年頃以降における原発導入の意向で，アメリカの技術による実験炉の運転が現在計画中であるという．また廃棄された医療機器の不適切な取り扱いによる不幸な放射能汚染事故も報道されている．
2) 農業経済局の関係者によると，一度汚染された水田では，長期間にわたって水稲作が不可能になるということである．
3) タイでは，1992年の環境法により，さまざまな事業に関する環境影響の評価が義務づけられている．
4) BODとは水質汚染の程度を測る尺度で，生物化学的酸素要求量（Biochemical Oxygen Demand）のこと．
5) 比較の対象として，平成13年度におけるわが国における河川のBOD値を見ると，多くの地方河川で1.0前後，荒川，淀川，鶴見川（神奈川）で，それぞれ5.0, 1.5, 7.0である（いずれも年度平均値で，単位は図4-1-3と同様，mg/l. 平成15年版環境白書による）．
6) その他にも環境負荷が高いと思われる業種は多数ある．例えば，ナコンラチャシーマ県のラムタコンというため池の水質汚染を調査した例では，主要な汚染源

として，養豚業とならび，サバ加工場，製麺工場があげられ，食品加工ではないが，青果物市場も指摘されている．バンコクポスト紙，1998年11月24日付．
7) バンコクポスト紙1997年6月27日付で，全国46万人の農民を対象とした調査が紹介されている（96年に実施．調査報告書は入手していない）．また，別の水質調査では全国の60余ヵ所でDDTが検出されたという．
8) バンコクポスト紙，2001年10月21日付，1月25日付，2000年4月11日付，1999年4月4日付など．1999年の数値を示す先の図4-1-1では，バンパコン川のBOD値はそれほど高くない．ここで述べている問題が発生したのは，2000年になってからである．

2. 食料関連産業による環境保全への取り組み

(1) キャッサバ生産とタピオカでん粉工場における取り組み

1) キャッサバとその加工を巡る概況

近年における世界のキャッサバ生産量1億6,000万トンに対して，タイはその約1割，1,600～1,800万トンを占める一大生産国である（図4-2-1）．キャッサバとは，中南米原産の熱帯低木で，でん粉質の根は巨大なイモとなり，食用および飼料用として生産される．やせた土地，乾燥した土地でもよく育つことから，将来的にも途上国の貴重なカロリー源として位置づけられている．タイで生産されているのは，苦味種と呼ばれる飼料用を主とする品種で，食用を主とする甘味種はほとんど生産されていない．これは，タイのキャッサバが，輸出飼料用の典型的な換金作物として成長してきたことを示している．親指大に破砕して乾燥させた「チップ」や直径約2cmで短い乾電池状の練り物風にした「ペレット」として国内で加工され，飼料として輸出される．主な輸出形態はペレット，主な輸出先はEUである[1]．

タイのキャッサバ生産が急拡大したのは1970年代から80年代にかけてである．全国の約6割の生産を担っているのが東北タイである．同地域は，農業生産にとっての気象的条件に恵まれず，前節でもふれたようにタイの中では最も所得水準が低く，かつ森林破壊が最も進んだ地域として知られている．

同期間にタイで消失した森林面積は1,000万ha弱と見られるのに対して，

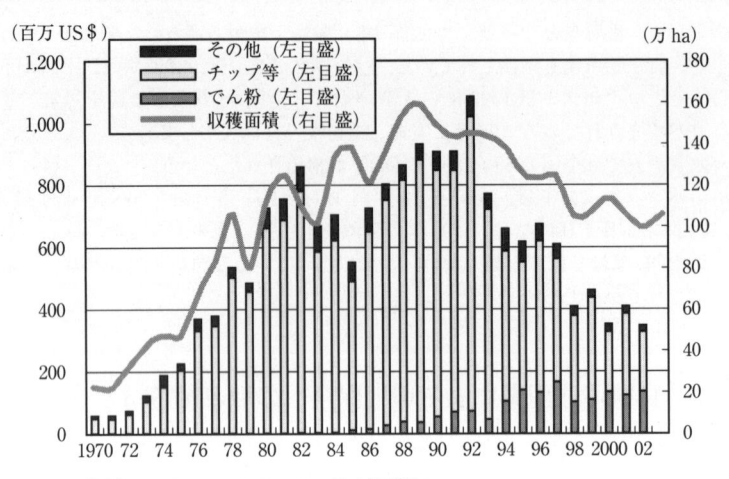

(百万US$)　凡例：その他（左目盛）／チップ等（左目盛）／でん粉（左目盛）／収穫面積（右目盛）　(万ha)

図4-2-1 タイのキャッサバ製品輸出と収穫面積の動向

資料：FAOSTA, FAO. 2002年は速報値.
注：チップ等は乾燥品で主に資料用. その他は, 主に直接消費用の粉・タピオカ.

　キャッサバの収穫面積はこの間150万haほど増加した．森林喪失の最大の要因が農水産業によるものとされる中，キャッサバが主要な作物の1つであることは明らかである[2]．

　飼料用キャッサバ生産を巡る経済環境は，1990年代に入り大きく変わった．先進各国での農政改革が進む中，1992年に始まるEUのCAP改革は，同地域内の穀物支持価格を引き下げ，キャッサバの市場競争力を著しく失わせる結果となった[3]．タイのキャッサバにとっては大きな打撃である．このため，かつては500〜700万トンを誇ったEU向け輸出量は，近年では300万トン台に減少し，89年には2,400万トンに達した生産量も，近年の1,800万トン前後にまで減少した．

　以上のような状況の中，将来性のある部門として注目されているのが，キャッサバによるでん粉—タピオカでん粉である（マニオカとも呼ばれる）．でん粉は，異性化糖原料を含め食料用として利用されるだけではなく，製紙用，薬品原料などとして，非食料用でも多様な用途を持つ．より多くの所

得・付加価値を国内にもたらすことはいうまでもない[4]．

また国内でん粉市場を高い国境障壁により保護してきた日本など先進諸国の貿易政策あるいはタイとの間の通商関係は，1994 年の WTO 協定および多数の FTA 協定を機に徐々に自由化へと方向を変えつつある．さらに今後の経済成長を見込めば，製紙用等工業用途での国内需要も堅調に推移することが展望されている．

タイは最大のキャッサバでん粉生産国である．年間生産量は 200 万トンを超え，生産量の半数近くを占めるといわれる輸出も，1980 年代から近年にかけて急成長を遂げた[5]．産業としての近代化も進展していると見られ，1974 年に 100 近くあった工場は，90 年代おわり頃までに 50 工場程度に減少している[6]．飼料用需要の不調も加わり，でん粉への加工仕向は年々拡大しており，次に紹介する A 社でのヒアリングによると，2000 年におけるタイのキャッサバの仕向別シェアは，飼料用約 800 万トン，でん粉加工用約 1,000 万トン（でん粉換算では約 240 万トン）と，ついにその地位を逆転させたという．ちなみにわが国のでん粉生産量は約 300 万トンで，原料の過半は輸入トウモロコシである．

でん粉のように比較的高次の加工部門が拡大することによって，タイの「キャッサバ産業」は，その川上から川下までの総体としてみて，環境問題との接点をより一層配慮しなければならなくなっている．

川上にあたる原料生産部門＝農業については，それが過去において大規模な森林破壊をもたらしたことは先に述べたところである．しかし近年の傾向としては，キャッサバの収穫面積はむしろ減少している．これは主に農業内部での作物の転換によるもので，キャッサバを生産していた農地が森林に復したというわけではない．今後の方向性を考える上では，単にひとつの作物としてではなく，全体としての農業ないしは土地利用のあり方として考えるべき問題であろう．また，農薬や化学肥料による環境汚染という観点でいえば，キャッサバは最も粗放的な作物として知られているので，他のより収益性の高い作物に比較して，それがもたらす汚染の程度は相対的に低いと思わ

れる[7]．さらにキャッサバは乾燥に強い作物として栽培されており，灌漑水を利用する生産はあまり行われていない．

「キャッサバ産業」と環境問題との関連を考える上で，今後において重要なのは最も川下に位置するでん粉生産部門であろう．第1節で述べたように，特に水質汚濁問題において，農産物加工などが，タイにおいて主要な汚染源のひとつになっているのが現状である．次に説明するようなキャッサバでん粉の加工工程から明らかなように，でん粉生産部門が成長し，ますますそのウエートを高めているという現在の傾向が続くならば，当該部門も環境汚染という点で，製糖業，精米業，魚醤油生産業など先行する部門の仲間入りをするおそれは充分にある．なお，キャッサバの飼料用への加工とは，基本的に破砕して乾燥（ほとんど天日）するという比較的単純な工程で，広大な土地を要するだけで，水質汚濁などの深刻な汚染をもたらしたり，大量の水を使用したりするものでもなさそうである．

以上のような背景から，キャッサバによるでん粉生産部門は，タイの食料関連産業による環境汚染の問題を考える上で最も注視すべき部門のひとつであるということができる．ここでわれわれが調査対象としたのは，業界でもトップに位置するキャッサバでん粉業者・A社である．A社は既に相当程度環境に配慮した事業を展開しており，項をあらためて紹介するその事業内容は，今後の方向を考える上で貴重な示唆を与えてくれる．

2）キャッサバでん粉生産業者の環境配慮：A社の事例
［A社の環境配慮1］
われわれが2001年8月に訪問したA社の工場は，バンコクの東，ナコンラチャシーマ市の郊外に位置し，キャッサバ根茎（イモ）を原料とした大規模なでん粉製造を行っている．

この工場でのでん粉製造の基本工程は，従来から一般的なでん粉製造法のそれと変わらない．その工程は以下のように要約できる．①原料キャサバ根茎の汚れ除去，②磨砕と篩別，③洗浄・精製，④脱水・乾燥．

でん粉製造工業において、環境に影響をおよぼす因子となるのは次の3点であろう。①洗浄・精製のための清水の確保、②洗浄・精製後に排出される大量の廃水の処理、③カスの処分。この中でも特に②の廃水処理が環境汚染という観点からは最も問題となる．

キャッサバ根茎を磨砕した後、カスを分離して得られた粗でん粉懸濁液からでん粉を分離、精製する際には大量の清水が必要であり（この工場では毎時225トンの水を使用）、その結果、大量の廃水が出る．この廃水中にはキャッサバ根茎に含まれていた軽い浮遊し易い有機物、可溶性成分、例えば、炭水化物や蛋白繊維、でん粉の一部、糖、これらの分解物であるアンモニア、亜硝酸塩など、そして、キャッサバ根茎成分として特有な青酸HCNが含まれている．有機物含量はかなり高く、精製操作や規模によって大きく変動するが、一般にBOD値が6,000ppmといわれている[8]．

今回の調査で、われわれはA社工場におけるこの廃水処理方法に注目した．廃水は広大な敷地に作られたラグーン池に放流され、数ヶ月をかけてゆっくりと流れながら、自然浄化に委ねられ、この間、蒸発、浸透により水量も減少し、最終的に浄化水はユーカリ樹育成などのための灌漑用として使われている．したがって、廃水が"排液"という形で環境（河川等）に放出されることはない．

われわれ日本人の考え方としては、このような食品加工業廃液は、適切な処理、例えば、ラグーン池での沈殿の他、空気酸化法、凝集剤による沈殿法、あるいは活性汚泥処理などの手段で処理し、最後は「水質汚濁防止法」に準拠して河川に放流するとするのが一般的である．ところが、今回訪問したA社では、広大な敷地内の複数のラグーン池を使って、時間をかけて、ゆっくりと池から池へと流すことで、廃水の自然浄化を行い、環境汚染の問題をクリアしている．浄化された水はユーカリ樹の育成に利用され、沈降した汚泥は肥沃土として農耕地に運ばれる．

敷地全体で2,000haにも及ぶ広大な土地の利用が可能で、その結果、時間をかけて自然の浄化スピードに任せて廃水処理ができるという、日本とは違

った現地の現状を実感した．

　キャッサバ根茎を原料とするでん粉製造廃液には青酸 HCN が含まれる．これについても特別な処置は行われていない．廃水がラグーン池を移動する間に，青酸は分解，あるいは揮散されて他の無機窒素化合物に変換されるものと推測される．この廃水処理システムの中では，廃水に含まれる青酸はとりたてて問題とはならないとの印象を受けた（タイ国でよく栽培されるキャッサバ・苦味種の根茎内部の青酸含量は，0.002〜0.037%)[9]．

　廃水中に含まれる有機物濃度の指標となる BOD 値は適宜測定されているとのことであるが，数値は提示されなかった．

　この工場でのでん粉製造廃水の処理に関しては以上の通りである．初めにあげた環境に関係する3つの問題点の①洗浄・精製のための清水の確保については，地下水の汲み上げで充当している．現在この手段で十分まかなわれており，トラブルは発生していない．③のカスの処理については，主に豚の飼料として搬出されており，産業廃棄物としての処理問題はクリアーされている．

[A 社の環境配慮 2]

　以上のように A 社では，2001 年現在，でん粉製造工程で排出される廃棄物については環境問題を考慮して処理されており，解決しなければならない当面の課題を抱えているわけではない．しかし，広大なラグーン池を使って処理されている大量の「廃水」には多量の有機物が含まれており，現在はラグーン池で沈降させて肥沃土として農耕地に利用されているとはいえ，この廃水中の有機物および蒸発させている大量の水を有効利用する可能性は残っている．

　このような観点から，A 社は廃水から「バイオガス」を作る計画を，タイ，米国，日本の共同研究の一環として進めている．廃水中の有機物組成は一般的に利用される生ごみよりはむしろ「均質」であり，バイオガス原料として適切な素材と考えられる．得られたバイオガスは自家発電の重油の節約に貢献し，一方，有機物を除いた水はでん粉の洗浄・精製工程に再利用され

て地下水汲み上げの節約につながる．

「バイオガス計画」により，広大なラグーン池も不要となる．池跡地の利用，エネルギーの節約，そして水の確保の3点から，タイにおけるでん粉製造工業の形態として，ひとつの理想的なものとなるかもしれない．2001年の調査時点では，なお計画段階であった本事業の内容は，第5章において紹介される．

(2) タイの牛乳・乳製品市場，酪農業と環境問題
1) 牛乳・乳製品市場と政府による酪農業の振興[10]

他の多くのアジア諸国と同様に，タイではもともと牛乳や乳製品を消費する習慣はなかった．牛乳の消費が普及しはじめたのは1980年代以降で，その中身も未だ飲用乳が主体である．チーズなど乳製品の消費は一般化していない[11]．タイ政府は近年，国民の健康増進という目的から，わが国でも行った学校給食への導入などにより，乳製品消費の拡大を推進している．急速な経済成長のもと，飲用乳を主体とする乳製品消費は順調に増加し，1997年からの経済危機で若干の減少とはなったものの，FAOの統計によると，国民1人あたり20kg（生乳換算）を超える水準に達している（図4-2-2）．消費の中心は最も所得水準の高いバンコク首都圏で，全国流通量の半数前後がここに集中しているものと類推される．

ちなみにわが国の牛乳・乳製品消費（生乳換算値）は，2003年度で1人1年当たり93kg，うち飲用乳は39kgで，チーズ，脱脂粉乳，バターなど乳製品の方が量的には上回っている．タイの牛乳・乳製品消費は，わが国で言えば，約40年前の水準にあたる．

消費習慣および酪農業自体の伝統がなかったことに加え，寒冷な気候を好むホルスタイン種の生育に適さないことから，タイの酪農業は立ち後れてきた．1940，50年代にはインド系およびパキスタン系農民による小規模酪農がバンコク周辺で細々と営まれていたにすぎず，その後の増加する需要に応えたのは輸入粉乳およびバターを原料とする還元乳であった．

図4-2-2 タイの牛乳・乳製品需給

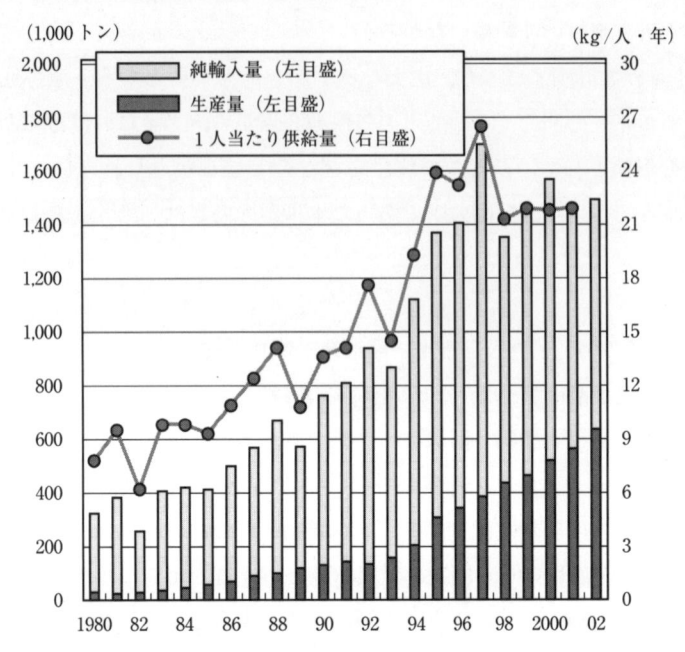

資料：*FAOSTAT*, FAO. 純輸入量は，輸入量－輸出量で，バターを除く生乳換算値．

　タイの酪農業が急成長を遂げたのは，政府が，粉乳の輸入割当を国産乳との抱き合わせで行いはじめた80年代以降である．その後も政府による酪農業の振興策は続けられ，生産者価格の支持，大規模な融資制度やその他の普及事業などにより，2001年時点で40％近くの自給率を達成し，さらに成長していると見られる[12]．これは，同じように酪農品の需要が拡大する他の東南アジア諸国の中では顕著な実績である．

　タイの牛乳・乳製品市場と酪農業の現状を要約すると次のとおりである（図4-2-3および図4-2-4参照）．つまり，

　①消費の中心は「ドリンキング・ヨーグルト」を含む飲用乳である．また類似商品である豆乳のシェアが高い．

　②乳製品の小売価格および生産者支持価格はともに公定で，2001年8月

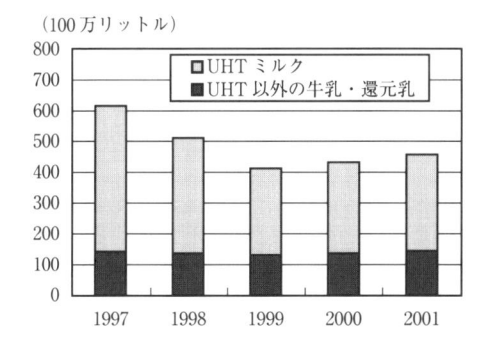

第4章　タイにおける食料関連産業と環境　　　　　　　　　　157

（100万リットル）

資料：*Tetra Pak Reports*, Tetra Pak（Thai）Ltd., 2000.

図 4-2-3　タイの飲用乳消費：近年の動向

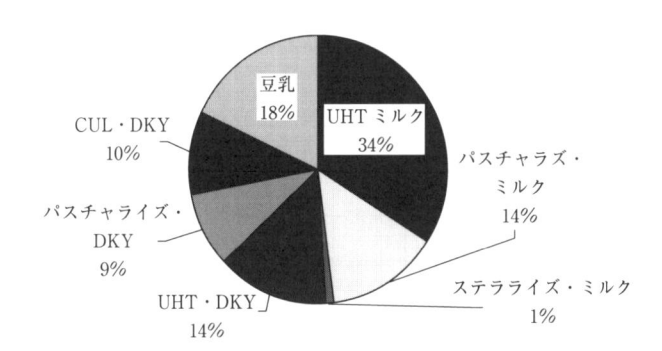

資料：*Tetra Pak Report*, Tetra Pak（Thai）Ltd., 2000.
注：商品名の意味は下記のとおり．
　　UHTミルク；ロングライフミルク
　　パスチャライズ・ミルク；通常の殺菌乳（やや低温）
　　ただし，いわゆる「低温殺菌」乳ではない．
　　ステラライズ・ミルク；通常の殺菌乳（やや高温）
　　UHT・DKY；ロングライフ・ドリンキングヨーグルト
　　パスチャライズ・DKY；ドリンキングヨーグルト
　　CUL・DKY；乳酸菌飲料（Cultured Yogurtと呼ばれる）

図 4-2-4　タイの飲用乳類の消費（1999年）

　現在，1リットル当たりそれぞれ31バーツ（成分無調整牛乳）および12.5バーツである（1バーツ＝約2.8円）．UHTミルクは，パッケージが高価で，1リットルサイズで2, 3バーツ余計にかかる．

③牛乳・乳製品の消費量は1997年をピークに減少した．要因として経済および所得水準の低迷が一般には指摘されているようだが，行政価格である小売価格は1997年から2001年間に約2割上昇していることも重要な要因であろう．

④国内生産はなお増加しており，消費の4割を超えるが，残りは輸入によりまかなわれており，飲用乳の相当部分は還元乳，ないし生乳と還元乳を混ぜたものである．

⑤国内酪農の国際競争力はなお充分ではない．このため，国内産よりも割安な乳製品の輸入は実質的に割当制度（IQ）によっており，かつ輸入品は単価の高い国産の牛乳と抱き合わせ販売される．

⑥製品には加糖など味付けされたものが多い．いわゆる「成分無調整」的なものは増加しつつあるようだが，2001年時点では約5割の市場シェアで，特にバンコク首都圏の若年層が主たる需要者であるという．

⑦低温輸送に難のあることならびに日常的な消費としてはいまだ発展段階にあることから，わが国では一般化しなかったロングライフミルク（UHTミルク）のシェアが高い．

⑧主にバンコク首都圏を対象とする外国資本との合弁企業などの大企業と学校給食にも多くを依存する地域レベルの小規模業者が併存している．

⑨いまや全国的に拡大した国内酪農ではあるが，平均的な規模は小さく，1頭当たり搾乳量で代表される生産性は低い．

2) 2つの品質問題と酪農による環境汚染の可能性[13]
①製品に関する2つの品質問題

タイにおいては，飲用乳に関して2種類の品質問題が指摘されている．1つは，わが国で言えば「成分無調整」にあたる「100% Fresh」と表示された商品が，実際には輸入粉乳やホエイなどにより「増量」されているケースがあるというもの，もう1つは，製品の衛生管理に関する問題である．いずれの問題も，われわれが視察したCP・明治社のようなナショナルブランド

第4章 タイにおける食料関連産業と環境

の大企業よりも，むしろ地方に立地する小規模な無名の乳業会社が生産する商品で発生しがちなものと思われる．

1つ目の問題は，バンコクポスト紙でもしばしば取り上げられている．「増量」は本物の牛乳を飲みたいという消費者を偽り，さらに不当な利益を得る行為であるとして糾弾するものである．

飲用乳を生産する乳業会社サイドから見て，還元乳での「増量」をはかろうとするインセンティヴは，上記⑤で述べた国内産生乳と輸入粉乳等との価格差＝内外価格差にある．しかし近年でこそ国内生産による自給率が4割を超えるほどに上昇したとはいえ，数年前にしても国内供給力ははなはだ低かったわけであるから，市場全体として，還元乳が流通していたことはある意味でやむを得ないものとも思える．問題の1つは「100% Fresh」の表示にあるともいえようが，消費者の信用を失うかもしれないというリスクを侵してまで還元乳による「増量」をはかる経済的なインセンティヴをもたらす要因についても再考する必要はあろう．1つは，比較的大きな内外価格差のもとで，割り当てられた者に一種の利権をもたらす輸入制度を運用していることであり，今ひとつは，主に地方に立地する小規模業者は，消費者の信用を失うことのリスクをそれほど感じることはないであろうと言うことである．

さらに，タイの地方圏に立地するこれら小規模業者は，政府による補助を受けている学校給食向けの製品出荷に依存する度合いが高い．いわば「物言わぬ消費者」を相手にしているわけであり，モラルハザードが生じる可能性は高いわけである．筆者は1997年から1999年にかけて東北タイ地域の乳業会社をいくつか訪問している．その中でS社を訪問した際には，製品のすべてが「100% Fresh」であるにもかかわらず，工場内に輸入全粉乳の大袋がおかれているのを目撃している．

2つ目の問題，つまり製品に関する衛生上の問題で具体的に指摘されているのは，一般的なバクテリアのほか，アフラトキシンおよび抗生物質による製品汚染である[14]．大手の乳業メーカーはいずれも新鋭の設備を整え，充分な製品管理をし，かつ入荷する原料乳についても適切な検査を実施している

ものと思われるが，地方に立地する小規模乳業メーカーについては，問題のあるものもあるといわれている．訪問したCP・明治社は，1996年に，タイでは最も早期にHACCPを取得した食品企業の1つでもあり[15]，一定の品質基準を満たさないものは入荷を拒否することを明言している．

ここでも最も問題視されているのは，学校給食を通じて供給される製品である．単価を抑えて供給しなければならないという事情から，これらの多くは，本来常温での輸送・保管を行えないチルド牛乳（パスチャライズミルクと呼ばれる）である．しかし地方の小規模業者では，冷蔵車を持たずに学校給食の牛乳を供給しているケースもある．先に紹介したA社のケースでも，製品（学校給食用および一般用）を出荷する小型トラックは，「保冷のため」分厚い壁の荷台をつけてはいたが，冷蔵車ではなかった．出荷先までは数時間を要することもあるとのことであり，品質管理は素人目にも心許ない．

またCP・明治社のような大手乳業会社に入荷を拒否された原料乳は，その後どこに行くのであろうか？品質基準を満たさないとされた原料乳の多くが廃棄されていることも報告されてはいるが，一部はそのまま小規模乳業会社に引き取られているのではないかという可能性を否定し得ないことも現状のように思われる．

②酪農による環境汚染の可能性

執筆者の1人は，1999年に新興酪農生産地域であるタイ東北部において経営調査を実施した際に，あわせて家畜糞尿の取り扱いについても簡単な質問を行った．

表4-2-1がその回答結果である．自家農地・草地への還元には，放牧中に排泄されたものもそのまま計上されていると思われるが，さすがに「牛舎の回りにそのまま放置」されているケースはほとんどないようである．実際のところ，畜産による悪臭以外の環境汚染が生じるのは，農耕飼料の多くを購入することで，還元すべき農地が自家にはない，大量の有機物が発生することによる．別のいい方をすれば，購入飼料として，酪農家自身が管理していない農地から栄養分が導入され，それを自家農地に還元するには量的に過大

第4章 タイにおける食料関連産業と環境

表4-2-1 タイ東北部酪農における糞尿処理
(単位：%)

(1)	自家農地	92
	草地	75
	水田	13
	その他	4
(2)	堆厩肥として他の農家へ	6
(3)	特定の場所に廃棄	0
(4)	牛舎の回りに放置	1
参考	平均農地面積（ha）	5.4
	うち草地	2.5
	水田	1.5
	平均飼養頭数（成牛・頭）	9.8

資料：1999年に行った酪農経営調査（未公表）による．
注：成牛飼養頭数と数量割合による加重平均値である．
　　参考数値は，1 rai＝0.16haとして換算．

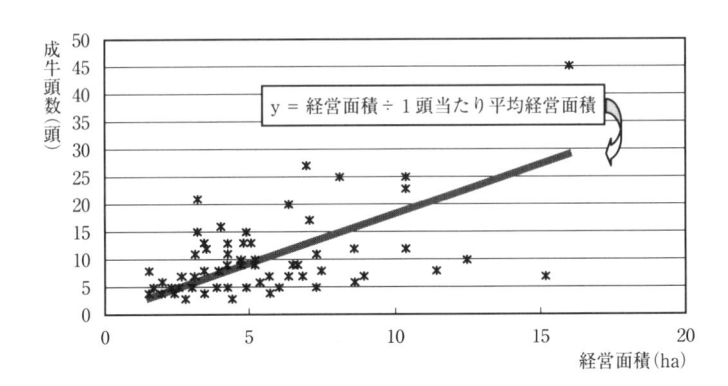

$y = $ 経営面積 ÷ 1頭当たり平均経営面積

資料：表4-2-1同じ．

図4-2-5　経営耕地面積と飼養頭数の関係
　　　　　―タイ東北部の酪農経営調査より―

になるということであろう．

　調査対象農家は，平均して5.4haの農地を経営し，9.8頭の成牛を飼養している．1頭当たり0.5ha以上の経営地があることになり，有機物の分解が早いであろう気象条件をも考慮すれば，現状の糞尿処理が環境に何らかの悪影響を及ぼす可能性は低いと思われる．ただし，これも平均水準としての1

つの評価である．図 4-2-5 は，調査サンプルをもとに，飼養農家ごとの経営面積と乳用牛成牛飼養頭数の関係をプロットしたものである．経営面積あたり飼養頭数で見て，平均水準を大幅に上回る酪農家が散見されることにも注意すべきかもしれない．

いずれにしても，養鶏や養豚部門に比べた場合，タイの酪農部門はほとんどの地域においてまだまだ小規模であり，畜産公害の主役になる状況にはなっていないようである．

注
1) これらの状況および後段で説明するキャッサバの需給状況一般については，多田（1999），Itharattana（1999）参照．また，キャッサバを含む農産物貿易に関する最近の問題については，ティタピワタナクン（2000）参照．
2) 森林破壊に関しては，第 3 節であらためて議論される．
3) 先進国による農政改革の主要な中身とは，それまでの農業保護政策の中で中心的な地位を占めた農産物価格支持政策を後退させるものである．EU は，共通農業政策（CAP: Common Agricultural Policy）により，農業関連政策の主要部分を，メンバー国共通に適用している．これらの点については，フェネル（1999）などを参照されたい．
4) その他，エタノール，プラスチック生産などの新規用途の開発を有望視する見解もある．Global Cassava Staraategy（2000），(1998)．
5) 統計数値には出典によりバラツキがある．また国内供給はあまり明らかではないらしい（*ibid*. (2000), pp. 22-23)．
6) *Ibid*., p. 22.
7) われわれの入手している農産物生産費統計（*Agricultural Statistics of Thailand*, Office of Agricultural Economics, Ministry of Agriculture & Co-operatives に所収）では，これらの点を確認することはできない．
8) 『食品工業の廃水処理』（光琳書院，1961，186 頁）参照．なお，BOD については，前節の注 4 および 5 参照．
9) 『澱粉科学ハンドブック』（朝倉書店，1977 年）397 頁参照．
10) 本稿でまとめられる一般的な状況についてより興味のある方は小林（1998）および小林（1999）などを参照されたい．また，今回ヒアリングした CP・明治社の関係諸氏ならびにその他の方からも多くのご教示をいただいている．
11) タイ国内では，チーズや粉乳への加工は行われていない．*Agricultural Statistics Thailand, op. cit.* によると，1999 年における「チーズ・カード」の輸入量は 1,300 トンにすぎない．バターは 1 万トン余り輸入されているが，これには還

元乳の原料となるものが含まれていると思われる．
12) 国内的にはこれよりも高めの自給率が報告されている．バンコクポスト紙，2001年7月16日付など．
13) 本項は，バンコクポスト紙ホームページよりダウンロードした多くの関連記事，執筆者の1人が1997-99年にかけて行った酪農地域の現地調査および関係者からのヒアリング，ならびに2001年8月のCP・明治社サラブリ工場でのヒアリング等にもとづいている．
14) バンコクポスト紙，2000年5月15日付社説，1999年11月16日付など参照．
15) HACCP (Hazard Analysis Critical Control Point Systems) とは，製造工程全般を管理することにより製品の安全性を確保しようとする国際的な規格基準である．タイの食品企業は一般に輸出指向性が高く，その意味でも重要視されている．

3. タイにおける森林再生に向けた取り組み

　世界の森林はこの数十年で，著しく減少した．今日，世界の森林は総陸地面積（約131億 ha）のおよそ30％（約39億 ha）となっており，その約半分が熱帯地方に存在する．そして過去30，40年における森林消失の大部分がこの熱帯地方でおこった．タイは熱帯アジアの土地面積の6％を占め，国土の大部分が熱帯季節林になっている．そのタイにおいて1961年から1990年の間に森林面積が国土面積の53％から27％にまで減少し，熱帯林の消失が最も大きな環境問題となった．しかし，1989年に政府による森林伐採禁止令が出された後は減少速度が低下し，FAOの最新の調査結果によっても，1990年から2000年における森林面積の年減少率は0.7％に止まった[1]．
　一方，世界の植林地は1980年から1995年の間に約2倍（1億8,000万 ha）になり，2000年現在，1億8,700万 ha（世界の総森林面積の5％に相当）に達した．なかでも発展途上諸国が2010年までに植林面積を2倍にすることを発表していることは注目に値する．タイにおいても植林計画が進行している．本節では，タイにおける森林消失の特徴と森林修復にむけての取り組みを概観する．

(1) タイの森林植生

　熱帯モンスーンに位置するタイでは，国土の大部分が熱帯季節林になっている．熱帯林は熱帯地域（赤道をはさんで北回帰線と南回帰線の地域）を覆う森林をさし，熱帯雨林，熱帯季節林およびサバンナ林の3つに大別される．このうちタイの森林は熱帯季節林に属し，5～11月には熱帯気団の襲来により雨季になり，11～4月には亜熱帯気団が襲来して乾季となる．その結果，南部の半島部以外の地域には乾燥常緑林，北部山地にはマツ林，東北部には乾燥フタバガキ林，北部には混合落葉林が広がるタイ特有の森林を形成している．1年の約半分を占める乾季はさらに暑い時期とやや冷涼な時期とに分かれる上に，年により乾季の長さが変化するため，タイの熱帯季節林はその年によっても大きく変化して多様な姿を現す．一方，南部の半島部は熱帯雨林となっており，常緑の森林を形成している．

　北東部のナコンラチャシーマ県パクチョンチャイ国有林には乾燥常緑林と乾燥フタバガキ林の天然林が比較的よい状態で保存され，北部のランタン営林局管内にはタイの代表的な木，チークを主とした混合落葉樹林が広がり，乾季にはほとんどの木が落葉する．また，北部や北部山地の痩せた尾根の山火事跡には，マツ（ケシアマツとメルクマツの2種が主）が広く分布している．

(2) 森林消失の歴史およびその原因

　タイにおいて森林業を目的とした森林管理が行なわれるようになったのは，1896年におけるタイ王室森林局（Royal Forest Department）の設立後である．
　1896年以前においては，森林伐採は無秩序に行われた．伐採業や加工業は主としてイギリスをはじめとするヨーロッパ各国の伐採業者に握られ，伐採されたチークは大量に外国へ輸出された．その結果，森林資源が大幅に減少し，森林の荒廃が進んだ．1896年9月18日に国王ラマ5世が王室森林局を設立し，森林伐採はすべて森林局の許可がなければできないことになった．1950年代まで森林伐採の全責任は王室森林局が担っており，1961年には，

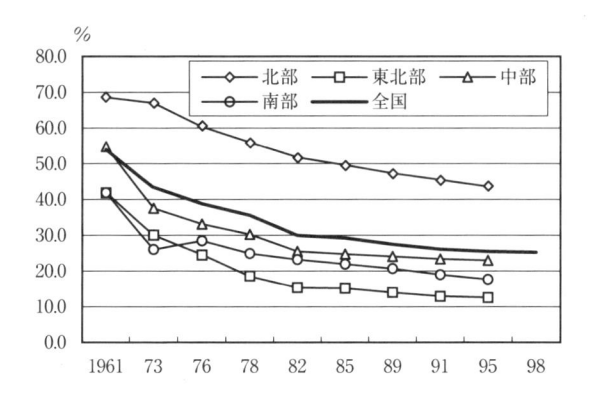

第4章　タイにおける食料関連産業と環境

資料：『アジア主要国の農林水産業の概要』（農林水産省，平成11年），
Environmental Statistics of Thailand 2000, National Statistical Office, Office of Prime Minister.

図4-3-1　地域別森林率の推移

森林面積は北部で69％，東北部で42％，中央部で55％そして南部で42％を占めていた（図4-3-1）．この間，チーク丸太およびチーク材は主要な輸出収入源であった．しかし，1956年に林業機構（Forest Industry Organization）が発足したことにより，森林管理は王室森林局の手から離れていった．そして1962年の初めに国立公園およびその他の森林保護領域が定められ，王室森林局の仕事の中心はその管理になった[2]．

　1961-66年における第1次経済社会開発5カ年計画では全国土の50％を林地として保全することが決定されたにもかかわらず，この期間にタイの森林は商業的農業の急速な拡大によって，減少し始めた．その減少は，続いて実行された第2次から第4次までの経済社会開発5カ年計画中にピークを迎え，1982年には森林面積は全国土面積の30％にまで減少した（図4-3-1）．

　森林面積の消失とともに，不法伐採や薪炭利用による森林劣化が進行した．開発のために建設された道路は，森林へ入植するのを容易にし，道路に沿って森林破壊が急速に進行した[3]．

　森林消失の原因の第1はアグロインダストリーによる森林伐採である．キャッサバなどの商品作物の普及により森林が農地に転換されていった．内陸

部の森林のみならず，エビ養殖のためにマングローブ林も大量に伐採された．つまり，1979年には約29万haあったマグローブ林は，80年代に激しく減少し，1991年には約17.4万ha，79年の60%の水準となった．年率にして約4%の減少率である．第1節で述べたように，その後はエビ養殖事業が次第に内水面養殖へとシフトしたこともあり，マングローブ林の破壊にも歯止めがかかり，96年現在で16.8万haとなっている（年率0.6%の減少率）[4]．

このように農産物増産や養殖業のための森林開発の力は強く，1960年代から伐採された森林の70%強が農地に転用された．その他残りの30%は，道路やダムなどのインフラ整備による消失とされているが，森林管理の不手際および不法伐採の横行など，消失の原因は単純ではない．地域別の状況をみると，1961-73年間には北部を除く各地域で高率の森林消失が起こった（表4-3-1）．北部タイでのチーク材の商業伐採は，この時期すでに峠を越えていたのである．つづく1973-85年間には北部タイでも激しい森林消失が起こり，全国で年率3.2%という減少率となった．この期間はタイの農用地面積が急速に拡大した時期に当たる．1961年からの全期間を通すと，最も激しい森林消失が起こったのは東北タイであり，地域別に見た森林の賦存状況も大きく様変わりした（図4-3-2）．

森林破壊はしばしば貧困と関連づけられる．図4-3-3に示す所得水準の地域格差はこのことをあらためて示唆する証左のひとつである．

OECD（経済協力開発機構）による「環境と貿易」報告書は，インドネシ

表4-3-1 地域別森林面積減少率の推移

(年率・%)

	1961〜 73年間	1973〜 85年間	1985〜 95年間	1991〜 98年間
北部	0.2	2.5	1.3	—
東北部	2.8	5.5	1.8	—
中部	3.1	3.4	0.7	—
南部	3.9	1.4	2.2	—
全国	1.7	3.2	1.4	0.7

資料：図4-3-1に同じ．

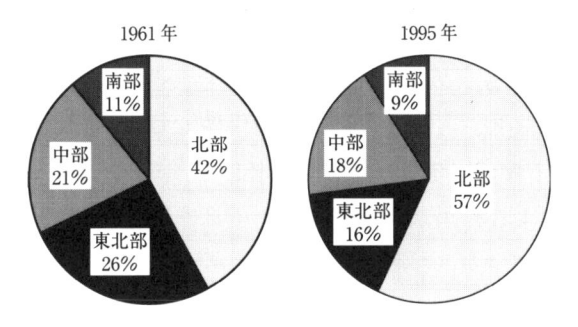

第4章 タイにおける食料関連産業と環境

1961年　　　　　　1995年

南部 11%　　　　　南部 9%
中部 21%　　　　　中部 18%
北部 42%　　　　　北部 57%
東北部 26%　　　　東北部 16%

資料：図4-3-1に同じ．

図4-3-2 森林の地域別賦存状況

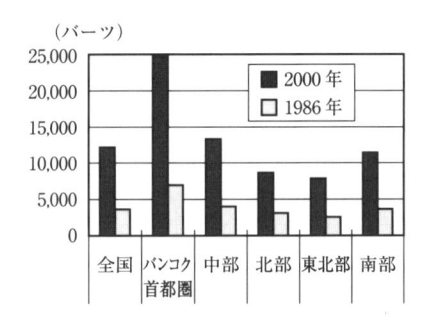

(バーツ)

■ 2000年
□ 1986年

全国／バンコク首都圏／中部／北部／東北部／南部

資料：*Preliminary Report of the 2000 Household Socio-Economic Survey*, National Statistical Office, Office of the Prime Minister.

図4-3-3 タイの所得格差（1世帯1カ月あたり）

アの熱帯林減少の60％は焼き畑により，20％がプランテーションなどによる農業であることを述べている．また，ブラジルでは40％が牧畜によるものであり，焼き畑によるものは20％位であるという．一方，IPF（森林に関する政府間パネル）による分析では，熱帯林の減少および劣化は，国や地域によりその原因が多様であり単純ではないことを例示している[5]．例えば，ボルネオ島やアマゾン地域は商業伐採とその跡地における土地収奪的な農業の組み合わせによる．サヘル地域および南米高地では人口増加，貧困，薪炭材の過剰採取や過放牧の悪循環による．そして，東南アジアの森林や沿岸部

の場合は土地利用計画の不備と不適切な農地やエビ養殖場の開発の組み合わせによるとしている．タイの場合は最後の例に該当すると考えられるが，経済活動の急激な進展，人口増加および貧困問題に加え，土地の所有権に関する法の不整備も関係する複雑な様相を呈している．またFAO年次報告では[5]，①農業による浸食，②狩猟・漁獲，③商業伐採・薪炭採取，④家畜の放牧，⑤鉱業，⑥火災，⑦道路建設，⑧水力発電，の8つを，途上国地域における保護林管理への脅威として指摘する研究を紹介している．

1988年末，タイ南部をおそった山崩れと土石流による大惨事を契機として，1989年1月，政府は森林の全国的な伐採禁止令を公布した．森林の伐採を原則禁止して，商業用には特許された区域内だけの伐採を認め，植林法を定め伐採後の植林を義務づけた．90年代には農産物の国際価格が低迷し，農地開発圧力が弱まったという背景はあるものの，ともあれ森林消失の速度は漸減した．植林による増加もあり，1998年におけるタイの森林面積は全国土面積の25.3%（1,297万ha）になり[6]，専門家の見解によると，現状では増加に転じているという．

森林面積の減少に歯止めがかかったことは，図4-3-4に示した木材の需給

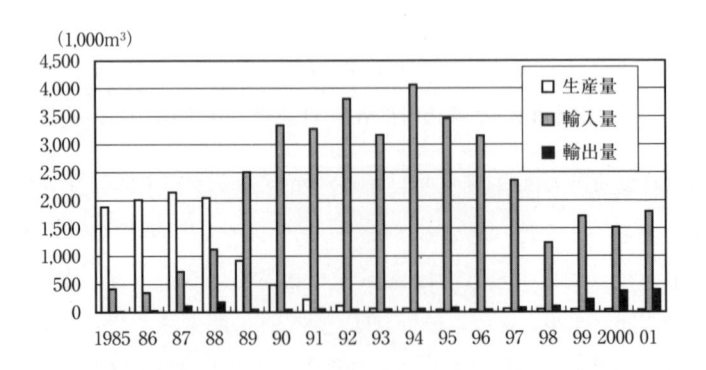

資料: *Forestry Statistics of Thailand 2002*, Royal Forest Department, http://www.forest.go.th/ より．
注: 生産量は丸太ベース，輸出入量は丸太および製材である．

図4-3-4　木材の生産と輸出入

状況に明白に反映している．90年代に入り著しく減少した木材の生産は，輸入に置き換えられたことがわかる[7]．97年以降の輸入の減少は，経済危機によるものであろう．この現象は，近年森林面積が維持されてきたことを素直には喜べないことを意味している．タイにおける森林破壊が，近隣国に「輸出」されたことを意味するからである．森林の役割が，単に洪水など自国での災害を防ぐというだけではなく，地球環境の保全と結びつけられる今日においては，タイの現状を持続的なものと呼ぶことはできまい．

(3) 森林保護および森林再生計画

タイの森林政策は経済政策のなかに位置づけられ実行された．第1次経済社会開発5カ年計画（1961-66）では政府による造林が開始された．全国土の50％を林地として保全することが決定された．1966年に国家土地区分委員会が設置され，永続林，農地の利用区分，森林の所有区分が明確にされた．しかし，それらの土地はすでに住民が居住耕作をしているという，日本においては考えられないような状態であるため，現実の森林保全は極めて困難であったといえる．さらに，引き続く経済社会開発計画を通して開発の力が強く，1976年には森林率が40％を割り込んだ．この時点で再度，森林資源の保全，林産物の生産向上および森林再生が国家政策として強調された．しかしさらに1985年には森林率が30％を割り込むに至る．そのため，1985年，王室森林局は「国家森林政策」を発表し，国有林を保安林と経済林に二分しその取り扱いを明確にした．その内容は国土面積の40％を森林に回復させ，そのうちの15％を保安林として保護し，25％を経済林として植林を条件として伐採をみとめた．

FAOによると1981-90年のタイにおける植林増加面積は約42万haである．1996年にはプミポン国王在位50周年を迎えるための祝賀造林80万haが計画され1994年から実施に移された．

当初の植林事業で主役となったのはユーカリの一種（Eucalyptus camaldulensis）であった[8]．パルプ需要の急成長を原動力とし，1978年に安価な

種子が導入されたことから，それは森林保全という国策に結びついた．担い手は日本や台湾との合弁によるパルプ・チップを生産する大企業である．政府は，租税上の優遇措置を採用したり，低地代により植林地を提供したりするなどの支援策を行った．ユーカリは，木質柔らか，成長が早く異種環境およびやせた土壌でも良く生育するという特徴を持つが，土壌・水循環・土着種等への悪影響も報告されている．また，さまざまな補助政策が関係していることから汚職の温床となり，既存の森林を伐採して植林事業が開始されるなどの問題もあり，環境派からは多くの批判を受けた．1988年には，他の作物の生産に適さない土地に限定するなど，農業協同組合省によるガイドラインが設けられ，カセサート大学の専門家によると，今日では問題の多くは解決されたという．

地域住民を担い手として期待する共同林（Community Forest）という概念がある．1994年に開始された「民間植林振興計画（Private Tree Farming Promotion Program）」は，そのような発想によるものと思われる．これは目標である80万haの植林を6年間で実施しようとする政策で，植林者である農民に対して，一定の条件の下，5年間で1ライ（0.16ha）当たり3,000バーツ（約8,400円，1バーツ＝約2.8円で換算）を支給するものである（1年目の支給額は800バーツ，以下2年目以降，700バーツ，600バーツ，500バーツ，400バーツとなる）．2001年秋頃までの実績では，約38万haの植林がこの政策のもとで実施された．そのうち16万haほどは適切に管理されず，すでに放棄された状態にあり，またその他の問題点も指摘され，本事業全体の評価については今後の課題であろう．

第6次経済社会開発5カ年計画（1987-91）でも森林地に侵入している住民に植林活動の機会を与えるため，農民が造林するのを助ける政策（社会林業）が導入された[9]．日本は東北タイ造林普及計画（1992-97）にもとづき森林業協力を行っている．その内容は，東北タイにおける環境復旧と地域住民の生活向上に資するための社会林業の発展を図り，地域住民による造林活動を推進するものである[10]．

現在，タイにおける森林保護地域は完全保護地域が，森林面積に占める割合として37.2%あり，部分的保護地域も23.6%を占めている．これらは，アジアのなかでも中国とともに高い値を示している．したがって，今後のタイにおける森林政策はアジアにおける熱帯林保全にとって重要な意味を持っている．

タイにおける森林保護および森林再生の問題についておおまかにまとめてみたい．再三にわたる森林保護政策を掲げながら現実にはむしろ破壊が進行してきた原因の第1は，やはり森林を取り巻く経済環境の急激な変化が挙げられる．農産物の商業生産の圧力により森林が次々に農地に転換され保護政策が実効をみなかったといえる．つぎに土地所有問題が挙げられる．すなわち土地が基本的に国の所有となっており，すでに住民による慣習的な薪炭材の採取や放牧地，あるいは焼き畑として使用されている土地が森林保護および森林再生の対象とされ，実施されたため多くの困難を伴った．この解決のためには明確な土地利用計画の策定と土地所有制度の法的な改革が必須と考えられる．近年になり地域住民の生活を保証するような社会林業の推進が強調され始めた．国全体からみるならまだほんの一部の地域における試みではあるが，森林消失率が低く保持されるようになった現状において，このような地道な政策の積み重ねが最終的に森林保全に繋がると考えられる．

(4) NPOによる持続的農業と森林再生への取り組み：事例[11]

人口増加と環境劣化の同時進行という，近年の地球環境をめぐる事態のなかで，持続的農業すなわち農業生産力を高めつつかつ持続的にこれを維持していくことのできる農業の必要性がつよく認識されてきている．そのためには化学肥料や農薬など人工的農業資材を多量に投入しつつ土地の自然力を奪ってきた在来農法から，自然の循環に則り，環境を保全しつつ収穫をあげるような，いわゆる自然農法への転換が求められる．今回の調査のなかでわれわれは，この持続的農業生産を試み，実践している一施設を訪問した．

これは，日本の静岡県熱海市に本部のある，宗教法人世界救世教の外郭団

体で，その教義に即した自然農法の研究と研修を行なっている「世界救世教自然農法センター」である．

宗教団体によって運営される研修施設という特殊な例ではあるが，自然農法を試みるとともに森林の再生にも取り組むNPOの一例として報告する．

1) タイ農業をめぐる1960年代以降の変化

タイはコメの国際市場において世界最大の輸出国である．このことに見られるように，農業は現在もこの国の基幹産業である．しかし，1961年にスタートした第1次経済社会開発5カ年計画以降，国の工業化が進められ，農業の相対的地位は徐々に低下してきた．すなわちGDPに占める農業生産の割合は1970年代半ばの40～50%から90年代半ばには15%以下へと下がった．

この変化と並行して農産物の種類も国内向け食料生産を中心としたものから輸出向けの商品作物に重点が置かれるようになり，比較的大規模な農場で，化学肥料や農薬の多投入による商業的生産の割合が増加した．第1節で見たように，これら人工的農業資材の投入量は1980年代後半以後急増したのである．

このような農業形態の変化は，土壌の劣化（表土流出，塩類化を含む）や森林破壊，農薬事故や農産物汚染，社会的不安定などの多面的なマイナスの結果をもたらすことが少しずつ認識されてきた．

こうした背景のなかで，近年，それらの問題を解決し新しい農業のあり方を模索する動きとして，持続可能な農業を目指す試みが，様々な社会的セクターで行われるようになってきた．それらはおもにNGOによるもので，そしてほとんどがいまだごく小規模であるが，今後の農業のありかたに示唆を与えるものであろう．

2) 世界救世教自然農法センター

この施設はバンコク東北方のサラブリ県のはずれにあって，広い敷地の一

第4章　タイにおける食料関連産業と環境　　　　　　　　　　173

方にこのセンター棟と農場が，他方に壮大な寺院とその庭園があり，その裏山は社寺林をなしている．

　センターでわれわれを迎えてくれたのは，ディレクターのカニット氏であった．ここでこのセンターの仕事や基本的な考え方，主要な農業資材であるEMの説明を受けた後，訪問者用の見学車両に乗って農場内を見学し，その後，森林再生の実験場でもある社寺林を見学した．以下にここでの見聞とパンフレット類，その他の資料[12]によって概要を述べる．

3) 世界救世教の自然農法の考え方

　世界救世教とは，岡田茂吉（1882-55）が提唱した宗教であり，自然の摂理に従った農業と生活の原理を説く[13]．この原理に沿った農法を研究し，それを普及することを目的として，日本には(財)自然農法国際研究開発センターが置かれ，タイにはここサラブリに自然農法センターKyusei Nature Farming Centerが1988年に開設された．

　岡田は自然農法によって，安全で栄養豊かな食物を生産し，人々の健康のためにそれを供給することができると考えた．自然農法は，化学肥料や農薬など人工的資材の多投入にたよる近代農法を退けて，伝統的な農法の長所を取り入れたものであるが，同時にそれは，古い農法による貧困へ逆戻りすることではなく，土地の自然力を引き出すことによって生産力を高めることができるとされる．

4) EMの活用

　現在，この自然農法の基盤かつ主力技術となっているのが，琉球大学教授比嘉照夫氏の開発した，EMである[14]．これは，「有用微生物群」（Effective Micro-organisms）の略称として命名されたもので，光合成細菌，乳酸菌，酵母菌，窒素固定細菌など多様な微生物の混合物である．

　このEM中の微生物群によって，土壌中の有機物が作物の栄養として摂取されやすい形に分解されるため，作物の成長が促進され，収量も著しく増

え，かつ食味や栄養も優れるという．化学肥料を施肥する必要はない．またEMは土壌中の病原微生物を駆逐するし，作物は健康に育って害虫にも強いので，農薬も不要である．雑草や作物の茎などの有機物残滓は栄養成分として土に戻され，自然の循環が成立する．こうして，農薬汚染の心配がなく，かつ食味良く，豊かな収穫が得られ，土壌も肥沃に保たれるという．

EMおよびその派生的資材であるE×EM（Extended EM＝糖蜜などの有機物にEMを加えて発酵させた液）やEMボカシ（米ぬかなどの有機物をEMで発酵させて乾燥させたもの）の利用によって，このセンターの農場ではスイカをはじめとする果樹，野菜，コメの無農薬栽培やニワトリ，豚の無薬品飼育を実行し，それらの糞もまたEMで発酵されて肥料として利用されている．また，EMは自治体や企業の協力を得て，学校やホテルの下水や生ゴミ処理，工場の廃水処理にも利用され始めているという．

EMはタイの環境問題のひとつである森林破壊の再生事業にも利用されている．自然農法センターは王室森林局サラブリ地域事務所と協力して地域の森林資源保全事業を行なっている．荒れた森林を再生させるために，田畑におけるとおなじように林床にEMを撒布することによって樹木の健康と成長を促すということであった．

5）農場と森林の見学から

農場では，おそらく数十人と思われる人々がそれぞれの作業をしていた．マンゴーの果樹園，ナスなどの野菜畑，幾種類もの淡水魚を飼育している池，鶏舎，豚舎，生ゴミのコンポスト等を見学した．鶏糞からはEMで発酵させて乾燥した肥料が作られ，出荷されている．豚舎からの汚水はそれぞれ約3m四方の6槽からなる，EMを利用した浄化槽で処理されて，その処理水は養魚池に導かれており，有機物は魚の栄養になるという．

また，自給自足可能なモデル農家を見学した．これは約3haの土地に水田，畑，池，鶏舎が配置されたもので，それぞれの面積比は3：3：3：1である．この中で，食料の生産と消費と廃棄物の還元という物質循環が成立す

第4章　タイにおける食料関連産業と環境　　　　　　　　　　　175

るというしくみであった[15]．

　EMは腐敗菌の繁殖を妨げるので有害な腐敗生成物が生じないという．たしかにこの見学のあいだ，糞尿臭や腐敗臭を感じることはなく，どこか甘酸っぱいようなEMのにおいが漂っていた．ただし鶏舎や豚舎はかなりの密集飼育と思われた．

　センターの事業のひとつである森林再生のモデルとして，裏山の社寺林の手入れが行なわれている．林学者のカニット氏は誇らしげにわれわれをこの森に案内された．彼の説明によれば，EMをも利用しつつ数年間の管理によって，植物の密度や種数，生息する昆虫や野鳥の数も目立って増えてきたとのことである．この森にオオハシ鳥が訪れてくれるようになることが彼の夢だと語っていた．林学にはまったく素人のわれわれだが，日本のよく繁った森林を見慣れた目には，亜熱帯混交林のこの森が特別豊かに繁茂しているものとも思われなかった．しかし，このセンターに別れを告げたのち車窓から振り返って見た遠方からの眺めは，たしかにこの調査旅行中に車窓から見えた他のどの森よりもこんもりと繁っていたように思われる．

注
1) FAO（2001）参照．なお，そこでの森林とは，「高さ5m以上の樹木および竹の樹冠が地表の10%以上を覆っている0.5ha以上の生態系であって，一般に野生動植物や土壌を伴い，農業用に用いられないもの」である．それ以前の調査（一連の調査はFRA: Forest Resources Assessmentと呼ばれる）とは定義が若干変更されているが，熱帯・亜熱帯圏の途上国については影響がない．また，ゴム園が植林地面積に含まれるという変更も加えられている（樹園地は含まれない）．この点はタイの森林面積には若干の影響があるものと考えられる．なお，このFRA 2000によるタイの森林面積は，本節後段で参照される同国の公式統計よりも1割強多い．ゴム園が含まれるなど，定義や調査方法等の違いによるものと思われるが，90年代における森林面積の減少率に関しては両者ともに年率0.7%と一致している．
2) 以上についてはLuukkanen（2001）参照．
3) FAOでは生産林での商業伐採によって森林の質や生産力が低下することを「劣化」と定義し「減少」とは別の森林変化として分類している．従って，商業伐採による劣化面積は減少面積にはふくまれていない．なお，Cropper et al.

(1999) は，数学モデルにより，農産物価格，人口要因などとともに，道路密度が森林破壊に影響する度合を定量している．
4) 王室森林局，*Forestry Statistics of Thailand 2002*，(http://www.forest.go.th) による．
5) 小林紀之（2000）．
6) 王室森林局，前出参照．統計数値の信憑性とはさまざまな分野で問題とされるもので，この公式統計に対しても，過大であるという批判はある．
7) 図4-3-4では，木材の輸出量が生産量を大幅に上回っている．前者は，国内で伐採され実際には木材として流通するもののすべてを捕捉していないものと思われ，また後者のほとんどは農業・協同組合省の管轄となるゴムの木である．
8) ユーカリの植林事業に関する以下の記述については，Puntasen（1993），バンコクポスト紙1997年11月30日付，1998年7月24日付などを参照．
9) 竹田（1995）参照．
10) 佐藤（1995）参照．
11) この項の記述は，Tantemsapya（1995）を参考とした．
12) Kyusei Nature Farming Center（The Asia Center for Personnel Creation on Kyusei Nature Farming）Thailand, July, 2001, Ravi Sangakkara, Kyusei *Nature Farming and the Technology of Effective Microorganisms: Guidelines for Practical Use*, revised ed., 1999, Kyusei Nature Farming Center, Sarabri, Thailandなどのパンフレット類，および(財)自然農法国際研究開発センターのホームページ http://www.infrc.or.jp/infrc/．
13) 井上ほか（1990）参照．
14) EMについては，比嘉（1991）など参照．ただし，農業資材としてのEMの有効性については農学研究者の間に否定的見解もあって，学界一般に承認されているとは言い難い．日本土壌肥料学会主催公開シンポジウム「微生物を利用した農業資材の現状と将来」講演資料（1996年），同学会ホームページ http://www.soc.nii.ac.jp/jssspn/info/pdf 5_sympo 1996.pdf を参照．このシンポジウムの基調は微生物の農業利用一般に異論を呈しているわけではないが，EMをはじめ市販されている多くの微生物資材について実証データが不足している現状では，これらに過大な期待を抱くべきでないことを論じている．筆者にはこの点について判断する知識がないので，ここでは自然農法センターでの見聞などに基づいて紹介するにとどめる．
15) この自給的・自己完結的なシステムは，第1節でもその一例を紹介した現国王の新理論（King's Theory）を実践する試みである．

参考文献
井上順孝ほか編（1990）『新宗教事典』弘文堂，841頁ほか．
環境経済・政策学会編（1998）『アジアの環境問題』東洋経済新報社．

小池未恵・川島博之・大賀圭治（2001）「タイの土地利用変化―1960年から1995年までの変遷の要因―」（2001年度日本農業経済学会個別報告）．

小林紀之（2000）「21世紀の環境　企業と森林」（『熱帯林再生への挑戦』日本林業調査会，第5章）284頁．

小林弘明（1998）「家計調査等からみたタイの食料消費構造の変化と牛乳乳製品事情」（『1998年度日本農業経済学会論文集』405-408頁）．

小林弘明（1999）"Situations of Dairy Farming in the Northeast Thailand"（他8名と共著，『1999年度日本農業経済学会論文集』503-504頁）．

佐藤孝吉（1995）「タイにおける我が国の国際森林―林業協力の現状と課題」（『林業経済研究』128巻）14-19頁．

末廣昭（1980）「タイの農地改革―1975年農地改革法の背景と概要―」（滝川勉編『東南アジア農村社会構造の変動』アジア経済研究所，研究参考資料289号，129-161頁．

末廣昭（1993）『タイ：開発と民主主義』岩波新書．タイの現代史をコンパクトにまとめた書．

スンニ・マニカマル，磯野弥生「タイ」（1997）（日本環境会議「アジア環境白書」編集委員会『アジア環境白書　1997/98』，第II部各国編第三章，東洋経済新報社，139-163頁）．

竹田晋也（1995）「タイにおける地域住民による森林管理―東北部ヤソトン県の事例から―」（『林業経済研究』，128巻）8-13頁．

多田稔（1999）「農業生産の動向」（堀内久太郎・小林弘明編著『東・東南アジア農業の新展開―中国，インドネシア，タイ，マレーシアの比較研究』第4章「タイの食料需給と国際市場」）150-164頁．

多屋勝雄（2003）『アジアのエビ養殖と貿易』成山堂書店．

デビッド・オコンナー（1996）『東アジアの環境問題：「奇跡」の裏側』（寺西俊一，吉田文和，大島堅一訳，東洋経済新報社，原著は，O'Connor, David, *Managing the Environment with Rapid Industrialisation: Lessons from the East Asian Experiences*, OECD, 1994）．

西平重喜・小島麗逸・岡本英雄・藤崎成昭編（1997）『発展途上国の環境意識：中国，タイの事例』アジア経済研究所．両国民の環境意識に関するアンケート調査．

日本環境会議（2003）『アジア環境白書2003/2004』東洋経済新報社．

日本環境会議（2000）『アジア環境白書2000/2001』東洋経済新報社．

日本環境会議（1997）『アジア環境白書1997/1998』東洋経済新報社．

林幸博（1997）「タイ国北部の，焼畑から常畑への移行過程における，農業生態と村落社会の変容」（廣瀬昌平編『アジアの食料と環境を考える』第一章，龍渓書舎）．焼畑の伝統をもつ山岳民族・モン族と移住民との利害関係を現地調査した論文．

原洋之介 (2001)『現代アジア経済論』岩波書店.
比嘉照夫 (1991)『微生物の農業利用と環境保全―発酵合成型の土と作物生産』農山漁村文化協会.
船津鶴代 (2000)「環境政策―環境の政治と住民参加―」(末廣昭・東茂樹編『タイの経済政策―制度・組織・アクター』アジア経済研究所研究双書 502, 第7章) 307-341 頁. 環境政策が進められた政治的な過程について詳細に分析した論文.
ブンジット・ティタピワタナクン (2000)「アジア諸国の WTO 対応 第5回―タイ―」(『農林統計調査』50巻5号, 小林弘明抄訳) 50-57 頁.
村井吉敬『エビと日本人』(岩波新書, 1988 年)
森晶寿 (2003)「タイ」(日本環境会議「アジア環境白書」編集委員会『アジア環境白書 2003/04』東洋経済新報社. 第4章「フォローアップ編」) 275-282 頁.
森晶寿 (2000)「タイ」(日本環境会議「アジア環境白書」編集委員会『アジア環境白書 2000/01』東洋経済新報社. 第4章「7カ国・地域, その後」) 229-236 頁.
山本博史 (1999)『アジアの工業化と農業・食糧・環境』筑波書房. 耕地面積・森林面積の動態, アグリビジネスの動向など, 主として農業・農協がテーマ.
吉田文和・宮本憲一編 (2002)『環境と開発』岩波書店, 環境経済・政策学第2巻.
ランガ, R. (1987)「タイ国土地制度史」(野中耕一・末廣昭編訳『タイ村落経済史』井村文化事業社発行・勁草書房発売) 167-248 頁.
ローズマリー・フェネル著・荏開津典生監訳『EU 共通農業政策の歴史と展望』食料・農業政策研究センター, 1999 年).
Apichai Puntasen, Apichai (1993), Somboon Siriprachai, and Chaiyuth Punyasawatsut, "The Political Economy of Eucalyptus: Business, Bureaucracy, and the Thai Government", *Asia's Environmental Crisis*, Michael C. Howard, ed., Westview Press, pp. 155-167.
Bangkok Post:www.bangkokpost.com/ (バンコクポスト紙ホームページ).
Chantalakhana, Charan. Dairy Development in Thailand: A Case of Small Farm Production for Urban Consumption, Paper presented at the WAAP/FAO International Symposium on Supply of Livestock Products Rapidly Expanding Urban Populations, held at Hoam Faculty Club, Seoul, Korea, during the 16-20 May 1995.
Chudchawan Sutthisrisinn and Adisorn Noochdumrong from Royal Forest Department, *Country Report-Thailand*, Asia-Pacific Forestry Sector Outlook Study, FAO, Working Paper No: APFSOS/WP/46, December 1998.
Country Report and Thailand: Environmental Issues by the Energy Information Administration, USA, last modified March 11, 2001, www.eia.doe.gov/
Cropper, Mourine et al. (1996), *Roads, Population Pressures and Deforestation in*

第4章 タイにおける食料関連産業と環境

Thailand, 1976-1989, World Bank Oct. 16, 1996.
Dixon, Chris (1999), *The Thai Economy: Uneven development and internationalisation*, Routledge Growth Economies of Asia.
FAO (2000), *State of the World Forest 2001*, http://www.fao.org.
FAO (2003), *The State of Food Insecurity in the World 2003*, http://www.fao.orgよりダウンロード可.
Global Cassava Strategy (1998), Global *Cassava End-Uses and Markets: Current Situation and Recommendations for Further Study*, http://www.globalcassavastrategy.netより.
Global Cassava Strategy (2000), *A Global Development Strategy for Cassava: Transforming and a Traditional Tropical Root Crop-Spurring Rural Industrial Development and Raising Incomes for Rural Poor*, http://www.globalcassavastrategy.netより.
Kajonwan Itharattana (1999), *Effects of Trade Liberalization on Agriculture in Thailand: Institutional and Structural Aspects*, The CGPRT Working Paper Series, UN/ESCAP/CGPRT Centre, Bogor, Indonesia.
Magda Lovei (1998), *Phasing Out Lead From Gasoline: Worldwide Experiences and Policy Implications*, World Bank Technical Paper No.397, http://www.worldbank.org.
Office of Environmental Policy and Planning (OEPP), Ministry of Science, Technology and Environment, Thailand, *Thailand State of the Environment Report*, various issues, www.oepp.go.th.
Olavi Luukkanen (2001), "The Vanishing and Reappearing Tropical Forest: Forest Management and Land Use in Thailand", *Encountering the Past in Nature: Essays in Environmental History*, Revised Edition, Timo Myllyntaus and Mikko Saikku, eds., Foreward by Alfred W. Crosby, Ohio University Press, Athens, pp. 74-93.
Royal Forest Department, *History of Royal Forest Department and Thailand National Forestry Policy*, www.forest.go.th
Suntaree Komin (1993), "A Social Analysis of the Environmental Problems in Thailand", *Asia's Environmental Crisis*, Michael C. Howard, ed., Westview Press, pp. 257-274.
Tantemsapya, Nitasmai (1995), "Sustainable Agriculture in Thailand", *TEI Quaterly Environment Journal*, 3(2), Bangkok, pp. 55-66.
WTO (1999), *Trade Reviews: Review of Thailand*, 17 December, http://www.wto.org.

第5章 バイオガスの現状と展開
― 食料関連産業とエネルギーの接点 ―

　ヨーロッパでは,家畜ふん尿や生ごみなどからバイオガスを生産し,熱または発電に利用する動きが各国で見られる.日本においても,家畜ふん尿の処理問題を主たる契機として,バイオガスへの関心が再び高まり,プラントの建設が始まっている[1].一方,途上国においても,中国,インドなどで数多くのバイオガス施設が稼動している.本章ではタイを事例にとり上げ,途上国におけるバイオガスの現状と課題を検討する.

　バイオガスとは,有機物を嫌気性発酵させることにより得られる気体であり,主にメタン(CH_4)と二酸化炭素(CO_2)からなっている.酸素を利用する好気呼吸に対して,嫌気呼吸は酸素を必要とせず,微生物による嫌気呼吸は広く発酵として知られている.原料としては,家畜ふん尿,家庭・外食産業からの生ごみ,食品産業からの有機性残さ,下水汚泥などがある.発酵処理後の消化離脱液は,肥料として利用できる.

　バイオガスシステムには環境の観点から次のような利点がある.①温室効果ガスの削減:バイオガスをエネルギー源として利用すれば化石燃料の消費を削減することができる.バイオガスの生産・利用で発生するCO_2は有機物に由来するものであり,大気中に放出しても純増にならない.②水質汚染の防止:家畜ふん尿をより適切に農地に還元でき,また,排出する場合も嫌気性発酵によりBODを85%,CODを50%除去できるので(畜産環境整備機構,2001),水質汚染の防止に資する.

　環境の観点以外からも次のような利点がある.①メタンガスのエネルギー源としての利用:利用形態としては,暖房・給湯・調理等の熱源,発電,熱

電併給(コジェネレーション),自動車燃料などがある.②有機性資源の循環的利用:嫌気性発酵では窒素は除去されないので栄養分を有効利用できる.また,有機物を施用することにより土壌の団粒構造の形成が促進される.

以下,先進国におけるバイオガスの現状を,ヨーロッパを中心に日本を含め紹介した後,途上国における展開についてタイを事例に検討する.

1. 先進国におけるバイオガスの現状

(1) ヨーロッパ

表5-1-1に,ヨーロッパ各国におけるバイオガスプラントの設置状況を示した.各地でプラントが稼動中であることがわかる.このうち,デンマーク,

表5-1-1 バイオガスプラント:ヨーロッパ各国の状況

国	施設数	エネルギー生産量
ドイツ	共同型 11,個別農家型 800以上	0.1PJ(1998,集中型のみ?)
デンマーク	共同型 20,個別農家型 25	2.67PJ(1998)
スウェーデン	共同型 10,個別農家型 6,その他(下水汚泥,埋立地等)220	4.9PJ(1998?)
オランダ	生ごみプラント 3,下水汚泥 120以上,埋立地 44	5PJ(1997)
オーストリア	個別農家型 100以上,下水汚泥 118,埋立地その他 20	
スイス	共同型 2,個別農家型 約100	
イギリス	共同型 7(建設中),個別農家型 約25	
アイルランド	共同型 1,個別農家型 1	
ノルウェー	農業廃棄物プラント 2,食品産業廃棄物プラント 2,その他 60	
フランス	生ごみプラント 20,食品産業廃棄物プラント 20(いずれも計画)	
イタリア	食品産業(多くは蒸留所)約20,個別農家型 約50	
スペイン		3.44PJ(1998)
ポルトガル	共同型 4,個別農家型 約20	
ギリシャ	個別農家型 1,その他(下水汚泥,埋立地等)5	0.6PJ(1998)

資料:西澤ほか(2001).

ドイツ，スウェーデンの状況を簡単に見ていくことにする．

デンマークでは共同型・集中型といわれるバイオガスプラントが中心である．現在，共同型プラントが20か所で，個別農家型は25か所で稼動している．デンマークの最初の共同型プラントは，1984年に建設された．共同型プラントは地域農民団体（ふん尿供給者），地域暖房消費者，自治体などにより設立されている．10から100程度の農家と連携して運営され，それら農家との間でふん尿・液肥がタンクローリーやパイプラインで運搬されている．共同型プラントでは，家畜ふん尿に加え，と畜場・食品工場・製薬工場からの廃棄物や下水汚泥が使われている．

ドイツでは，個別型・農家型といわれるプラントが主流である．2000年の時点で，個別農家型プラントの数は800を超えたと言われている．個別農家型プラントの建設は南部のバイエルン州を中心に盛んであり，施設数は近年急増している．共同型プラントも11基稼働している．2001年9月のバイエルン州における調査事例では，収入の75％が電力である農家や電力の売り上げが1.5百万マルク[2]にのぼる農家も見られた．主な収入源が電力である農家は，「発電農家」（Elfarmer）とよばれている．

スウェーデンでは，共同型バイオガスプラントが10か所で稼働している．また，個別型プラントが6，製糖工場や製紙工場などで稼働しているものが8，加えて，下水処理場あるいは埋立地でメタンガスを回収して利用するプラントがそれぞれ134と73存在する．この国のバイオガス利用の特色は，自動車燃料とすることである．バイオガスのスタンドは10都市にあり，バイオガスで走っている自動車はストックホルムだけで400台以上あるという．2000年9月に現地調査を行ったウプサラ市でも，20台のバス等に利用されている．また，2都市でバイオガスが都市ガス網に供給されている．

このようにバイオガスプラントの建設が進んでいる背景には，次のような要因があるといえる．まず，①地球温暖化防止，持続的発展などの見地から，国のエネルギー政策が明確に再生可能資源の利用促進を打ち出しており，その利用目標を立てている．その目標達成のため，②バイオガスプラント建設

表 5-1-2 日本における

主な投入物	名称	所在地	農家型/集中型
家畜ふん尿	日本スワイン農場	北海道網走市	商業用/集中型
家畜ふん尿	仁成ファーム	北海道阿寒町	個別型
家畜ふん尿	水沼牧場/北海道草地協会	北海道別海町	実証試験
家畜ふん尿	N牧場	北海道千歳市	個別型
家畜ふん尿	町村牧場	北海道江別市	商業用
家畜ふん尿	A牧場	北海道恵庭市	個別型
家畜ふん尿	八紘牧場	北海度富良野市	試験用/個別型
家畜ふん尿	F牧場	北海道中標津町	個別型
家畜ふん尿	森牧場/ノースグランド	北海道西興部村	個別型
家畜ふん尿	日本スワイン農場	北海道八雲町（3か所）	商業用/集中型
家畜ふん尿	橋本ファーム	岩手県藤沢町	
家畜ふん尿	京都府八木町	京都府八木町	
家畜ふん尿	山水園農場	鳥取県名和町	
家畜ふん尿	日本スワイン農場	2か所	商業用/集中型
家畜ふん尿	別海資源循環試験施設，北海道開発土木研究所	北海道別海町	試験研究（集中型タイプ）
家畜ふん尿	別海町酪農研修牧場	北海道別海町	試験用/個別型
家畜ふん尿	酪農学園大学	北海道江別市	準試験用/試験研究
家畜ふん尿	帯広畜産大学	北海道帯広市	試験研究
家畜ふん尿	湧別資源循環試験施設，北海道開発土木研究所	北海道湧別町	試験研究（集中型）
家畜ふん尿	田中牧場	北海道蛇田市	試験用/実証試験
家畜ふん尿	八木養豚場	北海道北広島市	試験用/実証試験
家畜ふん尿	鹿児島県鹿屋市	鹿児島県鹿屋市	
し尿	東蒲原広域衛生組合	新潟県東蒲原郡	
し尿	上越地域広域行政組合	新潟県上越市	
し尿	下伊那郡西部衛生施設組合	長野県阿智村	
し尿	生駒市	奈良県生駒市	
し尿	エコクリーンセンター，宮崎県串間市	宮崎県串間市	
し尿	奈良市	奈良県奈良市	
生ごみ	北見市	北海道北見市	実証/実証試験
生ごみ	京都市	京都府京都市	実証実験
生ごみ	マイカル明石	兵庫県明石市	
生ごみ	環境庁	兵庫県神戸市	実証
生ごみ	上浮穴環境衛生センター	愛媛県久万町	実証実験
食品	キリンビール栃木工場	栃木県高根沢町	
食品	サッポロビール千葉工場	千葉県船橋市	
食品	サントリー京都工場	京都府長岡京市	
下水汚泥	消化ガス発電施設	17か所	

資料：各種資料から筆者作成．2002年1月現在．

第5章 バイオガスの現状と展開

バイオガスの状況

原材料	海外の技術提携先	備考
豚糞尿	RCMダイジェスタ，アメリカ	
乳牛	SCHMACK，ドイツ	
乳牛	Karl Bro，デンマーク	
乳牛	SCHMACK，ドイツ	
乳牛糞尿/ミルクプラント廃液，生ごみ	SCHMACK，ドイツ	
乳牛	SCHMACK，ドイツ	
乳牛糞尿		
乳牛	SCHMACK，ドイツ	
乳牛ふん尿	SCHMACK，ドイツ	
豚糞尿	RCMダイジェスタ，アメリカ	
畜産ふん尿	BIOSCAN，デンマーク	
畜産ふん尿，生ごみ	ENTEC，オーストリア	
畜産ふん尿		
豚糞尿	RCMダイジェスタ，アメリカ	
畜産ふん尿/生活・水産・農業系残さ	BEG，ドイツ	
乳牛糞尿		
乳牛糞尿，生ごみ/残飯，食用油など	Karl Bro，デンマーク	
糞尿および有機廃棄物/乳牛，水産廃棄物等	BWSC，デンマーク	
畜産ふん尿/乳牛糞尿，生活・水産・農業系残さ	フォルケセンター，デンマーク	
乳牛糞尿	Linde，ドイツ	停止
豚糞尿		停止
畜産ふん尿		詳細不明
生ゴミ，し尿，浄化槽汚泥等	ENTEC，オーストリア	
生ゴミ，し尿，浄化槽汚泥等	CITEC，フィンランド	
し尿，生ごみ，下水汚泥	CITEC，フィンランド	
し尿，生ごみ，下水汚泥	CITEC，フィンランド	
し尿，生ごみ，下水汚泥	ENTEC，オーストリア	
し尿，生ごみ，下水汚泥	ENTEC，オーストリア	建設中
生ゴミ/厨芥生ごみ，加工残滓生ごみ等	AGR，ドイツ	
生ゴミ，剪定枝，古紙等	ビューラー，スイス	
生ゴミ		
ホテル生ゴミ		
生ゴミ，し尿，浄化槽汚泥，家畜糞尿等	ウーデ，ドイツ	
下水汚泥		

(バイオマスエネルギー利用一般）に対して補助金あるいは融資が受けられ，③再生可能エネルギーによる電力の買い取り優遇施策がとられている．その一方で，化石燃料や環境汚染に対しては，④環境税を導入し，再生可能エネルギーを相対的に安価にするとともに，⑤家畜ふん尿の散布規制や有機性廃棄物の埋立処分規制など，環境規制を厳しくしている．

(2) 日　本

日本におけるバイオガス施設の状況を，2002年1月現在のものであるが，表5-1-2に示した．家畜ふん尿が20強，下水汚泥17，し尿，生ごみがそれぞれ5～6，合計で50以上のバイオガス施設が動いている．特に家畜ふん尿を主な投入物としているバイオガス施設について，近年，個別型・農家型が北海道を中心に増加している．家畜排せつ物法の管理基準が平成16年11月1日から全面施行されることに伴う家畜排せつ物処理施設の整備に向けた補助事業等によりバイオガス施設の建設が進んでいる．その他，NGOのバイオガスキャラバンにより設置された小型プラントや，その後設置されたもの（滋賀県畜産技術振興センター（日野町），北海道士幌町のM牧場，S牧場など）を含めると，現在100程度のバイオガス施設があると思われる．

2. タイにおけるバイオガスの展開

2003年2～3月に，タイ国東北部Nakhon Ratchasima県（changwat）のNakhon Ratchasima市（muang）およびKhon Buri郡（amphoe）において，キャッサバでん粉工場，養豚農家のバイオガス施設の現地調査を行った（図5-2-1）．

以下，(1)でタイにおけるバイオガス展開の背景として食料関連産業とエネルギーの現状を概観するとともに，再生可能エネルギー政策を，タイのバイオガス展開において重要な役割を果たしているENCON基金を中心にみていく．その後，(2)でタイにおけるバイオガスの現状を概観した上で，バ

第 5 章　バイオガスの現状と展開

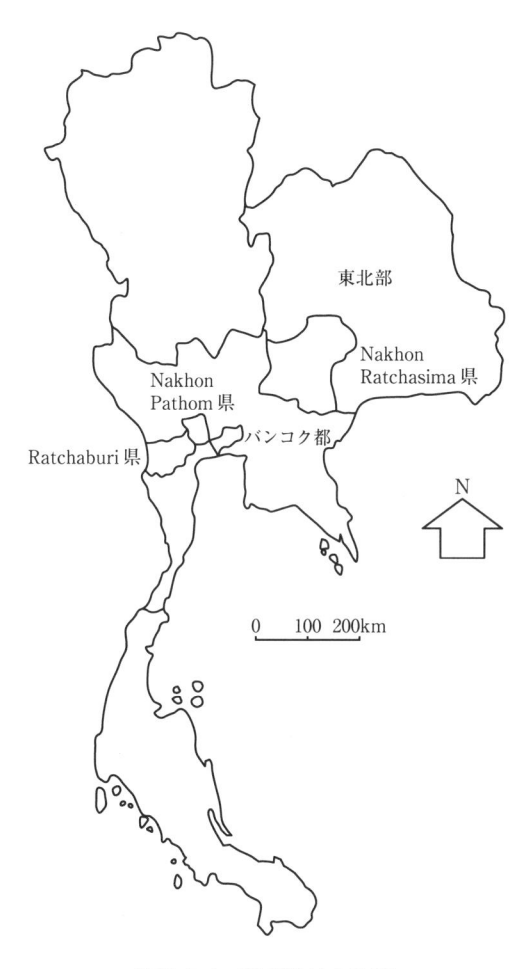

図 5-2-1　調査地域の位置

イオガス施設の調査事例を記述し，最後にそれをもとに若干の考察を行う．

（1）タイの食料関連産業とエネルギー：バイオガス展開の背景
1）食料関連産業
①農業・アグロインダストリー

表 5-2-1　主要作物の作付・収穫面積および生産量（2001/02～2002/03 年産）

	作付面積 （千ライ）		収穫面積 （千ライ）		生産量 （千トン）	
	2001/02 年	2002/03 年	2001/02 年	2002/03 年	2001/02 年	2002/03 年
稲	66,272	66,440	63,283	60,335	26,523	26,057
とうもろこし	7,685	7,317	7,474	7,167	4,466	4,230
ソルガム	535	460	521	447	145	132
ムング豆	1,892	1,831	1,846	1,709	238	216
キャッサバ	6,918	6,224	6,558	6,176	18,396	16,868
サトウキビ	6,320	7,121			60,013	74,258
大豆	1,154	1,130	1,103	1,093	261	260
落花生	432	448	415	430	107	112
ケナフ	208	153	204	149	56	41
綿	284	70	261	67	61	14
パイナップル			574	497	2,078	1,739

資料：*Agricultural Statistics of Thailand Crop Year 2002/2003*.

　タイの農業を作付面積と生産量から概観すると，作付面積では，米 66,440 千ライ[3]，とうもろこし 7,317 千ライ，サトウキビ 7,121 千ライ，キャッサバ 6,224 千ライ，そのほかパラゴムが 11,656 千ライ，生産量では，サトウキビ 74,258 千トン，米 26,057 千トン，キャッサバ 16,868 千トン，とうもろこし 4,230 千トンとなっており，キャッサバは主要な農産物のひとつである（2002/03 年）（表 5-2-1）．

　キャッサバ根は，ほぼ半分がタピオカでん粉用に，残り半分が飼料などに加工される．タピオカ工場は全国に 53 工場あり，キャッサバ 7,185 千トンからでん粉 1,437 千トンが生産され，残さが 2,874 千トン発生している（Black & Veatch, 2000）．でん粉は食用以外に紙，アルコール製造にも用いられ[4]，台湾，インドネシアなどに輸出され，特に後者への輸出量は急増している．

　Nakhon Ratchasima 県は，キャッサバ 7,185 千トンのうち 2,500 千トン，でん粉 1,437 千トンのうち 500 千トンと，全国の 3 分の 1 を処理・生産している（表 5-2-2）．キャッサバでん粉工場でのヒアリングによれば，Nakhon Ratchasima 県に 2002 年，10 の工場ができ，能力が 20,000 トン/日となっ

表 5-2-2 キャッサバ生産量およびタピオカでん粉工場の状況

県名	作物生産 (1995年) (トン/年)	タピオカ工場数	処理・生産能力		残さ (推定) (トン/年)
			キャッサバ (トン/年)	でん粉 (トン/年)	
North East Region	11,120,000	26	5,025,250	1,005,050	2,010,100
Nakhon Ratchasima		8	2,500,000	500,000	1,000,000
Chaiyaphum		2	230,000	46,000	92,000
Udon Thani		2	182,500	36,500	73,000
Khon Kaen		2	272,750	54,550	109,100
Kalasin		8	1,502,000	300,400	600,800
Buri Ram		1	36,500	7,300	14,600
Roi Et		1	199,500	39,900	79,800
Maha Salakham		1	17,000	3,400	6,800
Si Sa Ket		1	85,000	17,000	34,000
Northern Region	2,138,000	4	271,800	54,360	108,720
Kamphaeng Phet		2	90,000	18,000	36,000
Uthani Thani		1	180,000	36,000	72,000
Utaradit		1	1,800	360	720
Central Region	4,906,000	23	1,888,050	377,610	755,220
Chachoengsao		2	465,000	93,000	186,000
Sa Kaeo		1	180,000	36,000	72,000
Chon Buri		5	202,050	40,410	80,820
Rayong		10	807,500	161,500	323,000
Kanchanaburi		2	34,000	6,800	13,600
Chanthanaburi		1	36,500	7,300	14,600
Ratchaburi		1	90,000	18,000	36,000
Saraburi		1	73,000	14,600	29,200
合計	18,164,000	53	7,185,100	1,437,020	2,874,040

資料：Black and Veatch (2000).

たが，水，電力，県の耕地面積の限界のため，これ以上増加することはないだろうとのことであった．

②畜　産

畜産は，国内総生産（付加価値）でみると，家禽13,967百万バーツ[5]，肉用牛・役牛および水牛9,849百万バーツ，豚8,948百万バーツの順となっており，養豚はブロイラー等に次ぐ部門である（2000年）（表5-2-3）．

豚は，タイ中央部のRatchaburi県・Nakhon Pathom県に最も集中して

表 5-2-3 家畜・畜産物の国内総生産

	国内総生産 (百万バーツ，2000 年)
肉用牛・役牛および水牛	9,849
豚	8,948
家禽	13,967
鶏卵	4,336
乳製品（生乳）	3,232
その他	1,119
総付加価値	41,451

資料：*National Income of Thailand*.

表 5-2-4 家畜の飼料頭羽数

	県名（飼養頭数上位 10 県）	飼養頭羽数 (頭羽，2002 年)
肉用牛・役牛		4,819,713
乳用牛		377,263
水牛		1,612,534
豚		6,878,642
	Northern Region	1,125,847
	Chiang Mai	226,366
	North-Eastern Region	1,353,483
	Buri Ram	146,050
	Nakhon Ratchasima	296,558
	Central Plain Region	3,659,013
	Saraburi	169,044
	Chachoengsao	440,413
	Chon Buri	316,391
	Nakhon Pathom	894,951
	Ratchaburi	1,164,194
	Southern Region	740,299
	Surat Thani	138,410
	Nakhon Si Thammarat	167,058
ブロイラー		132,359,494
地鶏		62,192,742
産卵鶏		40,681,152
カモ		25,034,011

資料：表 5-2-1 に同じ．

第5章 バイオガスの現状と展開

表5-2-5 養豚農家の排水基準

パラメータ	単位	大規模農家の最大基準値	小中規模農家の最大基準値
pH	—	5.5~9.0	5.5~9.0
BOD	mg/l	60	100
COD	mg/l	300	400
SS	mg/l	150	200
TKN	mg/l	120	200

注：1) 大中規模農家については2002年2月24日から施行．
　　2) 大規模農家は600家畜単位（LU）を超えるもの．
　　3) 中規模農家は60LUを超え600LU以下のもの．
　　4) 小規模農家は6LUを超え60LU以下のもの．
　　5) 1LUは500kg．
　　6) 繁殖豚の重量は170kg/頭．
　　7) 肥育豚の重量は60kg/頭．
　　8) 子豚の重量は12kg/頭．
資料：科学技術環境省告示（*the Royal Government Gazette*, Vol.118, Special Part 8, page 11-18, 2001年2月23日付け）．

おり，Nakhon Ratchasima県は周辺の県とともにそれに次ぐ地域の1つである（2002年）（表5-2-4）．

タイでは河川の水質汚濁が問題となっており，畜産・アグロインダストリーが要因のひとつとされている．産業の排水基準のほか，養豚農家について排水基準が定められ2002年2月24日から施行されているが，6家畜単位（LU: Livestock Unit）以下の小規模農家には適用されていない．（表5-2-5）

また，CP[6]というタイ最大のアグリビジネス・グループがタイの畜産において大きな役割を果たしている．飼料，種鶏など，ブロイラー生産のインテグレーションを構築するとともに，養豚事業へも進出し，契約農業方式の導入を進めている（末廣・南原，1991）．

2) エネルギー
①エネルギー需給と二酸化炭素排出量の推移

エネルギーの現状を2002年のエネルギーバランスでみると，1次エネルギー国内供給（TPES: Total Primary Energy Supply）85,854ktoe（石油換算トン）[7]のうち，原油の輸入が36,359ktoe（TPESの42.3%），天然ガスの

国内生産が17,846ktoe (20.8%), 燃料材の国内生産が9,793ktoe (11.4%), 亜炭の国内生産が5,689ktoe (6.6%) である.

再生可能エネルギーは水力等を含めて15,470ktoe (TPESの18.0%) で, その内訳は燃料材9,793ktoe, バガス (サトウキビの絞りかす) 2,798ktoe, 水力等1,656ktoe, 籾殻1,223ktoeとなっている. 燃料材は2/3が木炭に転換され, 燃料材と木炭は家庭で, バガスと籾殻は製造業で主に最終消費され, 一部はコジェネレーションに用いられる.

最終消費についてみると, 農業部門は3,032ktoeで, そのうち軽油が2,955ktoeとそのほとんどを占める. 家庭部門の最終消費は7,909ktoeで, そのうち燃料材が2,688ktoe, 木炭が2,307ktoe, 電力が1,884ktoe, LPGが982ktoeとなっており, 家庭では薪炭材が主なエネルギー源である (Thailand Energy Situation 2002).

エネルギー消費に伴う二酸化炭素排出量は, 1980年代後半から急増し, 1997年の経済通貨危機以降, 増加率が鈍化した. IEA (2003) によると, 二酸化炭素排出量は部門別アプローチで, 1990年から2000年の10年間で77.91百万トンから147.16百万トンへとほぼ倍増している (図5-2-2)[8].

②再生可能エネルギー政策

エネルギー省は2002年10月3日, 総理府からNEPO (エネルギー政策部: National Energy Policy Office), 科学技術環境省からDEDP (エネルギー開発・推進局: Department of Energy Development and Promotion) などの移管を受けて設置され, NEPOはEPPO (エネルギー政策・企画部: Energy Policy and Planning Office), DEDPはDEDE (代替エネルギー開発・効率局: Department of Alternative Energy Development and Efficiency) と改称された.

ENCON基金 (エネルギー保全推進基金: Energy Conservation Promotion Fund) は, 1992年エネルギー保全推進法 (Energy Conservation Promotion Act) に基づき設置されている.

ENCON基金の資本と資産の源泉は, 石油基金からの移転金, 石油・石

第5章 バイオガスの現状と展開

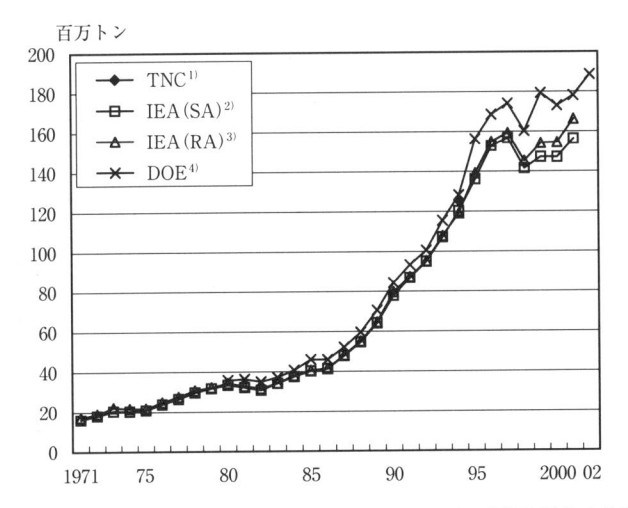

百万トン
- ◆ TNC[1]
- □ IEA(SA)[2]
- △ IEA(RA)[3]
- ✕ DOE[4]

注：1) タイ国の国別報告書(National Communication, OEPP(2000))による燃料燃焼からの二酸化炭素排出量．1994年のみ．
2) IEA(2003)の部門別アプローチ(Sectoral Approach)による燃料燃焼からの二酸化炭素排出量．部門別アプローチとは、各部門・各業種の燃料消費量の値から、部門別に燃焼された炭素量を算出し、集計する方法．
3) IEA(2003)のレファレンスアプローチ(Reference Approach)による燃料燃焼からの二酸化炭素排出量．レファレンスアプローチとは、一次エネルギー国内供給量の値を用いて総炭素量を算出し、これに非燃焼分などの補正を行う方法．
4) 米国エネルギー省(DOE：Department of Energy)エネルギー情報局(EIA：Energy Information Administration)のInternational Energy Annual 2002による化石燃料の消費およびフレアリングからの二酸化炭素排出量．

図5-2-2　二酸化炭素排出量の推移

油製品の製造者・輸入者に課される課徴金その他からなる．石油基金からは，1992年8月24日に1,500百万バーツが移転された．石油・石油製品の製造者・輸入者に課される課徴金は，1992年11月1日からガソリン，灯油，軽油，重油について7サタン/lが課され，1997年8月1日から1998年9月30日まで軽油・灯油については1サタン/lに減額，1998年10月1日からガソリン，軽油，灯油，重油すべてについて4サタン/lになった[9]．そのほか，電力消費（使用）の追徴金（指定工場・建築物から，規則に違反するか，遵守できなかった場合に徴収），政府からの補助金，国内外の民間部門から

の送金，ENCON 基金で発生する利息が ENCON 基金の収入源となる (NEPO, 2000).

ENCON プログラムは 3 つのサブプログラム（義務的プログラム（「既存指定工場・建築物」等），自主的プログラム，補完的プログラム（「人材開発」等）），12 の主要プロジェクトからなる．義務的プログラムは DEDE が，自主的プログラムと補完的プログラムは EPPO がプログラム実施の任務を与えられている．自主的プログラムは 5 つの主要プロジェクト，つまり，再生可能エネルギー利用の促進（1995-99 年度は再生可能エネルギーと農村工業），小規模発電者の再生可能エネルギー利用推進（2000-04 年度から新設），産業連携，研究・開発，既存指定外工場・建築物からなる．1995-99 年度で，ENCON 基金は主要プロジェクト「再生可能エネルギーと農村工業」として次の 9 つのプロジェクトを支援した（NEPO, 2000）.

・大規模農家における豚ふん尿からのバイオガス生産の推進（フェーズ 1 & 2）
・小規模農家における豚ふん尿からのバイオガス生産の推進（フェーズ 1 & 2）
・タバコ乾燥におけるエネルギー保全（フェーズ 1 & 2）
・埋立地からの発電
・高効率セラミックキルン
・太陽電池を利用した送電網外の学校向け発電

ENCON 基金の 1995-99 年度予算は 19,286 百万バーツ，実績 6,237 百万バーツ，2000-04 年度予算は 29,111 百万バーツである．そのうち自主的プログラムは 1995-99 年度予算で 2,781 百万バーツ，実績 1,605 百万バーツ，2000-04 年度予算 6,422 百万バーツとなっており，再生可能エネルギー利用の促進（再生可能エネルギーと農村工業）についてみると，1995-99 年度予算 1,311 百万バーツ，実績 598 百万バーツ，2000-04 年度予算 1,525 百万バーツである（NEPO, 2000, 2001）.

(2) タイにおけるバイオガス

1) バイオガス施設の現状

タイにおけるバイオガスは，主にアグロインダストリーの廃液，豚ふん尿，埋立地ガスを原材料に取り組まれている．

タイにおけるバイオガス施設数については資料を得ることはできなかった．しかし，ENCON 基金の畜産農家におけるバイオガスによる発電プロジェクトには，大中規模バイオガスシステムについてフェーズ I（1998年末終了）で6農家（システム容量 10,000m^3）が参加し，フェーズ II では 16 農家（システム容量 40,000m^3）の参加が予定されており，小規模バイオガスシステムについてはフェーズ I（1998年中盤終了）で合計 280 プラント[10]（総システム容量 6,028m^3）が実施され，フェーズ II（4年間）で総システム容量 22,000m^3 以上が承認されている（NEPO, 2001）．また，2002年9月時点で，全国合計で 56,000m^3 のバイオガスシステムが中大規模農家で，75,760m^3 が小規模農家で設置されていることから，相当数のバイオガス施設が稼動していると考えられる．ENCON 基金はさらに，2002年6月に始まる7年間で 130,000m^3 のバイオガスシステムを大規模農家で，150,000m^3 を中規模農家で，2003-09 年で 300,000m^3 を小規模農家で設置することを支援する予定である（EPPO, 2003）．大中規模バイオガスシステムについてはチェンマイ大学，小規模バイオガスシステムについては DOAE（農業普及局：Department of Agricultural Extension）により管理されており，大中規模バイオガスシステムについては農家がシステムコストの 67% を投資，ENCON 基金が 33% を支援，小規模バイオガスシステムについては農家が 55% を投資，ENCON 基金が残りの 45% を支援することになっている（NEPO, 2001）．

また，同じく ENCON 基金の支援により，Kasetsart 大学のエネルギー・環境工学センターが Nakhon Pathom 県 Kampaengsaen 郡にある BMA（バンコク都当局：Bangkok Metropolitan Authority）の埋立地で実験プロジェクトを行っている．得られたガスは燃料として2機の 435kW 発電

機で使われ,Kasetsart 大学の Kampaengsaen キャンパスに供給されている(NEPO, 2001)[11].

2) キャッサバでん粉工場・養豚農家のバイオガス施設:事例の記述
①キャッサバでん粉工場 S 社

S社は Nakhon Ratchasima 市郊外にあり,全国の10分の1を生産するタイ最大のでん粉工場である.原料であるキャッサバ根(苦味種)600,000トン/年(2,800トン/日)から150,000トン/年のでん粉を製造している.原料価格は1.17バーツ/kg(スターチ含有30%)である.

バイオガス施設は,廃液の調整池にゴムのカバーをかぶせる形で設置されている.別の企業が世銀から5百万ドルの融資を受けて設置したもので,10年後にS社に譲渡される.

バイオガス施設への投入は廃水8,400m^3/日(350m^3/時,COD 27,000 mg/l)で,中温菌により1週間発酵が行われる.廃水1m^{3}当たり13m^{3}のバイオガスが発生し,バイオガス量は113,000m^3/日である.メタンの発熱量が35.9MJ/m^3,バイオガスの61%がメタンであることから,バイオガスの発熱量は21.9MJ/m^3,バイオガスの熱量は2,474,587MJ/日となる.熱量で重油1l=バイオガス1.86m^{3}であることから,重油換算で60,753l/日となる[12].

工場ではでん粉乾燥用に重油が50,000l/月使われている.10.3バーツ/lと軽油よりも安いためである[13].廃水からのバイオガスは主に燃焼用,残りは電力として利用する予定であり,重油費用の節約が期待されている.

②養豚農家

Khon Buri 郡では ENCON 基金のバイオガスプロジェクトが14か所で行われており,そのうち11か所が発酵槽50m^3(補助金38,700バーツ),3か所が100m^3(補助金72,000バーツ)である.

小規模農家向けのシステムは,次のような混合槽・発酵槽・拡張槽からなる地下固定ドームを使用している(図5-2-3).

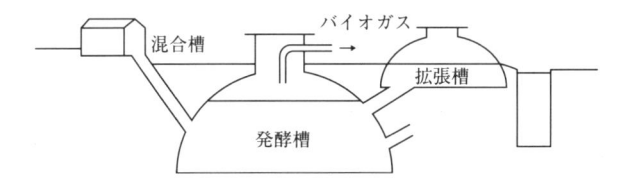

図 5-2-3 小規模農家向けバイオガスシステム

・混合槽：ふん尿が水と混ぜられ発酵槽に送られる．
・発酵槽：メタンその他のガスが発生し，発酵槽の下の部分のふん尿と水を拡張槽まで押し上げる．
・拡張槽：発酵槽のガスによって押し上げられたふん尿と水を受ける．ガスが発酵槽で発生すると，その力によってふん尿と水を底から押し出し拡張槽まであふれさせる．ガスがとられ利用されると，拡張槽の水が発酵槽に戻りガス圧をシステムがもう一度働く水準まで高める．

発酵槽は $12m^3$，$16m^3$，$30m^3$，$50m^3$，$100m^3$ の 5 つの標準サイズが推進され，バイオガスは家庭の調理，照明や子豚の保育に使用される（NEPO, 2001）．

Khon Buri 郡農業普及所によれば，Khon Buri 郡では 200 農家が CP の傘下にあり，そのうち 120～130 が子豚を生産している．以下，Khon Buri 郡における養豚農家のバイオガス施設の事例を紹介する．

③ L 農家（繁殖・子豚生産）

120 頭の子取り用めす豚を飼養し，200 頭/月の子豚を生産している．飼料は CP から供給され，子豚は 205 バーツ/頭で CP に出荷している．

バイオガス施設は 2001 年 3 月前後に設置された．$50m^3$ の発酵槽で，建設費 88,000 バーツ，45％ は政府補助である．

すべてのふん尿を投入し，バイオガスは子豚用ヒーター，調理，蒸発器（evaporator）に使っている．蒸発器とは，スノコ状のものに水を流し，それに扇風機で風を当て，気化熱により冷たくなった空気を畜舎内に送る器具である．軽油とバイオガスを混合してディーゼル発電機の燃料として使い，

発電された電力を水のポンプおよび扇風機に使っている．軽油の使用量は2.5l/日である．

バイオガス施設導入の効果については，総エネルギー費用が10,000～12,000バーツ/月から，夏には4,000～5,000バーツ/月，冬には2,000～3,000/月に減少した．環境規制はバイオガス導入の要因ではなかったとのことだが，CPとの契約農家ではバイオガスが進められている．

④S農家（繁殖豚育成）

2001年，0.5百万バーツをBAAC（農業・農業協同組合銀行：Bank of Agriculture and Agricultural Cooperatives）から7%で借りて農家になった．子取り用めす豚を5カ月で受け入れ，3カ月間飼養，90kgから140kgにする．300頭能力で，平均160頭を飼養している．畜産のほか9ライの稲作を行っている．CPと契約しており，11,000バーツ/月（豚が死ななければ14,000バーツ/月）をCPから月給としてもらうが，エネルギー費用は自己負担である．

2002年9月，発酵槽100m³のバイオガス施設を設置した．160,000バーツのバイオガス施設建設費のうち，72,000バーツをDOAEが補助，残りはBAACから7%で借りている．

バイオガス施設の効果については，燃料200l/月＝3,000バーツ/月が半分になった．また，この地域には電気がなかったが，バイオガス施設導入によって電気を使えるようになった．液肥は稲作に十分な量である．

3) 考　　察

事例をもとに，エネルギーの供給能力と需要，費用とエネルギーの節約について若干の考察を行う．

①エネルギーの供給能力と需要

キャッサバでん粉工場のバイオガス施設については，供給されるバイオガスが2,474,587MJ/日，重油換算で60,753l/日であるのに対し，現在使われている重油は50,000l/月であり，バイオガスを電力として利用するとして

第5章　バイオガスの現状と展開　　　　　　　　　　　　　　　199

も，バイオガスが大きく余ることになる．

　一方，養豚農家のバイオガス施設に関しては，NEPO（2000）によりプロジェクト全体の評価が行われており，それによれば，生産されたバイオガスは家庭用の需要を超えており，その場で利用されたガスは，システムから生産された量より少なかったこと，システムの規模の選択はその農家の家畜の数によっていたが，多くの農家が家畜ふん尿の一部しか使っておらず，家庭用を満たす量のバイオガスを発生させるのに必要なふん尿しか投入していなかったため，投入ふん尿の量はシステム容量と対応していなかったことが示されている．また，予想されていたこのプロジェクトの問題点として，①システム・メンテナンス（ふん尿の投入が多すぎて詰まること，農家がシステム管理をしないこと），②廃水（システムの拡張槽からの処理廃水のBOD値が高いのに直接公共水面に排水されること）があげられている．そのため，適切な管理により余剰ガスの最適利用を促進する方法を検討することとされている．

　実際，事例農家についてエネルギーの供給と需要を試算してみると，次のようになる．まず，供給については，L農家がバイオガス509,221MJ/年，軽油換算1,165l/月，S農家がバイオガス387,755MJ/年，軽油換算887l/月となる（表5-2-6）．

　一方，需要のうち農業部門については，L農家は，総エネルギー費用が10,000〜12,000バーツ/月であることから軽油15バーツ/lで換算して667〜800l/月（291,360〜349,632MJ/年）となり，S農家については，燃料200l/月をすべて軽油と考える（87,408MJ/年）．また，家庭部門について1世帯当たり需要量を推計すると，家庭部門全国の最終消費が7,909ktoe/年（334PJ/年）であり民間世帯数が15,662,300世帯（Population and Housing Census 2000）であることから，21,335MJ/世帯・年となる．

　よって，L農家については，供給509,221MJ/年に対して農業部門と家庭部門を足した需要が312,695〜370,967MJ/年とある程度バランスがとれているが，S農家については，供給387,755MJ/年に対して需要108,743MJ/年と

表 5-2-6　L農家・S農家のバイオガス発生量の推計

		子豚	妊娠豚	授乳豚	繁殖育成豚	備考
TS（総固形物量：Total Solid）原単位	kgTS/日・頭	0.18264	0.66114	1.49	0.81795	家畜排泄物量推定プログラム
妊娠・授乳日数	日		115	28		奥村・田中（1995）

		子豚	繁殖豚	繁殖育成豚	備考
TS原単位	kgTS/日・頭	0.183	0.823	0.818	
VS/TS比			0.75		0.75〜0.8（畜産環境整備機構, 2001）
VS（揮発性固形物：Volatile Solid）原単位	kgVS/日・頭	0.137	0.618	0.613	
月平均出荷頭数	頭/月	200			子豚の平均飼養月数は2か月とする
平均飼養月数	月	2			
平均飼養頭数	頭	400	120	160	
VS量	kgVS/日	54.8	74.1	98.2	

		L農家	S農家	備考
VS量	kgVS/日	128.9	98.2	
バイオガス原単位	m³/tVS	500		畜産環境整備機構（2001）
バイオガス量	m³/日 m³/月 m³/年	64.5 1,960 23,524	49.1 1,493 17,913	
CH₄熱量	MJ/scf	1.02		天然ガス（Thailand Energy Situation 2002）
	scf/m³(s)	35.37		
CH₄含有率		0.60		0.60〜0.65（畜産環境整備機構, 2001）
バイオガス熱量原単位	MJ/m³(s)	21.65		
バイオガス熱量	MJ/月 MJ/年	42,435 509,221	32,313 387,755	
軽油熱量	MJ/l	36.42		Thailand Energy Situation 2002
軽油換算	l/月 l/年	1,165 13,982	887 10,647	

大きく供給が上まわっている.

子豚生産農家等エネルギーを多く使う農家以外については,エネルギーを地域で利用する,農業の高付加価値化に使うなど,利用方法の検討が必要であろう.ただ,薪炭材などが家庭の最終消費の大部分を占めている農村部で,取り扱いやすいエネルギーが利用できるようになったという点でバイオガスを導入した意味は大きいと考えられる.

②費用とエネルギーの節約

L農家については,建設費88,000バーツのうち45%が政府補助であることから48,400バーツが農家負担となり[14],その14%を毎年の費用とすると6,776バーツ/年となる.節約額は,総エネルギー費用が10,000～12,000バーツ/月から夏には4,000～5,000バーツ/月,冬には2,000～3,000/月に減少したので,約90,000バーツ/年であり,エネルギー節約の大きなメリットがある.子豚を205バーツ/頭で200頭/月出荷し,粗収益が41,000バーツ/月,492,000バーツ/年あることからも,収支に問題はないと思われる.

一方,S農家は,160,000バーツのバイオガス施設建設費のうち72,000バーツをDOAEが補助,残りの88,000バーツをBAACから7%で借りており,その借入額の14%を毎年の返済額とすると12,320バーツ/年となる.節約額は,燃料3,000バーツ/月が半分になったので1,500バーツ/月,18,000バーツ/年であり,エネルギー節約額が返済額に対してあまり大きくない.CPとの契約により11,000バーツ/月,132,000バーツ/年の収入があるが,それに占める返済額の割合は大きい.

L農家,S農家とも,バイオガス施設建設費用をエネルギーの節約分によりまかなえているが,プラントの素材をコンクリートからゴムに変えるなどのコストダウンや,生産エネルギーの販売などによる収入増などを検討していく必要があろう.

3. おわりに

　ヨーロッパや日本などの先進国では，バイオガスの生産・利用，バイオガスプラントの建設が進められている．一方，途上国においても，中国，インドなどで数多くのバイオガス施設が稼動している．本章ではタイを事例にとり上げ，途上国におけるバイオガスの現状と課題を検討した．

　先進国におけるバイオガスの現状を，ヨーロッパと日本について紹介した後，途上国における展開について，2003年2～3月に，タイ国東北部 Nakhon Ratchasima 県の Nakhon Ratchasima 市および Khon Buri 郡において行ったキャッサバでん粉工場，養豚農家のバイオガス施設の現地調査をもとに検討した．

　まず，タイにおけるバイオガス展開の背景として食料関連産業とエネルギーの現状を概観し調査対象の位置づけを行うとともに，再生可能エネルギー政策を，ENCON 基金がタイのバイオガス展開において果たしている役割を中心にみた．

　タイにおけるバイオガスは，主にアグロインダストリーの廃液，豚ふん尿，埋立地ガスを原材料に取り組まれている．タイにおけるバイオガス施設数については資料を得ることはできなかったが，2002年9月時点で，全国合計で 56,000m^3 のバイオガスシステムが中大規模農家で，75,760m^3 が小規模農家で設置されており，相当数のバイオガス施設が稼動していると考えられる．

　事例工場・農家のバイオガス施設についてエネルギー供給能力と需要を検討したところ，需要に対して供給が大きく上まわっているものが多かった．子豚生産農家等エネルギーを多く使う農家以外については，エネルギーを地域で利用する，農業の高付加価値化に使うなど，利用方法の検討が必要であることを指摘した．ただし，薪炭材などが家庭の最終消費の大部分を占めている農村部で，取扱いやすいエネルギーが利用できるようになったという点でバイオガスを導入した意味は大きいと考えられる．

また，費用とエネルギーの節約について検討したところ，バイオガス施設建設費用はエネルギーの節約分によりまかなえていたが，プラントの素材をコンクリートからゴムに変えるなどのコストダウンや，生産エネルギーの販売などによる収入増などを検討していく必要があると考えられる．

注
1) バイオガス以外に，各国ではバイオマスのエネルギー利用として，木質バイオマスやバイオディーゼルなどの液体燃料への取組みも行われている．スウェーデンにおいては森林バイオマスの利用や農地でのエネルギー作物栽培が，また，ドイツではセット・アサイド（減反）農地でのなたね栽培とバイオディーゼル生産が行われている．デンマークにおけるバイオガス施設の現状を含め，詳細は科学技術振興事業団戦略的基礎研究推進事業（2002）を参照．
2) 1マルクは約60円．
3) 1ライ=0.16ha，1ha=6.25ライ．
4) キャッサバや糖蜜などを生物液体燃料であるエタノールの生産に利用することも注目をあびている．キャッサバの付加価値を高めるため，約2百万トン/年を最大1百万l/日のエタノール生産に利用することが可能である．エタノールの商業生産が2003年半ばまでに始まると期待されている（EPPO, 2003）．
5) 1バーツ=約3円．
6) CPとは，Charoen Pokphandの略で，繁栄・消費財の意味．
7) 1ktoe=1,000toe，真発熱量で1toe=10,093×10³kcal（Thailand Energy Situation 2002），860kcal=1kWh，1kWh=3.6MJ．真発熱量（低位発熱量）とは，蒸発潜熱（蒸発するときに奪われる熱量）を含まない熱量であり，蒸発潜熱を含む熱量は総発熱量（高位発熱量）とよばれる．タイでは真発熱量が，日本では総発熱量が用いられている．
8) 1994年の二酸化炭素排出量は，タイ国報告書（OEPP, 2000）によると125.48百万トン，IEA（2003）の部門別アプローチによると120.20百万トン，2000年の二酸化炭素排出量は，IEA（2003）の部門別アプローチで147.16百万トン，レファレンスアプローチで154.56百万トン，米国エネルギー省によると173.12百万トン（International Energy Annual 2002）である．また，タイの2000年のGDP当たり二酸化炭素排出量は0.86kg CO_2/1995US$，人口当たり二酸化炭素排出量は2.42トン CO_2/capitaである（日本はそれぞれ0.20kg CO_2/1995US$，9.06トン CO_2/capita）（IEA, 2003）．
9) 100サタンで1バーツ．現在の課徴金率については資料を得られていない．
10) NEPO（2000）では263プラント．
11) その他，バイオガスについては，工場の廃水処理システムからのバイオガス発

生のフィージビリティに関する研究開発,全国の養豚・酪農農家に関する情報を提供し将来のバイオガス利用の計画を推進するバイオガス地図の開発などがENCON基金によって支援されている (EPPO, 2003).
12) タイの発熱量は天然ガス1.02MJ/scf ($1m^3(s)=35.37scf$として36.08 MJ/$m^3(s)$), 重油39.1MJ/lである (Thailand Energy Situation). scfとはStandard Cubic Feet, $m^3(s)$のsとはstandardの意で, それぞれ60°F (15.5℃), 15℃での体積 (1気圧).
13) バンコク消費者価格2003年重量平均で, 重油10.36バーツ/l (1500, 2% S) ~11バーツ/l (600, 2% S), 軽油13.73バーツ/l (LSD) ~14.03バーツ/l (HSD) (Energy Data Notebook).
14) 予算上は, $50m^3$の場合, 建設費86,000バーツ, 農家負担47,300バーツである.

文献

奥村純市・田中桂一編 (1995)『動物栄養学』朝倉書店.

科学技術振興事業団戦略的基礎研究推進事業 (CREST) (2002)『「農山村地域社会の低負荷型生活・生産システムの構築」研究終了シンポジウム予稿集』.

末廣昭・南原真 (1991)『タイの財閥』同文館.

畜産環境整備機構 (2001)『家畜排せつ物を中心としたメタン発酵処理施設に係る手引き』.

西澤栄一郎・田上貴彦・合田素行・両角和夫・大村道明 (2001)「ヨーロッパ各国におけるバイオガスシステムの普及要因」『2001年度日本農業経済学会論文集』258-263頁.

Black & Veatch Thailand (2000), *Thailand Biomass‐Based Power Generation and Cogeneration within Small Rural Industries: Final Report*, NEPO (National Energy Policy Office)
(http://www.eppo.go.th/encon/Strategy/encon-BV-FinalReport.pdf).

EPPO (Energy Policy and Planning Office) (2003), *Thailand: Energy and Natural Resources*
(http://www.eppo.go.th/doc/NIO-EnergyAndNaturalResource 2003.html).

IEA (International Energy Agency) (2003), *CO_2 Emissions from Fuel Combustion 1971-2001: 2003 Edition*, IEA.

NEPO (National Energy Policy Office) (2000), *Energy Conservation Program and Guidelines, Criteria, Conditions and Expenditure Priorities of the Energy Conservation Promotion Fund during the fiscal period 2000-2004* (http://www.eppo.go.th/encon/encon-fund00.html).

NEPO (2001), *Implementation Achievement of the Voluntary Program during the Period 1995-1999 under the Energy Conservation Program*

(http://www.eppo.go.th/encon/Strategy/encon-ReportVolun-E.html).
OEPP (Office of Environmental Policy and Planning) (2000), *Thailand's Initial National Communication under the United Nations Framework Convention on Climate Change*, Ministry of Science, Technology and Environment
(http://unfccc.int/resource/docs/natc/thainc 1.pdf).

統計
『家畜排泄物量推定プログラム』農林水産省農業研究センタープロジェクト第6チーム，1999年．
Agricultural Statistics of Thailand Crop Year 2002/2003, Office of Agricultural Economics, Ministry of Agriculture and Cooperatives
(http://www.oae.go.th/statistic/yearbook/2002-03/indexe.html).
Energy Data Notebook, Energy Policy and Planning Office, Ministry of Energy
(http://www.eppo.go.th/info/index.html).
National Income of Thailand 2001 Edition, Office of the National Economic and Social Development Board, Office of the Prime Minister
(http://www.nesdb.go.th/econSocial/macro/macro_eng.php).
International Energy Annual 2002 Edition, Energy Information Administration, U.S. Department of Energy
(http://www.eia.doe.gov/emeu/iea/).
Population and Housing Census 2000, National Statistical Office
(http://www.nso.go.th/pop 2000/pop_e 2000.htm).
Thailand Energy Situation 2002, Department of Alternative Energy Development and Efficiency, Ministry of Energy
(http://203.150.24.8/dede/report_e.html).

第6章　環境を守るための法制度
―欧米の事例から―

1. 動物保護と憲法：ドイツ基本法20a条の改正をめぐって

　2002年7月26日の基本法改正法律（BGBl. I, S. 2862）によって，「環境保護」を国家目標として定式化している基本法20a条に「および動物（und die Tiere）」という言葉が挿入され，基本法20a条は，次のような文言となった．

　「国は，将来の世代に対する責任においても，自然的生命基盤および動物を，憲法適合的秩序の枠内において立法を通じて，また，法律および法の基準に従って執行権および裁判を通じて保護する．」

　ドイツでは，1990年代前半から，「動物保護」の国家目標規定をドイツの憲法である基本法に導入すべきかどうかについて活発な論争が繰り広げられてきた．今回の改正によってこの論争に一応の決着が付けられた結果，ドイツの学説は，改正後の基本法20a条の規範的内容を解釈論によって解明する作業を始めている．ドイツ語でたったの3単語を基本法20a条に挿入しただけの小規模な改正である．改正された基本法20a条から一体いかなる規範的内容を導出することができるのだろうか．以下の(2)および(3)において，基本法20a条の改正後に出された若干の論文を手掛かりとして，ドイツの学説において改正後の基本法20a条についてどのような解釈論が展開されているのかを紹介・検討することにしたい．ただし，その前に(1)で，基本法20a条の解釈論を理解するための前提作業として，基本法20a条改

正の経緯を跡付けておく必要がある.

ところで，ドイツに先行してスイスの憲法は,「被造物の尊厳 (Würde der Kreatur)」に言及している条項 (スイス連邦憲法 24 条の 9) を有しており，日本でも一定の関心を呼んでいる[1].ただし，日本で著名なのは,「出血前に麻痺せしめずに動物を殺すことは，一切の屠殺方法および一切の種類の家畜についてこれを禁ずる」と規定していた 1973 年改正前の旧スイス連邦憲法 25 条の 2 であろう.この規定は，日本国憲法に関する基本書・体系書の中でも「憲法の意味」を説明する際にしばしば言及されており，日本の研究者にとっても馴染みのあるものである[2].例えば，清宮四郎は，現在では古典的とも言える教科書の中で,「形式的意味の憲法は，その性質上，実質的意味の憲法を内容とするのが普通であるが，例外的に，実質的意味の憲法とはいえないものを含んでいることもある」と指摘し，改正前の旧スイス連邦憲法 25 条の 2 を「世界的に有名な事例」として紹介している[3].もっとも，こうした説明には異論があるところで，樋口陽一は,「この規定を，もっぱらに，実質的意味の憲法としての性質をもたぬ単純な動物愛護規定として解釈しようとする立場は，十分に成立可能であろう」と指摘しつつも,「この規定が人民発案にもとづいて 1893 年に採択され憲法典にくみ入れられた経過に即して見るならば，この規定によって禁じられることとなるのは何よりもユダヤ教徒の慣行だったのであり，だからこそ，憲法 50 条の保障する礼拝・典礼の自由との抵触いかんが議論されていた」ことを踏まえれば,「ある宗教的慣行を――名ざしではないにしても――禁止することとなる意味をもつ規定は，かりに動物愛護という主目的を達成するための附随的制約という説明上の定式化のもとで出された場合でも，実質的意味の憲法と無関係だといってしまうことはできないはずで」[4], むしろ，この条項は,「『国民と国家権力との関係に関する規範』に当たると解するのが，自然であろう」[5]と説いている.それでは，樋口の示した対抗図式に従って改正後の基本法 20 a 条を性格付けるとすれば，それは「実質的意味の憲法としての性質をもたぬ単純な動物愛護規定」なのだろうか，それとも,「国民と国家権力と

の関係に関する規範」なのだろうか．この問いに対する解答も，基本法20a条の規範的内容を検討した後で自ずと明らかになるだろう．

(1) 制定過程

基本法への「動物保護」の国家目標規定の導入をめぐっては，1992年1月16日に設置され，「ドイツ統一に関連して提起される基本法の改正または補充の問題」を審議し，1993年秋に答申を出した連邦議会・連邦参議院合同憲法委員会において，すでに立ち入った議論がなされていた（BT-Drs. 12/6000, S.68ff.）．以後，この論点は，学界や議会において継続的に議論されていく．そこでなされた議論を跡付けることは興味深い研究素材である[6]が，紙幅の制約のため，ここでは，現行の基本法20a条に至る直接的な経緯を素描するにとどめる．

1990年代における，動物保護の国家目標規定を基本法に導入すべきかどうかをめぐる政党間の対立の構図は，大雑把に言えば，次のようなものであった．導入に賛成しているのが，社会民主党（SPD），90年連合／緑の党，自由民主党（FDP），（旧ドイツ民主共和国の社会主義統一党の流れをくむ）民主社会主義党（PDS）であり，導入に反対しているのが，キリスト教民主同盟／社会同盟（CDU/CSU）であった．また，導入に賛成している政党の間でも，動物保護の国家目標規定をどのように定式化すべきか，という点については，FDPと他の政党の間では一定の距離があった．第14立法期においても各政党はそれぞれ法案を連邦議会に提出している．連立政権を組んでいるSPDと90年連合／緑の党は，1999年1月19日に，「動物は，同じ被造物（Mitgeschöpfe）として尊重される．動物は，種に相応しくない飼育および避けることのできる苦痛から保護されるとともに，その生息空間を保護される．」と定める20b条を基本法に導入することを提案した（BT-Drs. 14/282）．FDPは，1998年12月14日に，「動物は，現行の法律の枠内において，避けることのできる苦痛および傷害から保護される．」と定める2項を基本法20a条に補充することを提案した（BT-Drs. 14/207）．PDSは，1999年1

月19日に,「動物は,種に相応しい飼育がなされ,その生息空間の破壊ならびに回避することのできる苦しみおよび痛みから保護される.動物実験は,人間の健康の増進に不可欠である場合に限り,許容される.」と定める2項を基本法20a条に補充することを提案した (BT-Drs. 14/279).

　連邦議会は,1999年1月21日の第16回会議で第1読会の審議を行った後,これらの諸法案を法務委員会などに付託した.法務委員会における審議の過程で,この論争は1つの転換点を迎える.SPDと90年連合／緑の党からなる連立与党とFDPは,法案の一本化に合意し,基本法20a条に「および動物」という文言を挿入する案(現行の基本法20a条は,これと同一の文言である.)をSPDと90年連合／緑の党案の修正という形式で法務委員会に提案したのである (BT-Drs. 14/3165, S. 5).この合意は,SPDと90年連合／緑の党の側がFDPに歩み寄った結果だと言えよう.FDPは,従来から,動物保護の国家目標規定の導入自体には賛成しつつも,「様々な種類の動物の中での——例えば,益獣なのか,害獣なのか,あるいは発達段階はどうかといった点による——必要な細分化および他の法益との不可欠の衡量が立法者の仕事である」ことを明確に表現した条文であることを求めていた (BT-Drs. 14/207, S. 4).この合意がFDPの要求を大幅に受け入れたものであることは,以下の提案理由 (BT-Drs. 14/3165, S. 5) から推測できる.「基本法20a条への採用によって,動物保護のランクに関する誤解を生じさせる可能性のある,自然的生命基盤の保護と動物保護のための様々な定式化が回避される」.合意された条文は,「具体化を意識的に放棄し,それによって通常立法者による形成のために余地を残そうとするものである.開かれた定式化は,通常法において動物の利益と保護を明確化し,人間と動物の正当な利益を調整することを可能にする.具体化の放棄によって,発達段階の異なる動物のためのきめ細かな保護を保障することは,通常立法者の任務であり続ける」.FDPは,この条文を,「動物保護思想」を十分に考慮するとともに,「研究の自由および学問の自由に対する過度の制約」を伴わないものであるとして歓迎した.

第 6 章　環境を守るための法制度　　211

　他方，この合意は，SPD と 90 年連合／緑の党にとっては，「動物保護」を「環境保護」とは別個独立に 20b 条として基本法に導入する従来の提案からの後退を意味する[7]．それにもかかわらず SPD と 90 年連合／緑の党がFDP との妥協を優先したのは，何よりもまず，動物保護に憲法ランクを付与することが重要だと考えたからであろう．SPD は，裁判所の抱えている，「動物保護思想を憲法より下位の条項から十分に明確に導出する著しい困難」を解消する「法実務の必要性」を指摘しているし，90 年連合／緑の党も，「さらに広範囲な規制」が望ましいのであるが，「しばしば利益衡量が必要となる法適用」に際して動物保護にそれに相応しい重みを付与する「緊急に必要な解釈・衡量補助」を裁判所に提供する必要があると述べている（BT-Drs. 14/3165, S. 6）．

　しかし，CDU/CSU は，この合意についても，「政党政治的な独自色を追求するための憲法」は「タブーの領域」であるべきであり，また，憲法における「動物保護」の保障は，「動物保護の追求にとって無益であり，憲法にとって有害である」として反対した（BT-Drs. 14/3165, S. 6）．法務委員会は，2000 年 3 月 15 日の第 45 回会議においてこの法案を審議した上で，SPD，90 年連合／緑の党，FDP および PDS の賛成によって，同案を連邦議会が受け入れることを勧告した．しかし，連邦議会ではこの法案は憲法改正に必要な 3 分の 2 の多数を獲得することはできなかった．この法案について，2000 年 4 月 15 日の第 99 回会議で第 2 読会および第 3 読会の審議がなされ，投票が行われたが，CDU/CSU の反対により否決された．

　こうして，「動物保護」の国家目標規定を憲法に導入しようとする試みは，第 14 立法期においても失敗に終わるかに見えた．ところが，2002 年 4 月に，SPD，CDU/CSU，90 年連合／緑の党および FDP の 4 会派は，基本法 20a 条の「自然的生命基盤」の後に「および動物」という文言を補充する基本法改正案に合意した．これまで動物保護の国家目標規定の導入に一貫して強固に反対してきた CDU/CSU が一転して態度を翻したのである．CDU/CSUが 2002 年 4 月の段階で突然に方向転換した理由は必ずしも明らかではない

が，学説では，①世論の圧力の増加と②連邦憲法裁判所が2002年1月15日に下したいわゆる「屠殺判決」への対応がその理由であるという指摘がなされている[8]．このうちの②について後で若干の考察を加えることにしたい．

SPD，CDU/CSU，90年連合／緑の党およびFDPの4会派は，2002年4月23日，合同で法案を連邦議会に提出した（BT-Drs. 14/8860）．この法案は，2002年5月17日，連邦議会において，圧倒的多数（賛成542，反対19，留保15）によって可決された．連邦参議院は，2002年6月21日，この基本法改正に同意した．2002年7月26日の基本法改正法律は，2002年8月1日に発効した．以上のような紆余曲折を経て基本法20a条の改正が成立した．以下，改正後の基本法20a条からいかなる規範的内容が導出され得るのかを検討したい．

(2) 動物保護の国家目標規定の規範的内容

1) 国家目標規定としての基本法20a条

改正前の基本法20a条は「国家目標規定」であると解釈されている．国家目標規定である基本法20a条に挿入された「動物保護」の部分も国家目標規定の法的性格を有すると解することに異論はない．国家目標規定とは，専門家委員会「国家目標規定／立法委託」の報告書[9]に従えば，「国家活動に対して一定の任務——事項的に範囲の限定された目標——の継続的な遵守または履行を指示する，法的拘束力のある憲法規範」である．国家目標規定は，純粋なプログラム規定ではなく，「直接に妥当する法」であるが，「客観法的性格」を有するもので，市民に対して主観的権利を付与するものではない．国家目標規定は，何よりもまず，立法者に対する行為委託であり，執行権および裁判権に対しては，不確定法概念の解釈や衡量的決定に際して衡量基準・解釈基準を提供する．

2) 動物保護の内容

「動物保護」とは何か．動物保護とは，「避けることのできる苦しみ，傷害

第6章 環境を守るための法制度　213

または痛みからの個々の動物の保護」，あるいは「個々の動物にとっての痛み，苦しみまたは傷害の防止」[10] である．高度に発達した動物に苦しみや痛みを感じる能力があることは，「人間の行動にとっての倫理的ミニマム」を要求し，そこから，「動物を同じ被造物（Mitgeschöpflichkeit）として尊重し，動物を回避することのできる苦痛から免れさせる義務」が導出される．この義務の内容は，動物保護法で定式化されているように，①種に相応しくない飼育，②避けることのできる苦痛および③生息空間の破壊からの動物の保護という3つの要素を含む動物の尊重である（BT-Drs. 14/8860, S. 1ff.）．「動物保護」は，「動物固有の価値」を基礎付けるもので，個々の動物はその動物自身の利益のために保護される．この意味での「動物保護」は，基本法20a条の「自然的生命基盤」の保護によってはカヴァーされず[11]，ここから基本法20a条改正の必要性が帰結される．

3）立法者に対する法的拘束力

　基本法20a条は，立法者に対して，動物を保護することを義務付ける．従って，立法者は，「動物を保護するための法律上の基盤を創出しなければならない」（BT-Drs. 14/8860, S. 3）．動物保護という領域は，国家目標規定の採用によって，「代替的措置のない撤廃」から保護される[12]．もっとも，国家目標規定は，目的を達成する手段については確定しておらず，目的実現の方法については，立法者に広範囲な形成の余地が残されている．したがって，いかなる方法で動物を保護するのかは，立法者の裁量に委ねられる．動物保護のために，立法者はすでに動物保護法を制定しているが，各政党とも，基本法20a条の改正によって，立法者が動物保護法に加えて何らかの立法的措置を講じる義務を負うとは考えていない．SPDと90年連合／緑の党でさえ，動物保護の国家目標規定の導入が「すでに存在する動物保護の諸規範の厳格化」を伴うものではないと述べている（BT-Drs. 14/282, S. 3）．

　他方，学説では，積極的な解釈論を展開する試みも存在する．例えば，オーベルクフェルは，基本法20a条によって，立法者は「動物実験を行わな

い教授法や検査手続を促進することを義務付けられる」と解する[13]．また，カスパール／ガイセンは，自然的生命基盤の保護に関連してすでに展開されている解釈論[14]を応用して，基本法20a条から「動物保護法上の悪化禁止」，「国の事後改善義務」，「動物保護法のミニマムを維持する義務」などを導出している．カスパール／ガイセンは，立法者に広範囲な形成の余地を認めつつも，立法者は出来る限り実効的な動物保護に配慮することを要請され，そこから，高い保護水準を伴った諸規定を制定する一般的義務が導出されると指摘した上で，改正後の基本法20a条を次のように具体化する．第1に，基本法20a条から「動物保護法上の悪化禁止」が導出される．例えば，動物食品を低コストで製造するために既存の動物保護基準を緩和することはこの規制任務と矛盾する．「動物保護」という規制事項は，十分な市場経済的根拠が存在する場合には何時でも縮小され得る「もっぱら倫理的な拘束力を有する差引勘定項目」と見てはならない．第2に，基本法20a条から「国の事後改善義務」が導出される．「国の事後改善義務」は，法律上の動物保護を学問的知見の最新の状況に適合させることを内容とする．立法者は，事後改善義務を果たすために，食用動物の飼育に関する最新の動物行動学の知見に照らして定期的に動物飼育の法規制を点検し，必要な場合には，最近の知見を飼育規制の中に補充しなければならない．第3に，基本法20a条から「動物保護法のミニマムを維持する義務」が導出される．今まで規制が存在していなかった動物保護関連の領域，例えば，肥育用家禽の飼育や毛皮動物の飼育の領域において，立法者は，法的に拘束力のある動物保護規範を設定し，動物の扱い方にかかわる欠陥を出来る限り除去しなければならない．

さらに，基本法20a条によって，国は，動物保護法の実効的な執行を可能にすることを要請される．連邦は，執行を容易にする動物保護立法（例えば，動物保護団体に訴権を与える団体訴訟の導入）を行う責務を有する[15]．

加えて，基本法20a条への「動物保護」の挿入によって立法者に基本権制約の可能性が与えられたことも重要である．国家目標規定は，「法律の留保を伴わない基本権」[16]についても立法者による基本権制約を正当化する．

立法者は，留保なく保障されている基本権については，「衝突する第三者の基本権または憲法ランクを付与された他の法価値」によってのみこれを制約することができる．動物保護法は，学問の自由や信仰の自由を制約する諸々の規定を有している．これらの規定の合憲性を論証するために，学説は，基本法74条20号の権限規範，「人間の尊厳」（1条1項），「神と人間に対する責任」を語る前文，2条1項における道徳律などを根拠として「動物保護」に憲法ランクを付与しようと試みてきた[17]．こうした解釈論はもともとやや苦しいところがあり，基本法20a条の改正によって動物保護に憲法ランクが付与され，学問の自由や信仰の自由といった基本権を「動物保護」のために制限することが——憲法解釈論上の厄介な問題を抱えることなく——可能になった．基本法20a条の改正によって，動物保護に憲法ランクを根拠付与するためになされてきた憲法テクストの「過度に拡大した解釈」の危険が払い除けられたのである[18]．

4）執行権および裁判権に対する法的拘束力

つぎに，法律の解釈および適用を行う執行権および裁判権に対して基本法20a条の改正が与える影響に目を向けよう．動物保護の国家目標規定の導入は，立法者よりも，むしろ執行権および裁判権にとって重大な意味をもつ．SPDは，すでに法務委員会の審議の中で，動物実験，教育目的に基づく動物の利用を念頭において，動物保護法が設定した高度の要求が法実務において実現されないのは，動物保護に憲法ランクが欠けているために，動物保護が学問の自由や芸術の自由など憲法上保護されている他の法益と衝突した場合に，動物保護がつねに劣位におかれてしまうからであると指摘しつつ（BT-Drs.14/3165, S.6)，憲法における動物保護の保障という仕方によってのみ，動物保護を，留保なく保障されている基本権との衡量の中に取り込むことができると主張していた．それでは，基本法20a条の改正によって動物保護法の解釈・適用はどのような影響を受けるのだろうか．次項では，動物実験と屠殺を素材として，この点をもう少し検討してみたい．

(3) 動物保護と基本権

1) 動物保護と研究の自由

　ドイツの動物保護法第5章は「動物実験」を規律している．同法7条2項は，動物実験の許容性について，医学的研究や基礎研究の目的のために「不可欠である」場合に動物実験を行うことができると規定している．さらに，同法7条3項は，脊椎動物に対する実験については，実験動物の予期される痛み，苦しみまたは傷害が実験目的に鑑みて「倫理的に適切である」場合にのみ行うことができると規定している．連邦憲法裁判所は，1994年の部会決定（第1法廷第1部会）において，動物保護法7条3項が学問の自由（基本法5条1項）に合致するかどうかの判断を求めたベルリン行政裁判所の移送を不適法と判断したが，その理由の中で，次のように判示している．すなわち，動物保護法7条3項の「倫理的適切性」は，「実験動物の苦痛」と「実験目的の学問的重要性」との「比較衡量」に拠る．実験目的の学問的重要性が学問的にのみ根拠付けて説明されなければならないとしても，それは，許可官庁の「合理性コントロール」に服する．「しかし，許可官庁は，実験目的の重要性に関する自己の評価を，申請者である研究者の評価とおきかえてはならない．研究者は，自己の計画をその倫理的適切性の視点においても正当化しなければならないことを強制される．しかし，その実体判断について，研究者に学問以外の判断基準をそのまま押し付けることはできない．衡量過程の他の基準点，つまり，実験動物の苦痛も，規定の文言によると，申請者の学問的に根拠付けられた説明にのみ服する．法律の文言を真摯に受け止めるならば，学問の自由が許可官庁および裁判所の意のままにされると言うことはさらに困難である」（NVwZ 1994, S. 894）．問題は，連邦憲法裁判所のこの解釈が基本法20a条の改正後も維持することができるかどうかである．

　カスパール／ガイセンは，このような「法律上の動物保護を犠牲にした型通りの憲法適合的縮小」は基本法20a条に反すると主張する．カスパール／ガイセンは，「憲法適合的」解釈による「法に反する動物保護法の修正」の結果，動物実験の許可要件の具備に関して，官庁や裁判所による独自の審

査に服さない研究者の「自律的判断余地」が存在することになってしまい，官庁は，明らかに不適法な計画でも動物実験の不許可あるいは届出義務のある動物実験の禁止などの消極的決定を下すことはできなかったと批判する．そして，基本法20a条が，倫理的動物保護に研究の自由の基本権に対抗する独自の重要性を与え，それを個々の具体的なケースに応じて研究の自由との対抗関係において考慮することを命じている以上，「動物保護法の中心的な法概念を型通りに申請者の自律的判断権に割り当てる動物保護法の一面的解釈」は基本法20a条と合致しないと主張する[19]．また，オーベルクフェルも，「将来は，動物保護と研究の自由との衝突は，衡量に際して実践的整合性の意味で二つの憲法的価値の間で出来る限り傷つけない調整を模索しなければならないという仕方で解決されなければならない」のであり，今後，許可官庁は「包括的な実体的審査権」を有することになると主張している[20]．動物実験の許可要件に関する裁判所の解釈がこれらの学説の言うように劇的に変更されるかどうかはともかくとして，少なくとも，「裁判所による動物保護法上の規定の学問に好意的な従来の解釈が，現在では，動物保護にとって有利に変動する可能性がある」[21]ことは確かであろう．

2) 動物保護と信仰の自由

すでに指摘したように，CDU/CSUが従来の反対の態度を翻した背景には，連邦憲法裁判所のいわゆる屠殺判決[22]が存在する．動物保護法4a条は，事前に麻痺させずに温血動物を屠殺することを原則的に禁止する（1項）と同時に，麻痺させない屠殺の例外的許可を付与する可能性を認めている（2項）．官庁は，宗教団体の強行的戒律がその宗教団体に属する者に屠殺を命じている場合，または屠殺されていない動物の肉を食べることを禁じている場合に例外的許可を与えることができる（2項2号）．本件憲法異議の申立人は，トルコ国籍を有する者で，敬虔なスンニー派のムスリムである．異議申立人は，20年以上ドイツで生活し，1990年に父親から引き継いだ食肉業を営んでいた．異議申立人は，1995年9月初めまでは動物保護法4a条2項2

号に基づく屠殺の例外的許可を得てきたが，その後は例外的許可を受けることができなかった．こうした状況変化の背後には，1995年6月15日の連邦行政裁判所の判決（BVerwGE 99, 1）が存在する．連邦行政裁判所は，動物保護法は屠殺に関する宗教団体の強行的戒律の「客観的確認」を要求していると解釈し，宗教団体の各構成員の主観的な宗教的確信のみに照準を合わせる「個別的見方」は，この法律の文言，意味および目的ならびに制定史と合致しないと判断した．連邦行政裁判所は，屠殺されていない肉を食べてはならないという一般的禁止はイスラム教には存在せず，イスラム教内部の個別の宗教集団の理解は問題とならないと述べた．

　連邦憲法裁判所は，連邦行政裁判所の示したこの解釈を，「基本法4条1項および2項［信仰の自由］と結び付いた2条1項［一般的行為の自由］に基づく基本権の意義と射程を正当に評価していない」と批判する．連邦憲法裁判所によると，この解釈は，麻痺させずに屠殺された動物の肉の提供を確保するために，自己および顧客の信仰の食戒を配慮して屠殺を希望する食肉業の職業的活動を阻止するもので，このことは，異議申立人に過度の負担を課し，動物保護の利益を一面的に考慮するものである．「この解釈においては，動物保護法4a条2項2号後段は違憲であろう」．そこで，連邦憲法裁判所は，動物保護法4a条2項2号後段の「宗教団体」および「強行的戒律」という2つの要件要素を，信仰の自由と結び付いた「一般的行為の自由」を考慮に入れて解釈する．連邦憲法裁判所は，2002年11月23日の連邦行政裁判所の判決（BVerwGE 112, 227）に依拠しながら，次のように判示する．まず，「動物保護法4a条2項2号に基づき例外を承認するためには，申請者が，共通の宗教的確信によって結ばれている人間の集団に属していることで十分である」．それ故，動物保護法4a条2項2号の意味における「宗教団体」として，「イスラム内部の集団で，その宗派が他のイスラム教団体の宗派とは異なるもの」も考慮される．つぎに，この解釈は，屠殺されていない動物の肉を食べることを宗教団体の構成員に禁じる「強行的戒律」の運用にも影響する．官庁や裁判所がこの要素の充足の有無を判断する際に，

「イスラム教のように屠殺について様々な見解を主張する宗教の場合は，イスラム教全体またはこの宗教のスンニー派またはシーア派の宗派」を準拠点とする必要はない．むしろ，強行的戒律の存在の有無は，「具体的な，場合によってはこうした宗派内部に存在する宗教団体」について判断すべきである．その際に，動物保護法4a条2項2号後段に基づく例外的許可を求める者は，その共同の信仰的確信に従えば肉を食べるには麻痺させない屠殺が強行的に前提となることを，「実質的かつ具体的に説明すれば十分である」．こうした説明が行われた場合，国は，「宗教団体のこうした自己理解を考慮しないで済ますことは許されず，この信仰的認識を評価することを控えなければならない」．こうして連邦憲法裁判所は，動物保護法の「憲法適合的解釈」によって，屠殺の例外的許可の適用範囲をユダヤ教の信者のみならず，ムスリムに対しても及ぼす筋道を示したのである．

樋口陽一は，連邦憲法裁判所の屠殺判決について，実質において「マイノリティに属する者の処遇」が核心の問題であると見ている．樋口は，「実質的にはマイノリティに属する者を積極的に処遇しようとするのである」が，国法上の義務（教育や兵役や納税）の特免の制度や積極的差別是正措置といった形態をとらず，「自由一般の適用という形式によってそうする場合」があることを指摘し，この場合の事例として，「フランスのイスラム・スカーフ事件」とならんで，連邦憲法裁判所の屠殺判決を取り上げている[23]．この文脈から見ると，多文化社会のコンセプトに反対するCDUの党首メルケル（Angela Merkel）が，判決直後に，この判決は「ドイツにおける外国人の更なる統合を困難にするだろう」と批判した[24]ことも理解できる．CDUが動物保護の国家目標規定の導入に反対してきた従来の立場を変更したのは，今後も屠殺に対する例外的許可を非常に制限的に運用していくというCDUが政権を担当している州の方針を後押しするためであろう．

それでは，連邦憲法裁判所による「憲法適合的」解釈は，基本法20a条の改正によって「動物保護」に憲法ランクが付与された結果，その変更を余儀なくされるのだろうか．この点，学説は，「動物保護」の基本法20a条へ

の補充によって「動物保護に不利な憲法適合的解釈の憲法裁判的拘束力」が「排除」されたと見る説（カスパール／ガイセン）から，屠殺判決は動物保護に憲法ランクが付与されていなかったからいささか問題のある理由付けを必要としたのであって，改正された基本法20a条を基礎とすることによって同じ結論に至ることができると見る説（ハイン／ウンルー）まで多様である．

まず，カスパール／ガイセンは，連邦憲法裁判所の示した解釈によって，例外的許可の付与は，自己の信仰を基準として屠殺されていない動物の肉を食べることは許されないという申請者の個人的確信に依拠することになり，また，官庁も裁判所も「強行的戒律」の有無について判断することができなくなり，例外的許可であるという動物保護法4a条2項2号の性格が排除されてしまうと批判した上で，動物保護が憲法上保障された以上，官庁は，「強行的戒律」という文言を信仰の自由に抗してでも完全に利用し尽くされなければならないのであり，強行的戒律が客観的に確認できない限り屠殺禁止の例外的許可の余地はない，と主張する[25]．また，オーベルクフェルも，申請者の純粋に主観的な判断を尊重し，それを許可官庁は内容的に審査することができないとするような合憲的解釈は，「動物保護を自動的に後景に退かせる」ものであって，動物保護に憲法ランクが付与されたからには「もはや維持できない」とし，改正後の基本法20a条は動物保護にこれまで以上の重みを与え，許可官庁に「包括的な統制権と統制義務」を付与すると説いている[26]．

これに対して，ハイン／ウンルーは，まず，基本法20a条の改正によって動物保護に憲法ランクが付与された結果，憲法上の衡量状況を「作り出す」ために，憲法よりも下位のランクの法益に基づいて制約することができる基本法2条1項の一般的行為の自由を審査基準とするという「癖のある解釈」に頼る必要はなくなり，「留保なしに保障された基本権の内在的制約の理論」に従って存在する「信仰の自由と動物保護との衡量状況」を比例原則に基づき解決しなければならないと説く．そして，こうした基本権解釈論を前提としたとしても，連邦憲法裁判所がこの事例について異なった結論に至

第 6 章　環境を守るための法制度　　　221

ったと見ることは困難であると指摘する．ハイン／ウンルーは，一方で，当該宗教団体の「強制的戒律」が麻痺させない屠殺を命じている限り，屠殺の許可の拒否は申請者にとって重大な基本権侵害であること，他方で，屠殺方法が動物に与える苦痛の程度，つまり，「動物保護」という法価値の侵害の程度については必ずしも解明されていないことを指摘し，かりに個別のケースで 2 つの憲法価値が同程度に影響を受けることが確認できるとしても，信仰の自由に有利な決定は必ずしも不適切なものではないと説いている[27]．また，ゾンマーマンは，①動物保護は，環境保護と同様に，基本権に対して原理的優位に立つものではないこと，②基本法の制定者は，基本権秩序を構築する際に，きめ細かな制約システムによって基本権の様々な防御力を規範化しており，明文の留保が付けられていない基本権に対しては，法律の留保に服する基本権よりも厳格な制約基準が妥当すること，③このことは，国家目標規定に根拠を有する「公共の福祉」によって基本権をどの程度制約することができるのかという問題においても考慮しなければならないこと，④動物保護の原理的優位性は存在しないので，基本権制約の場合には，それぞれの憲法的地位がいかなる範囲といかなる強度において影響を受けるのかを個別的に審査しなければならないことを指摘し，イスラム教の戒律に基づく屠殺の禁止の例外が今後も憲法上許容され，場合によっては例外的許可が要請されると説いている[28]．これらの学説に従えば，連邦憲法裁判所が屠殺判決で示した解釈は，基本法 20a 条の改正によって必ずしも影響を受けるわけではない．

(4)　結　　語

最後に，以上で述べたことを整理しておきたい．本節の目的は，何よりもまず，改正後の基本法 20a 条からいかなる規範的内容が導出されるのかを解明する点にあった．すでに紹介したように，様々な解釈論が展開されているが，基本法 20a 条改正の最大の意義は，信仰の自由や学問の自由という「留保の付いていない基本権の領域における動物保護法の適用に際しての行

政および司法にとっての決定権の増大」[29]にあると思われる．ただ，こうした解釈論上の意義は，基本権制約に関するドイツの基本権解釈を前提としてはじめて意味をもつ話であることに留意しておく必要がある．

また，本節は，「動物保護」の国家目標規定の導入に強固に反対してきたCDU/CSUが2002年4月の段階で態度を翻したのは何故か，という問題にも触れるところがあった．CDU/CSUは，ムスリムに対しても屠殺の例外的許可を与えることを認めた連邦憲法裁判所の判決に対抗するために動物保護に憲法ランクを付与する憲法改正を容認したのである．もちろん，CDU/CSUの望む屠殺の原則的禁止という方向で判例が変更されるかは，別問題である．他方，SPDや90年連合／緑の党の狙いは，動物保護の国家目標規定の導入によって，学問の自由に有利になるように解釈されてきた動物保護法の諸規定を動物保護の方向で解釈し直す手掛かりを裁判所に提供しようとする点にあった．このように，従来から「動物保護」の国家目標規定の導入を主張してきたSPDや90年連合／緑の党と2002年4月に態度を翻したCDU/CSUは，それぞれ別々の期待を込めて「および動物」という言葉を基本法20a条に挿入するという基本法改正に賛成したのである．その意味で，基本法20a条の改正について各政党は「同床異夢」であったと特徴付けることができるのではないだろうか．

以上の考察を踏まえると，冒頭で提起した問題への解答も明らかである．すなわち，基本法20a条は，「たんなる動物愛護規定」ではなく，むしろ，国家が研究の自由や信仰の自由をより広い範囲で規制する根拠を提供しようとするものであり，「国民と国家権力との関係に関する規範」であると見ることができる．その意味で，改正後の基本法20a条の「動物保護」の部分は，実質的意味の憲法ではないものが形式的意味の憲法を構成している事例ではなく，まさに「実質的意味の憲法」に属するものである[30]．

注
1) 前原清隆「ドイツ語圏のエコロジー憲法構想の動向」平和文化研究（長崎総合

第 6 章　環境を守るための法制度　　　　　　　　　　　　　　　223

科学大学長崎平和文化研究所）第 22 集（1999 年）49 頁以下，61 頁以下．
2)　近年出版された教科書では，辻村みよ子『憲法　第 2 版』（2004 年，日本評論社）12 頁以下，初宿正典『憲法 1　統治の仕組み（I）』（2004 年，成文堂）8 頁，吉田善明『日本国憲法論　第 3 版』（2003 年，三省堂）4 頁．
3)　清宮四郎『憲法 I　第 3 版』（1979 年，有斐閣）7 頁．
4)　樋口陽一『憲法　改訂版』（1998 年，創文社）6 頁．
5)　樋口陽一『憲法 I』（1998 年，青林書院）14 頁．
6)　この時期の議論については，*Michael Kloepfer / Matthias Rossi*, Tierschutz in das Grundgesetz?, JZ 1998, S. 369 ff. が詳しい．なお，ミヒャエル・クレプファー（赤坂正浩訳）「動物保護の憲法問題」ドイツ憲法判例研究会編『先端科学技術と人権』（近刊予定，信山社）も参照．
7)　*Johannes Caspar / Martin Geissen*, Das neue Staatsziel „Tierschutz" in Art. 20a GG, NVwZ 2002, S. 913 は，改正された基本法 20a 条を「小解決（die „kleine Lösung")」と呼んでいる．石村修「産卵鶏のケージ内飼育」自治研究 79 巻 10 号 156 頁以下，160 頁も，「かつての政府側提案は大幅にトーン・ダウンされた」と評している．
8)　*Karl-Peter Sommermann*, in: Nachtrag zu von Münch/Kunig（Hrsg.），Grundgesetz - Kommentar, 5. Aufl. 2003, Art. 20a Nachtrag, Rdnr. 23/2. なお，この点，石村修「動物に対する法的対応と動物実験」学術の動向（日本学術協力財団）7 巻 9 号（2002 年 9 月号）42 頁以下も参照．
9)　Bundesminister des Innern/Bundesminister der Justiz（Hrsg.），Staatszielbestimmungen/Gesetzgebungsaufträge, Bericht der Sachverständigenkommission, 1983, Rdnr. 7.
10)　*Dietrich Murswiek*, in: Sachs（Hrsg.），Grundgesetz, 3. Aufl. 2002, Art. 20a Rdnr. 36a.
11)　動物保護と自然的生命基盤の保護との関係については，飯田稔「自然環境の利用と保全――生態系保護の憲法論――」ドイツ憲法判例研究会編『未来志向の憲法論』（2001 年，信山社）207 頁，216 頁以下を参照．
12)　*Susanne Braun*, Tierschutz in der Verfassung―und was nun？Die Bedeutung des neuen Art. 20a GG, DÖV 2003, S. 488 ff., 490.
13)　*Eva Inês Obergfell*, Ethischer Tierschutz mit Verfassungsrang, NJW 2002, S. 2296 ff., 2297.
14)　カスパール／ガイセンが依拠するのは，基本法 20a 条における環境保護の部分に関するクレプファーやシュルツェ・フィーリッツの解釈論であるが，これらの学説については，岡田俊幸「環境保護の国家目標規定（基本法 20a 条）の解釈論の一断面」樋口陽一・上村貞美・戸波江二編『栗城壽夫先生古稀記念　日独憲法学の想像力下巻』（2003 年，信山社）449 頁以下，459 頁以下で紹介しておいた．

15) *Caspar/Geissen*, a. a. O. (Anm. 7), S. 914.
16) 基本法5条3項1文は,「芸術および学問,研究および教授は,自由である。」と規定する。また,基本法4条1項は,「信仰,良心の自由,ならびに宗教および世界観の告白の自由は,不可侵である」と規定する。5条3項1文(芸術の自由・学問の自由)も4条1項(信仰の自由)も,明文で基本権制約の可能性を規定していない。こうした基本権を「法律の留保を伴わない基本権」と言う。
17) 押久保倫夫「環境保護と『人間の尊厳』」ドイツ憲法判例研究会編『未来志向の憲法論』(2001年,信山社)153頁以下,159頁以下を参照。
18) *Braun*, a. a. O. (Anm. 12), S. 489.
19) *Caspar/Geissen*, a. a. O. (Anm. 7), S. 915.
20) *Obergfell*, a. a. O. (Anm. 13), S. 2298.
21) *Murswiek*, a. a. O. (Anm. 10), Rdnr. 72.
22) BVerfGE 104, 337. この判決につき詳しくは,近藤敦「イスラームの作法に則った屠殺判決」自治研究79巻5号(2003年)146頁以下を参照。
23) 樋口陽一『国法学』(2004年,有斐閣)161頁以下。
24) taz vom 21. 1. 2002, S. 7.
25) *Caspar/Geissen*, a. a. O. (Anm. 7), S. 916f.
26) *Obergfell*, a. a. O. (Anm. 13), S. 2298.
27) *Karl-E. Hain/Peter Unruh*, Neue Wege in der Grundrechtsdogmatik ?, DÖV 2002, S. 147ff., 154f.
28) *Sommermann*, a. a. O. (Anm. 7), Rdnr. 23/6.
29) *Braun*, a. a. O. (Anm. 12), S. 493.
30) なお,動物保護の問題を幅広い視点から考察した労作として,青木人志『動物の比較法文化』(2002年,有斐閣)および同『法と動物 ひとつの法学講義』(2004年,明石書店)がある。

2. アメリカ環境保護団体の原告適格

アメリカ合衆国では,環境保護団体は,自然環境を保護する手段として司法を積極的に利用している。その背景には,各環境法に市民訴訟条項が置かれていることに加えて,裁判所が原告適格を柔軟に解釈する姿勢を示してきたことがある。

以下では,環境保護訴訟におけるスタンディングの法理の現在の到達点を

考えてみたい．

(1) スタンディングの法理と市民訴訟条項
1) スタンディングの法理
　合衆国憲法第3編第2節第1項は，連邦裁判所が紛争を取り上げるのは，当該紛争が事件および争訟（cases and controversies）にあてはまる場合に限る，と規定している．そして，今日の判例・学説は，事件および争訟の要件を司法判断適合性（justiciability）の問題に結び付け，その枠内でスタンディングの法理を扱っている．スタンディング（standing）は，法的請求権を行使する，または，義務もしくは権利の司法的実現を求める当事者の権利，と定義されており[1]，日本では，いわゆる原告適格の問題として紹介されている．

　スタンディングの法理は，司法判断適合性に関連する他の諸法理と同様，1920年代の改革的諸立法および1930年代のニューディール諸立法に反対する勢力を裁判所から遠ざけようとする諸判例[2]において発展したものである．1946年に制定された行政手続法（Administrative Procedure Act）10条a項[3]の文言は，「行政機関の行為のために違法な侵害を受けているか，関連する法律の意味において行政行為によって不利益を受けたり害されたりした者は，その司法審査を求める権利を有する」というものであるが，これは，スタンディングの法理に関する当時の判例の到達点を反映している．また，「関連する法律の意味において」の部分は，連邦議会による原告適格の付与を明文化した内容となっている．この背景については，イギリスの伝統に遡る必要がある．

2)「市民」の原告適格
　イギリスでは，伝統的に，禁止令状（writ of prohibition）または移送令状（writ of certiorari）の決定を求める申立てによって開始される司法手続においては，第三者（stranger）は *locus standi*（standing）を有するとされてい

た．また，17, 18世紀には，第三者による職務執行令状（writ of mandamus）の決定を求める申立ても認められるようになっていた．職務執行令状は，法律上ある公的職務を行う義務を負っている者（各種行政機関等）がその職務を行わないときに，その履行を命じるという点で，現代のアメリカで認められているような市民訴訟の性格と相通ずるものがある．

イギリスでは，また，一般人による制裁金訴訟（common informers' action）[4]や，関係人訴訟（relator action）[5]が認められていた．前者では，不法行為の訴追に成功した第三者は報奨金を受け取ることができるとされていたし，後者では，第三者が公式には法務長官の名において訴訟を提起することがしばしばあった．

イギリスの慣例は植民地時代のアメリカに受け継がれ，1875年のUnion Pacific R.R. Co. v. Hall[6]において，連邦最高裁の法廷意見は，原告の商人らが公一般に対する義務を強制しようと試みており，かつ，他者に属するような利益以上の利益を彼らが有していない，と述べながらも，原告らによる訴訟の追行を認めた．

さらに，連邦議会は，多くの制定法に刑事的民事訴訟（qui tam action）[7]条項を付加し，また，私人のみならず公務員も被告となりうる，一般人による制裁金訴訟の提起制度も導入した．いずれの訴訟においても原告は何がしかの報奨を受け取ることができるというインセンティブを設けたのには，市民を法の実現に貢献させるという目的があった．ジェローム・フランク（Jerome Frank）は，法の実現の役割を担う市民を私的法務長官（private attorneys general）と称していた[8]．

3) 連邦環境法における市民訴訟条項

環境保護を目的とする市民訴訟の萌芽は，私的法務長官論や1960年代末から高まっていった環境保護に関する世論の関心と無縁ではない．連邦環境法の中で市民訴訟条項を初めて取り入れたのは，1970年，大気汚染防止法（Clean Air Act）[9]の第1回改正時のことだった．同法304条[10]は，市民が環

境法規違反を発見して法執行機関や裁判所の注意を喚起する有用な役割を担いうるという，当時の連邦議会が市民に対して抱いていた期待が下地となっている．

これ以降，ほぼすべての連邦環境法が，大気汚染防止法304条をモデルとした市民訴訟条項を取り入れてきた．市民訴訟条項は，一般に，連邦環境保護庁（Environmental Protection Agency; EPA）による基準，制限，条件または命令に違反している状態にあるとされる者，または，自由裁量でない義務を履行することを怠ったEPA長官に対して，あらゆる者が訴えを提起することができるとする．一方で，市民訴訟条項は，訴訟提起者には相手方当事者に対して一定期間前に訴訟提起の意図を通知することを義務付けており，また，政府が違反者に強制措置を講じた場合には訴訟の提起を禁じている．

1980年代，環境保護に消極的なレーガン政権下のEPAに不満を持った環境保護団体は，頻繁に市民訴訟条項を活用するようになり，1987年にGwaltney of Smithfield Ltd. v. Chesapeake Bay Foundation[11]において連邦最高裁で敗訴するまでは，一連の市民訴訟において成功を収めていた．

(2) 環境保護団体の原告適格に関する司法判断[12]

1) Sierra Club v. Morton 連邦最高裁判決[13]

連邦最高裁が環境保護の文脈においてスタンディングの問題を初めて論じたのは，1972年のSierra Club v. Morton連邦最高裁判決である．これは，カリフォルニア州のミネラルキング渓谷における保養地建設計画を農務省森林局が承認したことに対して，同計画が国立公園，国有林，鳥獣保護区を保護する連邦法規に反することの確認と，計画地に隣接するセコイア国立公園の開発許可を内務省が与えることの予備的および本案的な差止を求めて，環境保護団体のSierra Clubが行政手続法10条に基づく司法審査を請求した事件である．

連邦最高裁のスチュワート裁判官による法廷意見は，Sierra Clubの原告適格に関して，Data Processing Service v. Camp 連邦最高裁判決[14]で用い

られた2つの基準——(a)原告が，問題の行為によって経済的かそれ以外かを問わず事実上の侵害（injury in fact）を被ったかどうか，(b)原告により保護が求められている利益が当該法律ないし憲法上の保障によって保護または規制されている利益の範囲（zone of interests）内で一応議論できるかどうか——に沿って，「美的かつ環境的に良好なことは，経済的に良好なことと同様，我々の社会において生活の質の重要な要素であり，そして，特定の環境利益が少数の者よりは多数の者に共有されているという事実は，司法過程を通じた法的保護に値することを減じるものでない．しかし，『事実上の侵害』テストは認識しうる利益への損害以上のものを必要とする．司法審査を求める当事者は，損害を受けた者に含まれることを要する．……Sierra Club は，訴状や宣誓供述書のどこにおいても，その会員がミネラルキング渓谷を何らかの目的で利用するとも言わなかったし，まして，同渓谷の利用の仕方が［農務省・内務省］により計画された行為によって重大な影響を受けるであろうということも言わなかった[15]」と判示した．（角括弧内は筆者が加筆．以下も同様．）

このように，連邦最高裁は Sierra Club の原告適格を認めなかったが[16]，1973年の United States v. SCRAP 連邦最高裁判決[17]では，全国的な鉄道会社の運賃値上げを認める州際通商委員会の決定が，リサイクル可能な材料の利用を妨げ，廃品と同価格の原材料の利用を助長するので，結果として環境に悪影響を及ぼす，と主張して，同決定の執行の予備的差止等を求めた環境保護団体の SCRAP 他の原告適格を認めた．

2) Lujan v. National Wildlife Federation 連邦最高裁判決[18]

SCRAP 連邦最高裁判決において認められた原告適格の範囲は，スタンディングの有無を争点とした訴訟（環境保護訴訟に限定しない）において，最も広いと評価されている．しかし，その後，連邦最高裁は，SCRAP 連邦最高裁判決を覆しはしないものの，原告適格の範囲を縮小する姿勢を示していった．環境保護訴訟において，その姿勢が明確に現れたのは，1990年の

Lujan v. National Wildlife Federation 連邦最高裁判決である.

これは,環境保護団体の全米野生生物連盟(NWF)が,連邦土地政策管理法(Federal Land Policy and Management Act)に基づく区画の変更等による鉱業開発が行われることによって開発地の自然美が損なわれるとして,同法,国家環境政策法(National Environmental Policy Act)および行政手続法10条e項違反を理由に内務長官他に対して訴訟を提起した事件である.

連邦最高裁のスカリア裁判官による法廷意見は,サマリー・ジャッジメント[19]手続における NWF の原告適格について,「問題とされる事実が,本件の行政手続法に基づく異議申立てによって争われる——[NWF]会員の1人が政府の行為によって『不利益を受けたり害されたり』しているか,そのおそれがあるかどうか——場合には,[NWF]会員の1人が広大な連邦直轄地の不特定部分を利用し,そのうちの一部において採掘活動が政府の行為のために生じているか,おそらく生ずるだろう,ということのみを主張することによっては,[サマリー・ジャッジメントの要件]は満たされない,ということは確かである」と判示した.

この判決により,原告側は,自己が受けた侵害をより特定的に主張・立証することを原告適格判断において要求されることとなったのである.

3) Lujan v. Defenders of Wildlife 連邦最高裁判決[20]

National Wildlife Federation 連邦最高裁判決から2年後の1992年,連邦最高裁は,環境保護団体の原告適格の問題に立ち戻った.

Lujan v. Defenders of Wildlife は,絶滅の危機に瀕した種の保存法(Endangered Species Act)7条a項2号に基づいた,連邦行政機関が指定種の存続に影響する行為を行う場合に内務長官と協議するという義務が国外での行為にも及ぶとする規則を,国内および公海内での行為に限ると内務長官が改正したことに対して,環境保護団体の野生生物の擁護者(DOW)が,改正規則の解釈が誤りであるという宣言的判決(declaratory judgment)[21]と,元の解釈に戻す新規則の公布を求めて提訴した事件である.

スカリア裁判官による法廷意見は，まず，スタンディングについて新たな基準を提示することから始めた．それは，「第1に，原告は，『事実上の侵害』——(a)具体的で個別化された，そして(b)現実または急迫のもので，想像上または仮定のものではない，法的に保護された利益の侵害——を被っていなければならない」のであり，「第2に，侵害と主張される行為との間に因果関係がなければならない——すなわち，その侵害が，『訴訟の当事者でない第三者の独立行為でなく，異議を唱えられている被告の行為から生じている』のでなければならない」のであり，「第3に，侵害が『原告に有利な判決によって救済される』という単なる思惑（speculative）ではない，見込み（likely）がなければならない」，という3つの要件である．

　続いて，法廷意見は，DOWが少なくとも事実上の侵害および救済可能性があることを証明していないと判示した．以下，関連部分を引用する．

　「動物を利用または観察したいという欲求が，純粋に観賞のためであっても，原告適格を有するための認識できる利益であることは否定できない．しかし，『事実上の侵害』テストは，認識できる利益に対する侵害以上のものであることを要する．それは，司法審査を求める当事者が侵害を受けた者達の一員であることを要する．内務長官によるサマリー・ジャッジメントの申立ての却下を求めるために，DOWの会員は，連邦行政機関により資金を提供される海外での活動に関して協議を欠いたことによって直接に影響を受けることを示す宣誓供述書または他の証拠を提出しなければならない．……2人の会員が提出した宣誓供述書に……当該指定種に対する損害がいかにして［会員］に対する急迫な侵害を生み出すのかを示す事実は含まれていない．計画が始まる前にその地域を訪れたことがあるということは何も証明しない．……その地を『いつか』再訪したいという意図……は，『現実または急迫の』侵害を認定するためには不十分である．
　……事実上の侵害を立証できなかったことに加えて，［DOW］は救済可能性を証明できなかった．彼らに侵害を生ぜしめたとされる特定の計画に資金提供をする個別の決定に異議を唱えるのでなく，［DOW］は，より一般的

なレベルの政府行為(協議に関する規則)に異議を申し立てることを選んだ.
……当該計画に資金提供をする諸機関が本件の当事者ではなかったため,連邦地裁は内務長官に対してのみ命令することが可能だった.すなわち,内務長官は,海外の計画について協議を義務付けるよう規則を改正することを命じられたかもしれない.しかし,[内務長官が規則を改正しても,]当該諸機関が内務長官の規則に拘束されなければ[DOW]の主張する侵害を救済しないのであって,[拘束性の有無]はまったく不明である.
……救済可能性をさらに妨げるのは,当該諸機関は海外の開発計画のための資金のうちのわずかな額を提供するのみであるという事実である.[DOW]は,そのわずかな額が除かれれば,彼らが名指しした計画が中止されたり指定種に与える被害が緩和されたりするであろうことを示す証拠を何ら提示しなかった.原告適格は存在しない」.

さらに,スカリア裁判官による法廷意見は,市民訴訟条項に対する疑念を表明しており,後に,Laidaw 連邦最高裁法廷意見に対する反対意見においてこの疑念をより詳細に論じている.

Lujan 連邦最高裁判決は,環境保護団体の原告適格の範囲を縮小した点で,環境保護派から批判的な評価を受けることが多い[22].

4) Steel Co. v. Citizens for a Better Environment 連邦最高裁判決[23]

Steel Co. v. Citizens for a Better Environment は,環境保護団体のよりよい環境を求める市民(CBE)が,Steel 社が過去に犯した緊急対処および地域住民の知る権利法(Emergency Planning and Community Right-to-Know Act; EPCRA)違反に基づいて市民訴訟を提起した事件である.Lujan 事件は行政機関による自然資源の開発行為が問題とされたケースであったが,Steel 事件は民間企業による環境汚染が問題とされたケースである.それでも,1998 年,スカリア裁判官による法廷意見は,Lujan 事件において自ら提示したスタンディングの 3 要件に基づいて原告適格判断を行い,本件において「事実上の侵害があると仮定したところで,当該訴状が……救済の見込

みがあることを立証していないため，本件では事実上の侵害について判断する必要がない」と判示した．その判断の理由の1つとして，法廷意見は，以下のように述べた．

「過料――EPCRAにより唯一認められる損害金――は，合衆国財務省に支払われるものである．それゆえ，過料を要求することにおいて，CBEは，自己の損害の賠償ではなく……法の支配の擁護を求めているのである．訴訟提起者は，合衆国財務省に対する不正が行われず，違反者が当然の報いを受け，または国家の法律が忠実に実行される，という事実から多大な慰めと喜びを引き出すことができるかもしれないが，その精神的満足は合衆国憲法第3編で認識しうる侵害を救済しないので，合衆国憲法第3編で認められる救済ではない．受けた被害を修復しない救済はそれ自体で原告を連邦裁判所に進ませることはできない．それが救済可能性要件の本質である」．

5) Friends of the Earth v. Laidlaw Environmental Services 連邦最高裁判決[24]

Friends of the Earth v. Laidlaw Environmental Services は，環境保護団体の地球の友（FOE）他が，水質汚濁防止法（Clean Water Act; CWA）402条a項(1)の全米汚染物質排出削減制度に基づく排出許可に違反したLaidlaw Environmental Services（Laidlaw）に対して市民訴訟を提起した事件である．

連邦最高裁のギンズバーグ裁判官による法廷意見は，Lujan 連邦最高裁判決の3要件を引用したうえで，Steel 事件において判断しなかった事実上の侵害要件について，以下のように判示した．

「合衆国憲法第3編のスタンディングの目的に関連して立証するものは，環境への侵害ではなく原告への侵害である．……［Sierra Club 事件および Lujan 事件において，］環境保護を行う原告が，彼らが影響を受ける地域を利用し，彼らにとっての当該地域の美観上およびレクリエーション上の価値は彼らが異議を申し立てている活動によって減ぜられる，ということを主張する場合に，事実上の侵害を適切に主張している，と我々は判示してきた．

……FOEの宣誓供述書および証言は，Laidlawの排出と，FOE会員のレクリエーション利益，美的利益，経済的利益に直接に影響する排出の影響についてもっともな懸念を主張している．そして，これらの主張が，単なる一般的な主張（general averments）および推断的な主張（conclusory allegations）[25]や，世界の反対側にいる絶滅寸前の生物をいつか再訪したいという意図[26]以上のものを決定的に提示している．……会社が川に汚染物質を継続的かつ広範囲に違法に排出することで，付近住民からその流域をレクリエーションに利用することを奪い，そして，彼らが他の経済上の損害や美観上の損害を受ける，という主張について「起こりそうにない」とは思えない．その主張は全く理にかなっており，連邦地裁は本件においていかにもそうであると認定したし，事実上の侵害にはそれで十分である」．

さらに，Steel事件において救済可能性否定の根拠とされた過料の性質について，以下のように判示した．

「我々は，数々の機会に，『あらゆる過料は何らかの抑止効果を有する』ことを認識してきた．特に，連邦議会は，CWA違反の事件において……過料は将来の違反も抑止する，と判断した．……訴訟の時に継続している違法行為に帰すべき被害を受けているか将来の被害のおそれが差し迫っている原告のために，効果的に当該行為を止めて再発を防ぐサンクションは，一定の救済を与える……．過料はその説明に適合しうる．過料は，被告に現在の違反を停止させるよう促し，将来被告が違反を犯すことを抑止する範囲で，継続する違法行為の結果として被害を受けたか被害をおそれる原告市民に救済を与える．……Steel連邦最高裁判決は，原告が連邦政府ではなく私人である場合には完全に過去の違反に対して過料を課すために提訴することはできないと判示したが，同事件における我々の判断は，提訴時に継続しており，かつもし抑止されなければ将来にも継続しうる違反に対する過料を求めるスタンディングの問題には達しなかった」．

そして，本法廷意見は，結論として，FOEに原告適格を認めた[27]．

本法廷意見に対しては，National Wildlife Federation事件，Lujan事件

およびSteel事件において法廷意見を執筆したスカリア裁判官が，全面的な反対意見を執筆している．とりわけ，本法廷意見の救済可能性に関する判断は，「民主的統治に対する重大な影響をもたらす」と断言した．同裁判官は，その根拠として，以下の3点を挙げた．

第1に，「市民全体に影響する『一般化された不満』が，たとえそれが他の全ての人々とともに原告を苦しめても，事実上の侵害要件を充たすことができないことと同様，全ての人々に対して全ての将来の違法な活動を抑止する一般的救済も，たとえそれが（とりわけ）これら特定の原告達に対するこの特定の違法な活動の繰り返しを抑止しても，やはり救済要件を充たすことができない．……個人の原告に公的救済を訴える権限を付与することによって……連邦議会がしてはならないと連邦最高裁が言ってきたことを，連邦議会はまさに行ったのである．すなわち，『等質の公益』を裁判所で擁護されうる『個人の権利』に転化したのである」．

第2に，「厳密に言うと，過去の汚染に対して過料を課されることで抑止される汚染者はいない．彼は，将来の汚染に対して過料を課されるのではないかというおそれによって抑止されるのである．……本件において原告が原告適格を有するために依拠しなければならない抑止とは，Laidlawの過去の行為に関して連邦の過料を課すことによって達成される，将来過料を課されるのではないかというLaidlawのおそれの些細な増加分である．もし本件が，本法廷意見が示唆するように『抑止』の原告適格の中核内にあるとするならば，『外枠』はどこにあることになるのか想像できない．本法廷意見が『外枠』を明確にすることに躊躇を示したことは，公的な過料制度全体が私的な利害関係によって実行されるべく引き渡されることを認める革命的に新しいスタンディングの法理を本法廷意見が公表したという事実を覆い隠すために役立つに過ぎない」．

第3に，「合衆国財務省に支払われる過料を求めることを市民に認めることにより，CWAは法の実現機能を私人の市民に委ねている．……原告が全国的な団体である場合，それはターゲットを選ぶことに重大な裁量を持つ．

……そして，ひとたびターゲットが選ばれたら，訴訟は有意義な公的支配なく進んでいく．個人の侵害に大幅に不釣合いな額の過料を得られるということは，市民の原告に莫大な交渉力——その力は被告に，原告の選ぶ環境プロジェクトを支持することを義務付ける和解に達するためにしばしば用いられる——を与える．このように，公的な罰金は個人的利益に流用されるのである．……選挙で選ばれた公務員達は，特定の違反が訴訟の対象となるべきではない，または実施の決定が延期されるべきであるという判断を行う裁量を完全に奪われている．これは，本法廷意見が私人間における不法行為のために公的救済を用いることを許すことから生じる予見可能かつ不可避な結果である」．

6）Laidlaw 連邦最高裁判決の下級審への影響
　Laidlaw 連邦最高裁判決は，Lujan 連邦最高裁判決で採用されたスタンディングの3要件を踏襲したうえで原告適格を認めた内容であったため，Lujan 連邦最高裁判決以来旗色が悪かった環境保護派の勝利として一層大きな注目を集めることとなった．それでは実際に，Laidlaw 連邦最高裁判決後，環境保護団体の原告適格を争点とする下級審判決の傾向は変わったのであろうか．以下，4つの類型に分けて分析する．
　①排出基準違反の是正を目的とする市民訴訟
　Laidlaw 事件が該当する当類型では，Laidlaw 連邦最高裁判決後，環境保護団体にとってスタンディングの壁はほぼ取り払われたと言ってよいであろう[28]．
　例えば，Laidlaw 連邦最高裁判決と事実の内容が酷似している，水質汚濁防止法違反に基づく市民訴訟である Friends of the Earth, Inc. v. Gaston Copper Recycling Corp. において，Laidlaw 連邦最高裁判決の原審である第4巡回区連邦控訴裁は，同最高裁判決前の 1999 年 6 月 2 日，FOE が原告適格を欠くとする原判決維持の判決を下していたが，同最高裁判決後，再弁論を認め，2000 年 2 月 23 日，全員一致で FOE の原告適格を認める判決を

下した[29]. また，同控訴裁では，2001年10月10日にも，水質汚濁防止法違反に基づく市民訴訟である Piney Run Preservation Association v. County Commissioners of Carroll County において，環境保護団体の Piney Run Preservation Association（Piney Run）の会員が事実上の侵害および因果関係要件を欠くとする郡立汚水処理施設の主張を斥け，Piney Run の原告適格を認めた[30].

大気汚染防止法に基づく市民訴訟である Texans United for a Safe Economy Education Fund v. Crown Central Petroleum Corp. においても，第5巡回区連邦控訴裁は，2000年4月6日，Crown Central Petroleum Corp.（Crown）からの硫黄臭に暴露することで環境の享受が損なわれたと主張する環境保護団体の Texans United for a Safe Economy Education Fund（Texans United）の会員の原告適格を認める判決を下した[31]. 本件において，Texans United は，宣誓供述人が Crown の排出から被害を受けた時に同社が大気汚染防止法に違反したことを証明する必要はなく，彼らが受けた侵害が Crown の汚染へとほぼ追跡できる（fairly traceable）ことを状況証拠に基づいて証明すれば足りる，と述べられており，原告適格の有無を判断する段階の因果関係は，本案審理における因果関係ほど厳格なものではないことが明らかにされている.

②行為基準違反の是正を目的とする市民訴訟

絶滅の危機に瀕した種の保存法違反に基づく市民訴訟である American Society for the Prevention of Cruelty to Animals v. Ringling Bros. and Barnum & Bailey Circus において，DC巡回区連邦控訴裁は，2003年2月4日，原告の1人である Ringling Brothers Circus の元象使いが，同サーカスによるアジア象の不当な扱いによって現在かつ急迫した美観的および感情的な侵害を受けており，このことが事実上の侵害要件を満たして原告適格を有する，と判示した[32].

同控訴裁は，象使いによる主張のうち，彼が同サーカスの観客として，同サーカスでの勤務経験に基づいて，主張される象の不当な取扱いによって負

わされた傷に気づいたり，象の行動への悪影響に感づいたりする可能性を認め，そのことが，彼の主張が種の保存法を確実に実現させることにおける一般化された利益のカテゴリーを超えさせ，彼を他の観客と区別する，と判断した．また，同控訴裁は，象使いの主張する侵害とLaidlaw事件のような排出許可違反の放出が川を汚染し始めたときに人が受けた侵害との間に，本質的な違いは見受けられず，いずれも美観的侵害の一部である，と認めている．

同控訴裁の判示からは，Laidlaw事件以後，行為基準違反の事件においても環境保護団体の原告適格の範囲は拡大の傾向にあることになるが，この類型に当てはまる適切な判例が他にないため，さらなる判例の発展を待って検討を深めるべきであろう．

③行政機関の義務の懈怠を理由とする市民訴訟

当類型においても，環境保護団体の原告適格は認められやすい傾向にある．

国家環境政策法に基づいて，北米自由貿易協定によりメキシコからのトラックの台数が増加することによって大気の質に与える影響を評価する環境影響評価書の作成を怠ったことを理由とする市民訴訟であるPublic Citizen v. Department of Transportationにおいて，第9巡回区連邦控訴裁は，2003年1月16日，アメリカとメキシコの国境沿いに居住する市民の原告適格を認めた原判決を維持した[33]．本件では，因果関係要件についてより詳しく検討された．本件にいう手続的侵害を主張する場合に必要な因果関係とは「合理的可能性」(reasonable probability) であり，本件では大統領による決定という第三者の独立の行為が侵害の発生に必須であるにもかかわらず，運輸局の規制下にあるメキシコのトラックによって汚染が悪化し，Public Citizenとその会員の健康に悪影響を受ける「合理的可能性」が認定された．

当類型に当てはまる他の事例としては，2001年2月5日のCantrell v. City of Long Beach第9巡回区連邦控訴裁判決[34]，2001年9月11日の1000 Friends of Maryland v. Browner第4巡回区連邦控訴裁判決[35]，2001年10月31日のSave Our Heritage, Inc. v. Federation Aviation Association 第1巡回区連邦控訴裁判決[36]があり，いずれも環境保護団体または環境保護に熱心な集団の原告適格が認められたケースである．とくに，Cantrell v. City of Long Beach 第9巡回区連邦控訴裁判決は，Laidlaw 連邦最高裁判決以前の1998年12月8日にカリフォルニア中部地区連邦地裁が否定したバードウォッチャー達の原告適格を，Laidlaw 連邦最高裁判決を逐一引用しながら認定していることは注目に値する．

④行政規則の司法審査を求める訴訟

Sierra Club v. EPA は，EPA が，資源保全回復法（Resource Conservation and Recovery Act）の意味の中で，特定の排水処理スラッジを「有害」（hazardous）と考える条件を定める規則を制定したところ，Sierra Club 他が，同規則が不当で同法の平易な意味と一致せず，結果として規制から外れる EDC/VCM スラッジが人の健康および環境に悪影響を及ぼすとして，同規則の司法審査を求めた事件である．2002年6月18日，DC 巡回区連邦控訴裁は，最低限の主張（bare aversions）は，行政行為の司法審査を求める控訴人の原告適格を立証するのに不十分であるとして，Sierra Club の原告適格を否定した[37]．同控訴裁によれば，「控訴審における控訴人の証拠の提出責任は，地裁においてサマリー・ジャッジメントを申し立てる原告の責任と同じ」であって，「それは，『宣誓供述書その他の証拠』によって原告適格に関するその主張を構成する各要素を支えなければなら」ず，「その証明責任とは，侵害が存在し，被告がその侵害を生ぜしめており，そして裁判所がその侵害を救済しうるという『実質的な可能性』（substantial probability）を証明すること」なのである．

本件において，控訴人側弁護人は，28人の連絡先，33の地図，専門家証人の供述を添付した自らの意見書を提出した．しかしながら，同控訴裁は，連絡先リストについては，「会員の少なくとも1人が，提訴時に規則によって影響を受ける場所に居住しており，居住し続けているということを立証するのには『法的に不十分』である」とし，地図については，「28の住所の各々が EDC/VCM スラッジを生産するテキサス州ラポルテの化学工場かそ

のスラッジが廃棄されるテキサス州ヒューストンの埋立地から半径5マイル以内にあるということを示す」が,「Sierra Club は発生施設または廃棄施設から半径5マイル以内に彼らが居住していることから生ずる会員への『現実または急迫した』侵害の『実質的な可能性』があるという主張を支持するいかなる証拠も提出していない」とし,専門家証人の宣誓供述書についても,「正確に引用された事実の関連性は Sierra Club が提出した証拠からは明らかでない」と判断した.

⑤小　　括

Laildaw 連邦最高裁判決後,環境保護団体の原告適格は認められやすくなった一方で,環境保護団体には,環境に負荷を与える行政規則の司法審査訴訟において原告適格を有することを裁判所に認めさせるという難問が,今なお残されていることが明らかになった.最後に,Laidlaw 連邦最高裁判決および関連する下級審の諸判決に関する若干の考察を行い,まとめとしたい.

(3) ま と め

1) 事実上の侵害要件について

環境保護訴訟において,原告が「環境への侵害」を立証するためには,様々な専門家に依頼して,彼らへの報酬を含めた莫大な調査費用をかけて長期にわたって調査をすることが必要である.こうした事情に加えて,訴訟にかかる労力および費用も必要であることを考慮に入れると,市民訴訟の原告は個人ではなく一定の規模の団体にならざるを得ない.

しかし,Laidlaw 連邦最高裁法廷意見が事実上の侵害を「環境への侵害ではなく原告への侵害である」と明言したことで,環境保護訴訟における原告側の人的,経済的,時間的負担は軽減された.本法廷意見の下では,環境保護団体が「原告への侵害」を証明するためには,被告の行為によって影響を受ける地域を利用している会員が,宣誓供述書や証言によって,被告の行為とそれが直接的に及ぼす会員のレクリエーション利益,美的利益,経済的

利益への影響についてもっともな懸念を主張することで足りるのである．もちろん，裁判所が何をもって「もっともな懸念」と判断するのかという疑問については，今後の判例の蓄積を待たなければならない．

　また，「原告への侵害」を証明することで事実上の侵害要件を充たすならば，「環境への侵害」を証明するために環境影響の調査分析に時間を要していたこれまでよりも早い段階で提訴を予告する通知を行うことができる．これは，違反施設にとっても環境にとっても良い結果をもたらす．なぜなら，提訴予告通知が早まる分，違反施設は違反をより早い時点で停止・修正できるので，過料の総額は以前より低く抑えられることになり，一方，環境に違法に放出される有害物質の総量は減るので，環境の悪化を防止することになる．

2) 救済可能性要件について

　さらに，Laidlaw連邦最高裁法廷意見が，救済可能性要件について論じた部分で，過料が被害を受けたか被害をおそれる原告市民に救済を与える，と明言した点は大きかった．

　Steel連邦最高裁判決の問題点は，過去のEPCRA違反に対する市民訴訟の原告適格を認めなかったことで，EPCRA対象施設に法を遵守する意欲を減退させたことであった．同判決を突き詰めると，EPCRA対象施設は，EPCRA違反が見つかって市民訴訟を提起する意向を示す通知を受け取るまでは同法を遵守する必要はなく，通知受領後から訴訟提起前までの間に過去の違反をまとめて是正すればよい，ということであった．

　Laidlaw事件において，連邦最高裁の法廷意見は，同件を継続中の違反を主張した事件であることを理由にSteel事件と区別したため，Steel連邦最高裁判決とLaidlaw連邦最高裁判決は並存することになった．すなわち，環境法規に違反している者が訴訟提起前に法を遵守すれば，訴訟は原告適格の欠如を理由に却下されるが，違反者による法の遵守が訴訟提起後になってしまった場合には，本案審理において原告と争わなければならず，最終的に

第 6 章　環境を守るための法制度　　　　　　　　　　　　　241

は不利な判決を下されるかもしれない．この状況の下で，違反者は，ひとたび提訴予告通知を受領したら，待機期間内に一刻も早く法を遵守する努力を惜しまないであろう．

3) 因果関係要件について

　前の2要件とは異なり，Laidlaw 事件において深く検討されなかったのが因果関係要件である．このことが，下級審判決にも影響を及ぼしている．
　Lujan 連邦最高裁法廷意見も，原告が証明しなければならない因果関係とは「訴訟の当事者でない第三者の独立行為からでなく，異議を唱えられている被告の行為から生じている」ことである，と説明したのみであったが，この短い文言からも，スタンディング判断で必要とされる因果関係の立証の程度は本案審理の段階で必要とされる因果関係の立証の程度よりもかなり低い，ということは言えよう．しかし，Laidlaw 連邦最高裁判決以後の下級審の動向を見ると，実際には，Sierra Club v. EPA においてそうであったように，スタンディング判断の段階でありながら，被告の行為と原告の侵害との間の因果関係に関して要求されている立証の程度はかなり高い．例えば，Sierra Club 他が資源保全回復法の施行規則が無鉛ガソリン地下タンクの沈殿物（UGSTS 廃棄物）を有害廃棄物と分類しないこと，ならびに，石油精製で得られたコークスの原料油として利用される廃棄物を規制しないことおよびその規則制定手続において EPA から通知とコメントの機会を与えられなかったことに異議を申し立てた American Petroleum Institute v. EPA において，2000 年 6 月 27 日，DC 巡回区連邦控訴裁は，Sierra Club 他が，会員の居住地に近接する埋立地に運び込まれるものの中に UGSTS が含まれていることの実質的な可能性やそのような廃棄物処分と会員によって主張される特定の侵害との因果関係を証明しなかったこと，埋立地の地下水に UGSTS が含まれていることを証明しなかったこと，コーキング・プロセスへ有害廃棄物が挿入されることがコークスを生産する施設で発生するか発生する実質的な可能性があることを証明しなかったことを理由に，Sierra

Club 他の原告適格を否定した[38]．

4) 司法審査訴訟について

　司法審査訴訟においては，スタンディングの自制的要件も障壁となる．規則による不利益を受けるとしても，それが環境保護団体の会員のみではないと判断されれば，自制的要件である「一般的不平の禁止」にあたるからである．例えば，EPA の PCB 規則に関して，同規則案の段階でコメントの機会を与えられなかったことと同規則によって PCB 汚染のリスクが生み出されることを理由に Sierra Club が異議を申し立てた Central & South West Services, Inc. v. EPA において，2000 年 8 月 15 日，第 5 巡回区連邦控訴裁は，Sierra Club が会員の宣誓供述書によって「アメリカの道路を運転し埋立地を有する町で水を飲む他の人々以上に PCB からの侵害に脅かされているということを立証しなかった」と判示して，申立てを却下した[39]．

　さらに，司法審査訴訟においては，本案審理に至ることができても，立法的規則の場合は，裁量権濫用テストが行われて行政機関の判断がかなり尊重されるのであり，解釈的規則の場合でも，実際には行政機関の判断が尊重されるとされている[40]．

　それでもなお，環境保護団体が行政規則の司法審査訴訟を提起し続けるのはなぜだろうか．もちろん，行政規則に環境保護団体の意見を反映させる手段は司法審査を求める訴訟に限られない．むしろ，連邦行政手続法が，行政庁の規則制定手続においては規則案を告知し（553 条 b 項），利害関係人に規則案に対するコメントの機会を与えなければならない（553 条 c 項），というように参加の機会を保障しているのであるから，環境保護団体は，規則制定過程で意見を表明することによって環境に負荷を与えないような規則を制定させる努力を尽くすべきである，というのも正論であろう．しかしながら，コメントは必ずしも最終規則に反映されるわけではなく，また，適用除外規則制定の場合には参加の機会すら得られない事態も生じうることを鑑みれば，行政規則の司法審査訴訟は，環境保護団体にとって自らの意見表明を行う手

第6章　環境を守るための法制度　　　　　　　　　　243

段として極めて重要である．したがって，裁判所が原告適格の有無の判断の段階でハードルを高くすることによって環境保護団体の提訴への意欲が抑制されるようなことは，環境行政への公衆参加の視点からも避けなければならないのである[41]．

5) 市民訴訟について

最後に，環境保護団体の原告適格に関連して，市民訴訟についても検討する必要があろう．

本案審理における原告の立証責任は，本件の原告適格判断で十分とされた緩やかな内容に比べると，格段に重いものである．原告側が本案審理において自己に有利な判決を引き出すためには，これまでの環境保護訴訟と同様に，原告側の主張を裏付ける，専門家による綿密な環境影響の調査・分析に基づいた科学的な証明が要求されるであろう．

それでも，提起した環境保護訴訟が門前払いされず本案審理に至ること，そして，本案審理において環境保護団体側の主張が認められて彼らに有利な判決が下るかもしれないという可能性を当事者双方が意識することは，訴訟提起前および訴訟係属中の和解交渉において，環境保護団体側に交渉力を授ける．この点，スカリア裁判官の指摘は全く正しい．問題は，同裁判官が，この力の付与を好ましからざるものと受けとめていることであり，さらには，「民主的統治に対する重大な影響」であるとして，憲法上疑義を唱えていることである．それは，すなわち，Laidlaw連邦最高裁法廷意見へのケネディ裁判官による同意意見の弁を借りれば，「私人の訴訟当事者による公の罰金の強制取立て，そしてそれを認めることから推論されうる執行権の授権は，合衆国憲法第2編によって執行部に委託された責任に照らして許される」のか，という疑念である．

スカリア裁判官は，Laidlaw連邦最高裁判決から4ヵ月後のVermont Agency of Natural Resources v. United States ex rel. Stevens連邦最高裁判決[42]において法廷意見を執筆しており，その際にも，刑事的民事訴訟が

合衆国憲法第 2 編を侵害するかどうかという問題に何ら見解を示すものではない、という断りを敢えて入れることで、Laidlaw 事件における自らの疑念を示唆している[43]。

この市民訴訟条項と合衆国憲法第 2 編の関係は、第 2 編にいう「大統領は、法律が忠実に執行されることに留意する」(he shall take Care that the Laws be faithfully executed) という文言が、執行部に権限を付与したものなのか義務を命じたものなのか（またはその両方なのか）、そして、市民訴訟条項は、執行部の権限に介入・侵害するものなのか執行部の義務の不履行・不完全履行を補正するものなのか、という問題を提示する。スカリア裁判官が示唆するように、市民訴訟が三権分立原理に反するものなのかどうかは、連邦最高裁による判断を待たなければならない。

注
1) BLACK'S LAW DICTIONARY 1413 (7th ed. 1999).
2) See, e.g. Tennessee Electric Power Co. v. Tennessee Valley Authority, 306 U.S. 118 (1939).
3) 5 U.S.C. § 702.
4) 違反と直接関係がない者が、制裁金や没収の対象となったものの全部または一部を受けるためだけの目的で提起する訴訟である。田中英夫編『英米法辞典』165 頁（東京大学出版会、1991 年）。
5) 法務長官その他の権限ある公務員が、国王の権利が問題となる民事訴訟において、または国王の権利に直接関係はないが、問題が国王または公の関心事であるとして、私人のために提起する訴訟である。
6) 91 U.S. 343 (1875).
7) 制裁金を定める法規が私人による制裁金の取立訴訟を許している場合に、取り立てた制裁金の一部はその私人に他は国家（または公の施設等）に属するとされているときの訴訟である。前掲注 4、田中、692 頁。
8) See Associated Industries of New York State v. Ickes, 134 F.2d 694 (2d Cir. 1943), vacated as moot, 320 U.S. 707 (1943).
9) 42 U.S.C. §§ 7401-7671q.
10) 42 U.S.C. § 7604.
11) 484 U.S. 49 (1987).
12) このテーマに関する先行研究には、藤倉皓一郎「環境訴訟における当事者適格」法律のひろば 1997 年 6 月号 61 頁（1997 年）、畠山武道「アメリカ合衆国に

第6章　環境を守るための法制度　　　　　　　　　　　　　245

おける自然保護訴訟—原告適格を中心にして—」公害と環境25巻2号22頁（1995年）および「誰が裁判を起こせるか」法学セミナー491号72頁（1995年），喜多村洋一「連邦法による原告適格の付与が違憲とされた事例」ジュリスト1043号100頁（1994年）等がある．なお，本稿では，Bennett v. Spear, 520 U.S. 154（1997）を取り上げない．それは，原告が環境保護団体でなく自然開発派であったからである．

13) 405 U.S. 727（1972）．
14) 397 U.S. 150（1970）．
15) Sierra Club は，本件が自然資源の利用に関する問題に関わる公益訴訟であり，Sierra Club がそのような問題に古くからの関心と専門知識を有することが公の代表として原告適格を有するのに十分だとする理論に立脚していたため，あえて個人的な侵害を主張しなかったのである．
16) Sierra Club は，本件が連邦地裁に差戻された後，訴状を修正して，会員がミネラルキング渓谷を利用していることを主張した．また，Sierra Club は国家環境政策法に基づいて，環境影響評価書を作成するよう要求した．その後，ミネラルキング渓谷は全国的に有名な環境保護訴訟となり，1976年に環境影響評価書が完成した時には，開発計画は自然消滅していた．その結果，本件は1977年に却下された．その翌年，ミネラルキング渓谷はセコイア国立公園の一部となり，今なお美しい景観を保っている．
17) 412 U.S. 669（1973）．
18) 497 U.S. 871（1990）．
19) 重要な事実について真正な争点がなく，法律問題だけで判決できる場合に，申立てによりなされる判決である．前掲注4，田中，826頁．
20) 504 U.S. 555（1992）．
21) 原告がその権利について不安・懸念を有するときに，権利関係・法的地位を宣言することにより紛争の終結を目指してなされる制定法上の救済である．前掲注4，田中，233頁．
22) もっとも，Lujan 連邦最高裁判決により縮小されたとされる原告適格の範囲でさえ，日本の環境行政訴訟における原告適格の範囲と比べれば，はるかに広い．日本の環境行政訴訟は，原告適格をはじめとする訴訟要件の限定的な解釈によって，門前払い判決が下される事例がほとんどである．本案審理に至った場合においても行政処分が違法であると判断された事件が少ないのは，周知の事実である．
23) 523 U.S. 83（1998）．
24) 528 U.S. 167（2000）．
25) 前掲注18を参照．
26) 前掲注20を参照．
27) 原判決は破棄され，本件は第4巡回区連邦控訴裁に差し戻された．その後，同控訴裁は，意見を付さないままサウスカロライナ地区連邦地裁に本件を差し戻し

た．

28) 当該類型においても，原告適格が否定された判決はある．Mancuso v. Consolidated Edison Company of New York, No. 01-7319, 2002 WL 15505（2d Cir. Jan. 2, 2002）において原告である家族（環境保護団体ではない）の原告適格が認められなかったのは，将来の違反が全く「合理的に起こりそう」ではなく，彼らが訴訟の準備のためだけに汚染されていると主張する場所を訪れている，と見なされたからである．

29) 204 F.3d 149（4th Cir. 2000）．その後，サウスカロライナ地区連邦地裁が本案審理を開始し，2003 年 6 月 25 日の判決により，Gaston Copper は自らの CWA 違反に関して 234 万ドルの過料を支払うように命じられている．

30) 268 F.3d 255（4th Cir. 2001）．しかし，同控訴裁が County Commissioners は CWA に違反していないと判断したため，Piney Run は結果的に敗訴した．

31) 207 F.3d 789（5th Cir. 2000）．

32) 317 F.3d 334（D.C. Cir. 2003）．

33) 316 F.3d 1002（9th Cir. 2003）．

34) 241 F.3d 679（9th Cir. 2001）．

35) 265 F.3d 216（4th Cir. 2001）．

36) 269 F.3d 49（1st Cir. 2001）．

37) 292 F.3d 895（D.C. Cir. 2002）．

38) 216 F.3d 50（D.C. Cir. 2000）．

39) 220 F.3d 683（5th Cir. 2000）．

40) 宇賀克也『アメリカ行政法［第 2 版］』69 頁（弘文堂，2000 年）を参照．

41) 2003 年 5 月に公表された EPA 公衆参加政策は，EPA の行政行為において公衆参加を実施するために推奨される手続およびアプローチを包括的に述べたものであり，法的拘束力を有さないとはいえ，環境行政への公衆参加の重要性を確認した文書として参考になる．*See* Public Involvement Policy of the U.S. Environmental Protection Agency, *available at* www.epa.gov/policy 2003/policy 2003.pdf.

42) 529 U.S. 765（2000）．本件では，私人が虚偽請求法（False Claim Act）に基づいて，合衆国政府に代わって連邦の裁判所で州（または州の行政機関）に対する刑事的民事訴訟を提起することができるか，ということが争点とされた．法廷意見は，虚偽請求法の下で市民は刑事的民事訴訟を提起する原告適格を当然に有するが，本件の相手方当事者である州の行政機関は虚偽請求法に基づく責任に服する「者」に含まれないので，本件訴訟は認められない，と結論した．

43) *Id*. at n.8. スティーブンス裁判官による反対意見は，法廷意見がこの問題を自発的に取り扱ったと批判している．

あとがき

　本書は，和光大学総合文化研究所を通じて，日本私立学校振興・共済事業団に「東・東南アジアにおける地域環境問題の現状とわが国の役割に関する学際的研究」というテーマで2002年4月に研究助成金を申請し採択された助成金（2002，2003年度），ならびに和光大学からの補助金によってなされた研究の成果を纏めたものである．

　当初は，環境問題に関心を抱いていた三浦郷子ほか若干名が"地域環境研究グループ"を総合文化研究所のプロジェクト・チームとして立ち上げ，国内はもとよりドイツ，デンマーク等のrenewableなエネルギー政策を視察・見学することからスタートした．

　2001-03年度には，農業と環境問題を専門とする小林弘明，田上貴彦，エネルギー問題を研究してきた岩間剛一などが加わり，中国ならびにタイ，インドネシア，マレーシア，シンガポールなど東南アジアを中心に現地の実態調査を行い，持ち帰った資料をもとに研究報告会を重ねてきた．

　われわれの研究の根底には，1962年レーチェル・カーソンが『沈黙の春』の中で警告を発した農薬による動植物への影響，1972年のローマ・クラブによる『成長の限界』で示された資源枯渇への警鐘・省エネルギーの精神，そして1992年ブラジル・リオデジャネイロでの地球サミットにおいて，今後の環境問題を地球的規模で解決するために"持続可能な発展"とそのためのアジェンダ21が採択され，地球環境問題への関心にさらに拍車がかかってきたことがあげられる．

　1997年には京都議定書が交わされたものの，その発効が長い間危ぶまれ，頼みはロシアの批准にかかっていた．しかし，ついに2004年11月5日プーチン大統領の批准署名により，いよいよ2005年2月16日から効力を発する

こととなった．

　われわれとしても，今後ますます温室効果ガスの削減や大気・水質汚染の改善に協力していかなければならないと考えている．

　さて，本書の作成にあたっては多くの方々からの多大なご支援をいただいている．

　本書の刊行を快くお引き受けいただいた日本経済評論社の社長・栗原哲也氏および編集の労をとられた清達二氏には，執筆者一同心より感謝する次第である．タイ，インドネシア，中国などでの現地調査では，関係諸氏から多大な協力をいただいている．特に本書に成果を提供いただいた Boonjit Titapiwatanakun 博士には，複数回となったタイでの調査のアレンジから通訳までお世話いただいた．多くは外国の協力者であり，ここで一人一人の氏名をあげることは差し控えるが，本書がこれらの方々のご協力に負うところははかりしれない．残された誤りの責任がわれわれ執筆者にあることは言うまでもないが，謹んで感謝の意を表する次第である．

　いま，完成した本書をみると，十分に意を尽くせなかった部分が多いし，また理系・社会科学系の合体による研究であるため，研究内容にも整合性を欠く部分があるやもしれない．読者の皆様のお叱りを得ながら，さらなる研究を続けていきたいと願ってやまない．

　ともかくも3年間という限定された期間の中で期限を超えることなく本書を完成させることができたことは，多くの方々からの支援とともに，研究員の使命感とたゆまぬ努力があったことにつきると感謝に絶えない．

　最後に，この研究を進めるにあたってご支援いただいた学校法人和光学園，ならびに事務の労を執られた学部事務室の村田直氏（2002年退職），酒井佳裕氏，村上静男氏，平野雅規氏，その他のスタッフの方々に対し衷心より感謝申し上げたい．

　　　2004年11月　大学研究室にて

岡　本　喜　裕

初出一覧

岩間剛一「中国のエネルギー事情と地球環境問題」（和光大学社会経済研究所『和光経済』Vol. 36, No. 2, 2004.3) pp. 1-15.

岩間剛一「石油開発業界における京都メカニズムを利用した新たなビジネスチャンスの可能性―排出権取引，共同実施及びCDM（クリーン開発メカニズム）等がエネルギー産業に与える影響―」（『和光経済』Vol. 36, No. 3, 2004.3) pp. 29-51.

大坂恵里「環境保護訴訟におけるスタンディングの法理の展開（一）・（二・完）」（『早稲田大学大学院法研論集』102号337-358頁・103号440-462頁，2002年.

大坂恵里「環境保護団体のスタンディング―Laidlaw連邦最高裁判決後の動向」（牛山積先生古希記念論文集『環境・公害法の理論と実践』日本評論社，2004年) pp. 119-130.

岡本喜裕「アジアの経済成長と自動車対策―環境保全との関連で―」（『和光経済』Vol. 36, No. 3, 2004.3) pp. 73-90.

岡本喜裕「環境保全に向けての自動車業界の取組み―自動車リサイクルビジネスと次世代自動車の開発」アジア市場経済学会全国大会，2003年.

岡本喜裕「アジアの経済発展と自動車対策―タイの自動車リサイクルを踏まえて」アジア市場経済学会東部部会，2003年.

小林弘明「書評『FAOインターネット版 State of the World's Forest 2001, http://www.fao.org/forestry』」（『和光経済』Vol. 34, No. 2・3, 2002.3) pp. 83-89.

小林弘明（編）・高木要・内田正夫・三浦郷子「調査報告：タイの環境問題―アグロインダストリーをめぐって」（和光大学総合文化研究所『東西南北2002』) pp. 56-84.

地域環境研究グループ編（銭小平，ブンジット・ティタピワタナクン，小林弘明）「食料関連産業と環境―アジアと日本」（『東西南北2003』シンポジウム記録) pp. 8-57.

三浦郷子「現代における脅威としての水銀について」（『和光経済』Vol. 34, No. 2・3, 2002.2) pp. 19-42.

［執筆者紹介］

<small>こばやし・ひろあき</small>
小林　弘明　和光大学経済経営学部経済学科・助教授
（編者，序章，第4章1．（抄訳）2．および編集担当）

<small>おかもと・よしひろ</small>
岡本　喜裕　和光大学経済経営学部経営メディア学科・教授
（編者，第1章担当）

<small>いわま・こういち</small>
岩間　剛一　和光大学経済経営学部経済学科・教授（第2章担当）

<small>チェン・シャオピン</small>
銭　小平　独立行政法人国際農林水産業研究センター・主任研究官（第3章1．担当）

<small>みうら・きょうこ</small>
三浦　郷子　和光大学経済経営学部経済学科・教授
（第3章2．第4章3．担当）

<small>ブンジット・ティタピワタナクン</small>
Boonjit Titapiwatanakun　タイ国カセサート大学経済学部（第4章1．担当）

<small>たかぎ・かなめ</small>
高木　要　前和光大学・非常勤講師（第4章2．担当）

<small>うちだ・まさお</small>
内田　正夫　和光大学総合文化研究所・助手（第4章3．担当）

<small>たがみ・たかひこ</small>
田上　貴彦　和光大学経済経営学部経済学科・非常勤講師
（財）日本エネルギー経済研究所・研究員
（第5章担当）

<small>おかだ・としゆき</small>
岡田　俊幸　信州大学経済学部・助教授，前和光大学経済経営学部・助教授（第6章1．担当）

<small>おおさか・えり</small>
大坂　恵里　和光大学経済経営学部・非常勤講師，平成国際大学法学部・専任講師（第6章2．担当）

東アジアの経済発展と環境

2005年3月10日　第1刷発行

定価(本体3800円+税)

編著者　小林弘明・岡本喜裕

監　修　和　光　大　学
　　　　地域環境研究グループ

発行者　栗　原　哲　也

発行所　株式会社　日本経済評論社
〒101-0051 東京都千代田区神田神保町3-2
　　　電話 03-3230-1661　FAX 03-3265-2993
　　　　　　振替 00130-3-157198

装丁＊渡辺美知子　　　　藤原印刷・美行製本

落丁本・乱丁本はお取替えいたします　Printed in Japan
Ⓒ H. Kobayashi, Y. Okamoto et al. 2005
ISBN4-8188-1761-9

Ⓡ〈日本複写権センター委託出版物〉
本書の全部または一部を無断で複写複製（コピー）することは，著作権法上での例外を除き，禁じられています．本書からの複写を希望される場合は，日本複写権センター（03-3401-2382）にご連絡ください．